世界轻武器档案
·手枪篇·

揭秘**全新**轻武器档案

4000 多幅精美图片，展示数百件世界轻武器　　罗兴 编著

吉林美术出版社 | 全国百佳图书出版单位

图书在版编目（CIP）数据

世界轻武器档案. 手枪篇 ／ 罗兴编著. — 长春：
吉林美术出版社，2023.4（2023.9重印）
ISBN 978-7-5575-7909-8

Ⅰ．①世… Ⅱ．①罗… Ⅲ．①手枪－世界－普及读
物 Ⅳ．①E922-49

中国国家版本馆CIP数据核字(2023)第061941号

世界轻武器档案 手枪篇

SHIJIE QINGWUQI DANG'AN SHOUQIANG PIAN

编 著	罗 兴
责任编辑	陶 锐
责任校对	冷 梅
开 本	720mm×1000mm 1/16
印 张	19.75
字 数	326千字
版 次	2023年4月第1版
印 次	2023年9月第2次印刷
出版发行	吉林美术出版社
地 址	长春市净月开发区福祉大路5788号
	邮编：130118
网 址	www.jlmspress.com
印 刷	吉林省吉广国际广告股份有限公司

ISBN 978-7-5575-7909-8　　定价：58.00元

前　言

武器，又名"兵器"，由人类的生产劳动工具演变、发展而成，最终自成一脉，成为人类的自卫、斗争工具。

最早的武器以石、木为材，原始人类用这些材料制成石矛、石斧，以抵御猛兽的尖牙利爪；随着人类文明进步，金属冶炼技术得到发展，铜制、铁制等兵器相继问世，如刀、枪、剑、戟等，此为冷兵器。中国唐朝末期，黑火药问世，为热武器的诞生提供了基础；南宋时期，一些军事家开始使用管形火器；再到工业革命时期，工业技术的发展让热武器日新月异，逐渐成为主流武器。

热武器，泛指利用火药或化学反应提供能量，以推动发射物，对有生目标造成杀伤的武器（如枪支、火炮等）；或利用火药及化学反应的能量，直接对有生目标造成杀伤的武器（如炸弹、导弹等）。

武器发展至今，按照杀伤程度，可分为大规模杀伤性武器、重武器、轻武器。其中，核武器、化学武器、生物武器等为大规模杀伤性武器；坦克、火炮、飞机、舰船等技术武器则为重武器。轻武器则泛指枪械及其他能够由单兵或班组携带的战斗武器，最初仅指步枪、冲锋枪、手枪等，后经发展涵盖了各种中小口径机枪、火箭筒、榴弹发射器等武器。

《世界轻武器档案》丛书以近现代及当代的轻武器为主要科普内容，通过清晰简洁的文字，旨在向读者展示当今世界百余款知名轻武器及其衍生型号。丛书将轻武器科普内容多样化、趣味化、简明化，并引入诸多与轻武器相关的趣味性内容，如使用方式、使用情况、历史意义等，再配以翔实的图片，全方位、立体化向读者展示轻武器的别样魅力。

从无烟火药的普及，到步枪的百年发展；从枪械后坐力让人们难以驾驭到充分了解并加以利用，再到自动武器百花齐放；从准星与照门所组成的机械瞄具，到功能各异的光学瞄具，再到千米之距仍可击敌的狙击步枪，这些引人猎奇的种种原因与结果、问题与答案、结构与原理皆能够在书中找到。

在现代战争中，虽然重型技术兵器因其高效的杀伤效率而占据一定优势地位，但在一些特定的战争模式与作战环境中，例如反恐战争、特种作战、巷战等，重型技术兵器往往受限较多，不能发挥其"杀伤效率"优势，因此，轻武器仍是世界各军事大国所争相研制的武器装备。如今轻武器的发展主要呈现出模块化、扩展化与系列化的特点，并将信息技术与单兵装备充分整合，其目的在于提高士兵的战场信息感知与传输能力、战场机动能力、战场生存能力。在这些需求下，单兵信息终端、协防一体战术装具、单兵外骨骼等新型装备应运而生，使轻武器和单兵装具如火如荼地发展起来。

对于军事装备的探索与认知，从最基础的轻武器开始是一个不错的选择，由浅入深，循序渐进，研究军事装备，认识战争逻辑，增强国防意识。

战争是一把双刃剑，促进人类科技高速发展的同时，也会给人类带来伤痛甚至毁灭。武器作为工具，既可以用来掠夺与杀戮，制造悲剧；也可以用来捍卫独立与尊严，推动进步。如何让武器发挥它积极的作用，关键在于人们如何使用它。

罗　兴

世界轻武器档案

手枪篇

转轮手枪

世界轻武器档案 手枪篇

美国

主要参数
- 枪口口径：9.14 毫米
- 全枪长度：349 毫米
- 空枪质量：1.2 千克
- 弹巢容量：5 发

柯尔特-帕特森转轮手枪

1835年，当世界手枪市场上仍充斥着各种转管手枪时，美国人塞缪尔·柯尔特匠心独运，发明了转轮手枪，为手枪发展史开启了崭新的一页。同年10月，柯尔特因此获得了6909号英国专利。

柯尔特-帕特森转轮手枪是世界上第一种成功研发并得到广泛应用的转轮手枪。它共有3种型号，4种口径。最初的型号只有5个弹膛，由于未安装装填杆，装弹时必须将转轮弹巢卸下，因此装弹速度较慢。

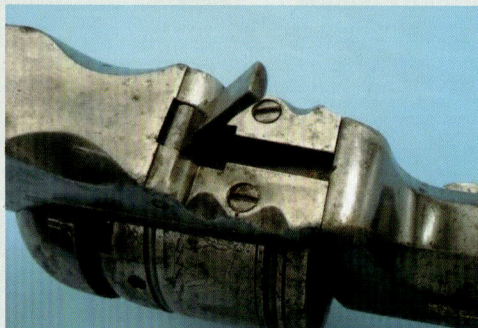
处于弹出状态的扳机

1839年，柯尔特在转轮手枪原有基础上加装了装填杆和专门定做的细颈装药筒。装药筒和弹膛相连，每个瓶口对应一个弹室，换弹更加快捷，让手枪使用起来更加方便。

柯尔特-帕特森转轮手枪的枪口口径为9.14毫米，但为了与膛线配合，该枪所发射的球形弹丸或锥形弹头的直径通常要比枪管口径略大一些，常用弹头直径为9.53毫米和9.65毫米。

出厂时，柯尔特-帕特森转轮手枪与配套的附件一起装在木盒中，附件包括一根通条、一个备用转轮弹巢、一根多用途装填杆、一个火药瓶，以及一个火帽安装工具和一个铅弹模具。由于当时在市面上销售的枪械通常自带弹丸模具，因此使用者可以自行铸造弹丸，经常使用枪械的射手通常要购买的消耗品是铅块、火帽，以及火药。

柯尔特－帕特森转轮手枪出厂时的木盒与附件

转轮手枪之父

美国著名枪械设计师塞缪尔·柯尔特在他21岁时，也就是1835年，就发明了一支性能非常好的转轮手枪，先后在英国和美国获得专利，因此他被称为"转轮手枪之父"。而他设计转轮手枪的念头萌生于1830年。

这一年，塞缪尔·柯尔特乘坐一艘名为"科沃"的双桅船前往英格兰。在百无聊赖的旅途中，他对左右转动的轮船舵轮产生了浓厚的兴趣，并由此联想到转轮手枪。于是，他便拆掉一个胡椒盒子手枪，并保留其中一根枪管，其他全部截掉，换为可旋转的弹巢。

塞缪尔·柯尔特（Samuel Colt），出生于1814年，于1862年逝世。美国人，著名的枪械设计师，柯尔特公司创始人

处于待击状态的柯尔特－帕特森转轮手枪

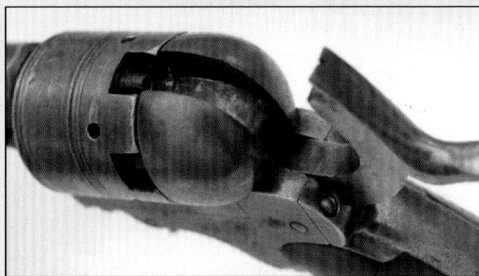

1836年，塞缪尔·柯尔特在美国新泽西州的帕特森组建了武器制造公司，生产了著名的帕特森转轮手枪。该枪质量和设计精度堪称优良，自问世以来，先后装备了德州骑警和美国陆军，经历过塞米诺尔战争、德州印第安战争，以及美墨战争。

可以说，塞缪尔·柯尔特的发明，使转轮手枪开始普及，并为现代手枪的发展奠定了坚实的基础。

主要参数

- 枪口口径：9.14 毫米
- 初速：256 米 / 秒
- 全枪长度：330.2 毫米
- 空枪质量：1.2 千克
- 弹巢容量：6 发

柯尔特 M1851 海军型转轮手枪

柯尔特M1851海军型转轮手枪是塞缪尔·柯尔特于1847年至1850年期间设计并推出的火帽式点火单动转轮手枪，并被当时的两个军火消费大国美国和英国所青睐。

柯尔特M1851海军型转轮手枪的装填杆位于枪管下方，采用两节式设计。装填子弹后，需要将装填杆前节向下压，此时装填杆呈"L"形，同时装填杆后半部分位于转轮弹膛内部，向内推动装填杆前节，即可带动后节推动子弹到位。装填完毕后，将装填杆复位即可。

用膛线枪管的手枪。枪管内的膛线可以使子弹在击发后快速旋转。脱离枪管后，子弹飞行速度更快，弹道也更为稳定，使该枪命中目标的概率大大提高。

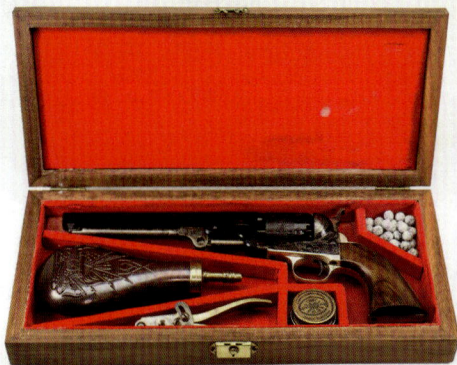

柯尔特 M1851 海军型转轮手枪的配件盒与工具

柯尔特M1851海军型转轮手枪的传统机械瞄具由黄铜制的柱状准星和缺口式照门组成。该枪的握把由胡桃木制成，枪身使用烤蓝工艺，硬化处理过的转轮座表面更加坚固耐用，而扳机护圈的材质则根据生产商和生产时间的不同，有铁质和黄铜质两种。

柯尔特 M1851 海军型转轮手枪的左视图、仰视图与俯视图

柯尔特M1851海军型转轮手枪的枪管采用八边形设计，该枪是最早采

柯尔特M1851海军型转轮手枪的装备与使用

M1851海军型转轮手枪曾被美国海军和陆军大量使用，在1873年停产

之前，该枪总共生产了大约25万支。

美国南北战争期间，美国联邦政府（北方军）和南部同盟（南方军）都曾大量装备柯尔特M1851海军型转轮手枪。此外，在游戏作品《荒野大镖客：救赎2》中，也能看到以M1851海军型转轮手枪为原型设计的武器——"海军左轮手枪"，其美观的外形与高额的伤害，是帮助玩家"驰骋西部"的不二之选。

美国

雷明顿 M1858 转轮手枪

主要参数

- ■ 枪口口径：11.18 毫米
- ■ 全枪长度：337 毫米
- ■ 空枪质量：1.27 千克
- ■ 弹巢容量：6 发

美国南北战争期间，柯尔特公司的工厂失火导致双方士兵无法再装备柯尔特1860陆军型手枪。于是，数量庞大的雷明顿M1858转轮手枪作为替代品被带到了战场上，成为继柯尔特转轮手枪之后最流行的便携式武器，同时也是美国陆军订购的最后一款火帽铅弹式转轮手枪。

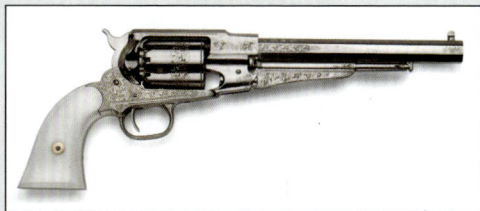

雷明顿 M1858 转轮手枪（高级型）

虽然是替代品，但雷明顿M1858转轮手枪的表现可一点儿都不差，无论是性能还是外观，都不逊色于柯尔特公司生产的转轮手枪，而且十分耐用。除此之外，该枪还拥有柯尔特转轮手枪所不具备的美学元素：枪身烤蓝处理、胡桃木握把、黄铜扳机圈、钢制转轮座等。这些设计都彰显着雷明顿M1858转轮手枪的精美别致。

在该枪大获成功后，雷明顿公司又陆续推出了不锈钢型、比赛型和豪华型等几款改进型转轮手枪。其中，比赛型采用了可调节表尺和斜坡准星，以满足射击比赛的需求；豪华型则将扳机护圈由黄铜改为银质材料，并改进了枪管膛线。

雷明顿公司的发展

就在柯尔特公司的军火生意做得风生水起时，其他武器制造公司也陆续有杰作问世。雷明顿武器制造公司就是其中之一。

美国雷明顿武器制造公司可谓历史悠久，它创建于1816年，总部设在美国纽约州的伊利恩城。最初，雷明顿公司只制造枪管；后来，该公司生产范围逐渐扩展到制造枪托等配件；直到1840年，雷明顿公司才开始出售整枪。

美国

主要参数

- ■枪口口径：11.43 毫米
- ■全枪长度：279 毫米
- ■空枪质量：1.05 千克
- ■弹巢容量：6 发

柯尔特"和平缔造者"转轮手枪

柯尔特M1873转轮手枪又叫作柯尔特"和平缔造者"转轮手枪，是在柯尔特M1872转轮手枪的基础上改进而成的。它在1873年至1892年期间是美国军队的制式转轮手枪。而该枪的炮兵型在一战期间仍在使用，也是当时美国最流行的轻武器之一。

柯尔特"和平缔造者"转轮手枪共有四大特点：第一，该枪采用整体式枪底把，弹膛的密封性在很大程度上得到了提高；第二，该枪的枪管是靠螺纹固定到底把上的，并设有保险卡榫，安全系数较高；第三，该枪结构简单，零件少，用简单的工具就可以将其从整枪迅速拆解为单个零部件，并且新的零件还可以轻松地安装上去，即使丢失部分零件，该枪依旧能进行射击；第四，该枪采用了弹簧装弹退壳系统，使子弹的发射和退壳动作流畅连贯。

另外，在柯尔特"和平缔造者"转轮手枪枪管下方加装了凸杆，该凸杆分为一直延伸到枪口的全凸杆和只延伸到枪管一半位置的半凸杆两种类型。该凸杆有助于调节重量平衡，增加枪管的强度与稳定性。

炮兵型柯尔特 M1873 转轮手枪

这款枪采用单动发射机构，即发射时，需用手将击锤扳至待击位置，再扣动扳机才可实现击发。所以，美国西部影片中的牛仔使用该枪时总是双手齐上阵，一手快速压击锤，一手扣扳机。

美国军方装备的.45柯尔特陆军单动转轮手枪有两种款型：一款是装备骑兵的骑兵型，而另一款是装备普通陆军的炮兵型。这两款转轮手枪外形的最大区别就是枪管长度：骑兵型枪管长190毫米，而炮兵型枪管长140毫米。

牛仔传奇
——"和平缔造者"

柯尔特M1873转轮手枪之所以被人们称为"和平缔造者"，这其中还有一段传奇故事。

故事发生19世纪末，大批美国东部居民向西部地区迁移期间，故事的主人公怀特·厄普与其两个兄弟维吉尔·厄普（兄）、摩根·厄普（弟）一起来到亚利桑那州通斯顿镇（又名墓碑镇）定居。

作为开拓者的他们，本以为有了土地便能过上安稳的日子，但没成想一场枪战正等待着他们。

通斯顿镇上有一伙由盗马贼组成的匪帮十分猖獗，这伙盗马贼为了能够更好地"经营"盗马业务，将非法所得的一部分贿赂当地的治安官，久而久之他们便形成了利益共同体，无人敢管。然而厄普三兄弟成为小镇的警长后，却不为他们的贿赂所动，经常与这伙盗马贼产生摩擦。

柯尔特 M1873 转轮手枪及配套的腰带和枪套

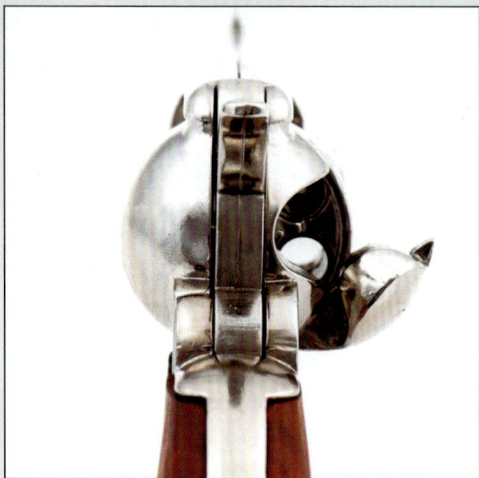

矛盾在不断积累下，终于在1881年10月的一天爆发了。这天，厄普三兄弟忍无可忍，决定逮捕这群盗马贼。怀特的好友多克在得知了他们的行动计划后毅然加入厄普兄弟的行动。就这样，四个人并排走向盗马贼的营地，准备来上一场大战。此时的他们并不知晓，他们将引发美国西部历史上的一次著名枪战——"OK马圈大枪战"。

既然要逮捕盗马贼，枪，自然是少不了的。厄普三兄弟都使用柯尔特陆军单动转轮手枪，其中怀特携带的是一支骑兵型柯尔特陆军单动转轮手枪，而多克则为了火力持续性携带了两支警长型柯尔特1877双动转轮手枪及一支双管猎枪，可谓准备充分。

四人走到盗马贼营地，将盗马贼堵在一个胡同中。其中几名盗马贼见状不妙立刻逃走，另外四个则负隅顽抗，而且他们中有人同样配备柯尔特陆军单动转轮手枪。

盗马贼们自然不肯轻易就范，毕竟手中有枪。随即，两方人马便开始对峙。

紧张对峙之时，多克把双管猎枪的击锤扳至待击位，然而正是扳动击锤特有的声音打破了这种"平衡"。盗马贼以为厄普兄弟扳下转轮手枪的击锤准备朝他们射击，想要拔枪反击，而厄普兄弟与多克先发制人快速拔枪射击。在短短的30秒内，两伙人共发射30余发枪弹，三名盗马贼毙命，一名盗贼投降。怀特和多克毫发无伤，维吉尔腿部中弹，摩根肩部受伤。

事后，当地法官裁定厄普兄弟与多克无罪。而逃走的盗马贼并不甘心，随后偷袭了厄普兄弟，摩根被冷枪打死。最终，怀特经过多次激烈战斗，终于铲除了这伙盗马贼。

西部片类型在好莱坞大放异彩与怀特·厄普有莫大关联。老年的怀特·厄普向好莱坞的制片人讲述了年轻时的那段经历，因此他的故事被搬上银屏并广受好评，电影中所使用的武器自然就是各种柯尔特陆军单动转轮手枪。

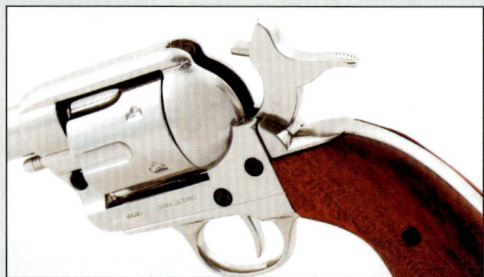

枪管长 50.8 毫米的警长型柯尔特陆军单动转轮手枪

枪管长 88.9 毫米的警长型柯尔特陆军单动转轮手枪

此后，好莱坞拍摄了许多西部片，这款传奇的柯尔特陆军单动转轮手枪也成为银幕上的"常客"。在西部片中总会看到这样的经典动作：牛仔开枪后，用食指勾住扳机护圈，将手枪快速转动，随即"啪"的一声将枪插入腰间的枪套，整套动作行云流水，极具观赏性。

美国

柯尔特 "蟒蛇" 转轮手枪

主要参数
- 枪口口径：9.07 毫米
- 全枪长度：240 毫米
- 空枪质量：1.1 千克
- 弹巢容量：6 发

柯尔特"蟒蛇"转轮手枪由柯尔特公司于1955年推出，以巨大的威力和极高的射击精度而著称，被誉为"世界上最好的转轮手枪"。

柯尔特"蟒蛇"转轮手枪发射.357马格南手枪弹（规格为9.06毫米×33毫

世界轻武器档案

手枪篇

.357 马格南手枪弹，左为软尖弹，右为空尖弹

米），转轮弹巢容量6发。该枪是一款可双动击发的转轮手枪，但也可以扳下击锤进行单动击发，转轮可向左侧摇出进行退壳和装填。击发机构可以根据用户的需求由柯尔特专卖店或专业枪匠进行调整，减少击发所需的扳机力。

其实，最初柯尔特公司是打算设计一种加强型底把、单／双动击发的比赛型转轮手枪，结果由于一个突然的决定，造就出了这支威力巨大的转轮手枪。该枪有多种枪管可供选择，自推出后立即占领了美国执法机关的市场。

枪管长 63.5 毫米的柯尔特"蟒蛇"转轮手枪

柯尔特"蟒蛇"转轮手枪的表面处理极好，它的表面处理方式分为烤蓝和镀光亮镍。烤蓝处理后的手枪表面呈现深蓝色，洛杉矶警察使用的"蟒蛇"转轮手枪主要就是烤蓝型。而镀光亮镍处理的手枪即使放置多年，表面仍旧光滑如新。

柯尔特"蟒蛇"转轮手枪的枪管是用螺接方式连接底把的，枪管上方有一个斜坡形的肋条，根据枪管长度的不同，肋条下方排气孔式的长方形孔洞数量也不同，通常为1～4个，这样的设计是为防止长时间射击后枪管表面的热气影响到瞄准视野。在该枪枪管下方设有凸耳，这个凸耳起到收纳退壳杆的作用。

柯尔特"蟒蛇"转轮手枪的机械瞄具非常适合快速瞄准，片状准星固定在枪管肋条骨顶的斜坡上，可以更换。准星上还嵌有橙色的塑料片，在光线偏暗的地方也容易使用。该枪的缺口式照门也可以更换和拆卸。另外，所有型号的"蟒蛇"转轮手枪，在肋条上都可以安装瞄准镜。

柯尔特"蟒蛇"系列转轮手枪根据枪管长度的不同可划分为四个

枪管长 101.6 毫米的柯尔特"蟒蛇"转轮手枪

柯尔特"蟒蛇"转轮手枪的152.4毫米枪管特写

柯尔特"蟒蛇"转轮手枪的弹巢特写

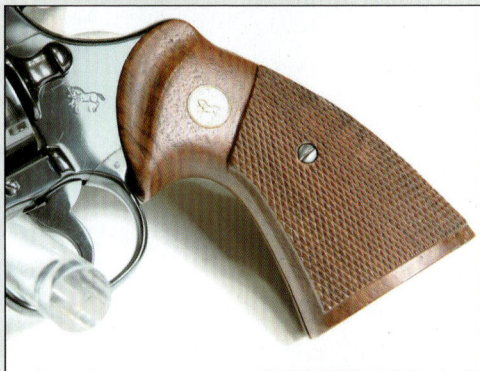

柯尔特"蟒蛇"转轮手枪的握把特写

斯莱斯"。而它的成功，也使其他枪械制造公司争相效仿，但至今仍未被超越。

"蟒蛇"的谢幕
——水涨船高的声望和价格

1986年，由于美国洛杉矶地区的警局跟随军方的选择，决定用伯莱塔92F半自动手枪作为其下属警员的配枪，替换原来所配备的柯尔特"蟒蛇"9毫米转轮手枪，从而掀起了美国警用手枪从转轮手枪转用大容量半自动手枪的浪潮。从这一年开始，柯尔特"蟒蛇"转轮手枪退出了美军采购市场。不过因1993年后该枪不再被批量生产，现在想要收藏这种经典转轮手枪的人，除了购买二手枪，就只能向柯尔特公司高价订购，所以，其声望和市场价格也随着时间的推移水涨船高。

不同的型号，分别为：枪管长度63.5毫米、枪管长度101.6毫米、枪管长度152.4毫米，以及枪管长度203.2毫米。其中，枪管长度101.6毫米型适合便衣警员使用，枪管长度152.4毫米型则在美国军队中更加流行。

无论精度、外观，还是可靠性，柯尔特"蟒蛇"转轮手枪都是非常优秀的，甚至被称为"转轮手枪中的劳

美国

柯尔特 "特种侦探" 转轮手枪

主要参数

- ■ 枪口口径：9.1 毫米
- ■ 初速：223 米 / 秒
- ■ 全枪长度：159 毫米
- ■ 空枪质量：0.59 千克
- ■ 弹巢容量：6 发

柯尔特 "特种侦探" 转轮手枪是美国柯尔特公司于1927年研发生产的一款碳钢材质双动短管转轮手枪，由于该枪的粗短枪管很像狮子的鼻子，因此，其又被人们称为 "狮子鼻"。

柯尔特 "特种侦探" 转轮手枪发射.38特种手枪弹，停止作用强，转轮弹巢可安装6发子弹。另外，这款枪同时也是警用转轮手枪的开山鼻祖。

柯尔特公司自推出 "特种侦探" 转轮手枪后对其多次改进，早期型于1927年投产，1949年停产，也被称作 "战前型"；"特种侦探" 转轮手枪的第二期改进型于1947年投产，1972年停产，被称为 "战后型"；第三期改进型于1973年开始量产，同时该改进型号也是 "特种侦探" 转轮手枪的最后一个型号。

柯尔特 "特种侦探" 转轮手枪战前型的握把与扳机护圈之间的间隙较窄，无论转轮弹膛旋转到哪个位置，弹膛尾端与枪体之间几乎都可以无缝贴合，这丝毫不影响动作的灵活性，操作流畅。该型号的 "特种侦探" 转

准星改为半月形的战后型"特种侦探"转轮手枪

第三期改进型柯尔特"特种侦探"转轮手枪，适合快速出枪

轮手枪的准星上下两端并非一个厚度，而是有一个段差，同时准星下方增设了一个台座。此外，在第一期改进型的"特种侦探"转轮手枪的制造过程中许多部件都需要工匠进行手工打磨，因此许多精密零部件即使在同型号手枪之间也无法互换，与当代转轮手枪相比，其通用性不足。

柯尔特"特种侦探"转轮手枪的第二期改进型又可以分为前期型和后期型：1966年以前生产的被称为"第二期改进前期型"，1966年以后生产的被称为"第二期改进后期型"。第二期改进后期型的"特种侦探"转轮

手枪缩短了握把，并逐渐取消了准星台座，准星上下厚度相同，与战前型完全不同。

第三期改进型的柯尔特"特种侦探"转轮手枪将半月形准星改为三角形准星，并将枪管下方的凸耳一直延伸到枪口，且内部中空，退壳杆装在其中。这样的设计更加符合人体工程学，在快速出枪时不易造成钩挂，同时，三角形准星也更加适合快速瞄准。可以说，第三期改进型主要提升了"特种侦探"转轮手枪的人机工效。

风靡世界的"柯尔特"
——"特种侦探"转轮手枪

柯尔特"特种侦探"转轮手枪在大约60年的时间内共销售了40万支，并出口至法国、日本、缅甸等国家。除此之外，在影视作品中，柯尔特"特种侦探"转轮手枪也非常受欢迎，据不完全统计，这款枪至少在150多部电影作品中出现过。

世界轻武器档案 手枪篇

主要参数

■枪口口径：9.1毫米
■全枪长度：205毫米
■空枪质量：0.55千克
■弹巢容量：6发

史密斯－韦森 M10 转轮手枪

1896年，史密斯－韦森公司设计并生产出世界上第一支双动扳机转轮手枪，使转轮手枪的发展进入双动扳机的时代。三年后，发射.38柯尔特长弹的双动手动退壳转轮手枪也在该公司问世，被命名为"史密斯－韦森M10转轮手枪"。该枪曾作为制式手枪装备多国警方和军队，是一款风靡一时的转轮手枪。

史密斯－韦森M10转轮手枪经多次改进和演变，一直使用至今。自1899年量产开始，根据枪管长度的不同，该枪共分为50.8毫米、76.2毫米、101.6毫米、127毫米和152.4毫米五种型号。1899年，美国陆军和海军订购了史密斯－韦森M10转轮手枪。按照习惯，手动退壳型被称为".38军警型"。同年，为了解决在战斗中.38手枪弹停止作用不够的问题，史密斯－韦森公司推出了.38特种弹。

第二次世界大战期间，从1942年至1944年，史密斯－韦森公司生产的史密斯－韦森M10转轮手枪因序列号以"V"字开头，而被称为"史密斯－韦森胜利型"，但早期的胜利型并不总是有"V"字前缀。第二次世界大战期间一共有57万支史密斯－韦森M10转轮手枪被提供给英国、加拿大、澳大利亚、新西兰和南非等国家。

史密斯－韦森M10转轮手枪具有易操控、精度高、结构简单、坚实耐用等优点，是全世界使用最广泛的警用手枪之一。

史密斯-韦森M1917 转轮手枪

主要参数
- 枪口口径：11.43毫米
- 全枪长度：270毫米
- 空枪质量：1.02千克
- 弹巢容量：6发

1916年，卷入第一次世界大战的美国，即将加入欧陆战局。因为军队快速扩编，以刚量产不久的M1911半自动手枪当时的储备量，根本不可能满足美军、英军，以及法军的装备需求，所以史密斯-韦森公司决定设计一款枪口口径为11.43毫米的转轮手枪。因其采用相同口径的弹药，而且结构简单可靠，方便后勤运输，所以能够被军方优先选择。

事实也确实如此，美国军方考虑到雷明顿、柯尔特等公司都在为战时订单全力生产M1911半自动手枪，所以将生产转轮手枪的订单交由史密斯-韦森公司来完成。1917年，史密斯-韦森M1917转轮手枪问世，这款枪在第一次世界大战后期被美军大量装备，总数超过16万支。

此前，史密斯-韦森公司曾为英国生产过一些口径11.43毫米的韦伯利转轮手枪，因此在生产M1917转轮手枪时对弹膛进行了改进，使其可发射.45柯尔特手枪弹和.44特种子弹。但是，由于柯尔特手枪长弹为无凸缘式子弹，装填时不易定位，为此，史密斯-韦森公司特别设计出半月形弹夹。这种薄片式弹夹可容纳3发子弹，不仅可以使无凸缘式子弹实现装填定位，还极大地加快了装填的速度。

史密斯-韦森M1917转轮手枪的

史密斯－韦森 M1917 转轮手枪的半月形弹夹

第二次世界大战初期英军的主要自卫手枪

史密斯－韦森 M1917 转轮手枪与弹夹

枪身左侧、转轮后方有一个卡销，若将该卡销向前推，就可以将转轮弹巢从左侧旋出，之后使用退壳杆退出弹壳，然后再将转轮卡销复位，即可完成退壳过程。

　　一战即将结束时，史密斯－韦森公司在对该枪握把进行亮蓝抛光处理后生产出了 M1917 商用型转轮手枪，并销售至民用市场。

　　第一次世界大战结束之后，英国出于对治安方面的顾虑，并出于对未来时局的盲目乐观，从而颁布了限枪令。直到第二次世界大战前夕，英国陆军也未能像德军那样形成完善的机械化战争理论。因第一次世界大战而组建的庞大陆军"警察化"已久，并专注服务于英国的全球殖民地管制，所以在第二次世界大战爆发时，英国甚至连最简单的轻武器都不能自给。为解英军的燃眉之急，美国步枪协会在官方的授意下，组织了数量庞大的来自民间的枪械捐赠，并将其转交给英国军队，这样的机缘使得二战初期英军的主要自卫手枪多数都是来自美国民间的史密斯－韦森 M1917 转轮手枪。

　　除了史密斯－韦森公司将一款转轮手枪命名为"M1917"，柯尔特公司也有一款转轮手枪被命名为"M1917"。两款转轮手枪口径相同，外形相似，但也存在着细微差别。

史密斯－韦森 M1917 转轮手枪与配用子弹

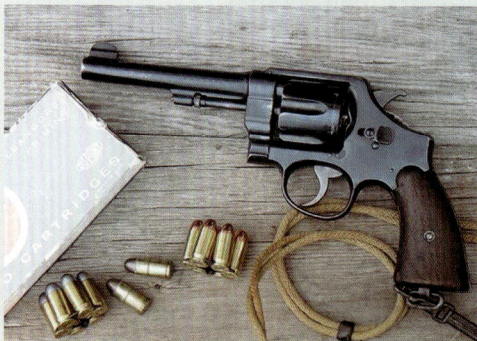
柯尔特 M1917 转轮手枪

转轮手枪

史密斯－韦森 M36 转轮手枪

主要参数
- 枪口口径：9.1毫米
- 全枪长度：176毫米
- 空枪质量：0.7千克
- 弹巢容量：5发

史密斯－韦森M36转轮手枪是史密斯－韦森公司于1950年推出的一款短管双动型转轮手枪，至今仍在生产。

史密斯－韦森M36转轮手枪首次出现在1950年的科罗拉多的警长会议上，而该枪的历史可追溯到距此14年前。1936年，为了与柯尔特"特种侦探"转轮手枪争夺市场份额，史密斯－韦森公司也推出过一款短管双动型转轮手枪。但因该枪又大又重，不易隐蔽携行，而且转轮弹巢容量只有5发，因此在与柯尔特公司争夺市场份额的"战争"中败北。

史密斯－韦森公司的短管双动型转轮手枪的惨淡销量让该公司高层大为恼火，于是在1949年，该公司设计部在现有转轮手枪"I"形结构的基础上研制新型转轮手枪。1950年，采用"J"形结构的新型转轮手枪应运而生，史密斯－韦森公司将其命名为"M36转轮手枪"，该枪的击锤簧改用螺旋弹簧，并增大了转轮座尺寸。

史密斯－韦森M36转轮手枪发射.38特种手枪弹，转轮弹巢容量依旧为5发，但"J"形结构的转轮手枪相比以往的手枪更加轻巧，便于携带，

也使射手可以舒适握持。

史密斯－韦森M36转轮手枪的转轮解脱闩位于枪身左侧、转轮的正后方。需要退弹时，向前推动转轮解脱闩，并向左旋出转轮，之后按退壳杆即可退出转轮弹膛中的枪弹或弹壳。

史密斯－韦森 M36 转轮手枪

史密斯－韦森M36转轮手枪的衍生型号

史密斯－韦森M36转轮手枪（轻便型）

1952年，史密斯－韦森公司生产出采用铝质转轮和枪身的M36轻便型转轮手枪，该型号手枪质量只有0.3千克，于1954年停产。

史密斯－韦森M37转轮手枪

1957年，史密斯－韦森公司推出了M37转轮手枪，该型号采用钢制转轮和铝制枪身，保证了转轮强度的同时，也减轻了枪支的整体质量。

"史密斯女士"转轮手枪

1989年，史密斯－韦森公司在M36转轮手枪的基础上，研制生产出"史密斯女士"转轮手枪。

"史密斯女士"转轮手枪的枪身表面采用烤蓝工艺，并设计出适合女性使用的特殊握把，枪管长度分别为76.2毫米和50.8毫米。该枪有着小巧的外形和便宜的价格，9.1毫米的口径也足以应对大多数突发状况，无论是用来防身还是收藏，它都是一支出色的转轮手枪，因此很受女士们青睐。

除此之外，史密斯－韦森公司还在M36转轮手枪的基础上改进出M38轻型保镖转轮手枪、M39全钢保镖转轮手枪、M40百年纪念型转轮手枪、M42轻型百年纪念型转轮手枪，以及M60不锈钢特种要员转轮手枪等衍生型号。

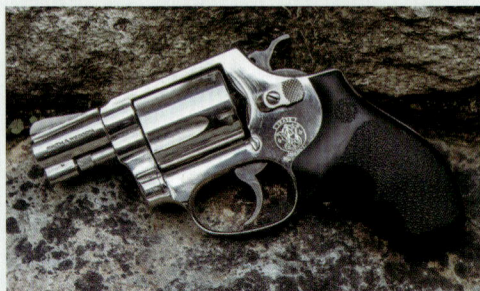

主要参数

- 枪口口径：11.18 毫米
- 全枪长度：353 毫米
- 空枪质量：1.25 千克
- 弹巢容量：6 发

史密斯－韦森 M29 转轮手枪

1955年，史密斯－韦森公司研制生产出M29转轮手枪。该枪采用"N"形结构的碳钢枪身，可发射火力强大的.44马格南手枪弹和火力相对较弱的.44特种弹。在2003年推出"X"形结构以前，该枪为史密斯－韦森系列转轮手枪中枪身最庞大的一款。

史密斯－韦森M29转轮手枪在设计之初主要考虑用于狩猎，该枪所发射的.44马格南手枪弹足以在近距离击倒野猪、黑熊等大型动物，可作为猎人狩猎大型动物时的备用武器，而使用.44特种弹也可以使这款枪成为一把良好的自卫武器。所以在推出之后，很快便受到了美国执法人员、枪械爱好者，以及猎人的欢迎。

史密斯－韦森M29转轮手枪结构极为简单，零件数量非常少，破坏力惊人，但却安全可靠。即使在子弹出

两种枪管型号的史密斯－韦森 M29 转轮手枪

转轮手枪退壳杆放在枪管下方的凹槽中。按照史密斯－韦森公司的枪支衍生型号命名规则，在原枪型号名称前加数字"6"的枪型即为该型号的不锈钢版本，而加数字"3"则是该型号的钪合金版本。比如，M629即为M29的不锈钢版本，M329则是M29的钪合金版。

影视作品中的史密斯－韦森M29转轮手枪

1971年，史密斯－韦森M29转轮手枪出现在了克林·伊斯威特主演的电影《肮脏哈利》中，该枪被称为"世界上火力最强的手枪"，随着电影的热映后，美国枪械零售商经常会遇到M29转轮手枪存货供不应求的问题。

此外，M29转轮手枪还在电视剧《幽默警探》以及电影《出租车司机》中"登场"。

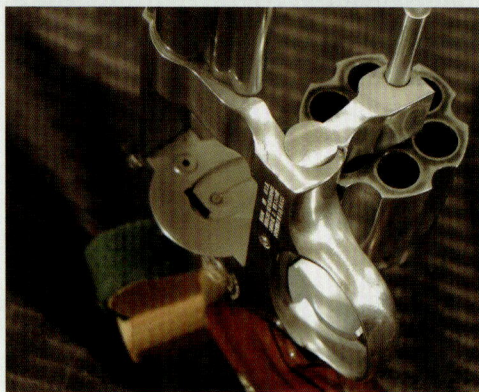

史密斯－韦森M629转轮手枪细节特写

现故障手枪无法击发时，只要再次扳动击锤，下一发子弹就会对准枪管，进入待击状态。

M29转轮手枪的不锈钢版本于1979年首次生产，称为"史密斯－韦森M629转轮手枪"。该枪早期型号采用隐藏退壳杆，而后来生产的M629

影片《肮脏哈利》剧照

主要参数
- 枪口口径：12.7 毫米
- 全枪长度：457 毫米
- 空枪质量：2.32 千克
- 弹巢容量：5 发

史密斯 – 韦森 M500 转轮手枪

击时造成的枪口上跳，从而增强射击精度。

M500转轮手枪是史密斯–韦森公司于2003年推出的一款大口径转轮手枪，该枪口径为12.7毫米，发射.50马格南手枪弹，并号称"世界上威力最大的转轮手枪"。

史密斯 – 韦森 M500 短枪管型转轮手枪

史密斯 – 韦森 M500 转轮手枪可更换枪管与 .50 马格南手枪弹

史密斯–韦森M500转轮手枪采用了特别的"X"形转轮座，由于该枪的子弹过大，只能安装5发子弹，转轮座的体积也非常大，整枪在不装弹的状况下质量就已达到了2.32千克，所以并不适合佩于腰间。因此史密斯–韦森公司为该枪加装了两点式步枪背带，便于射手携带。

该枪采用聚合物材质握把，能够起到一定的缓冲作用，枪口处安装有特制的枪口制退装置，可缓解枪械射

史密斯 – 韦森 M500 转轮手枪转轮弹巢特写

史密斯–韦森M500 转轮手枪的实际用途

其实，史密斯–韦森M500转轮手枪并未被运用于军事，而是被用于狩

猎大型猎物。该枪所发射的.50马格南手枪弹威力极大，其发射时产生的动能甚至与全威力步枪弹基本相当，所以一枪击倒一头非洲象也不在话下。无论从哪方面来说，史密斯－韦森M500转轮手枪都算是"转轮手枪界的大炮"了。

史密斯－韦森 M500 转轮手枪射击时的枪口焰

美国

史密斯－韦森 M327-TRR8 战术转轮手枪

主要参数
- 枪口口径：9.07 毫米
- 全枪长度：267 毫米
- 空枪质量：1.03 千克
- 弹巢容量：8 发

手枪战术化，就是让手枪实现多功能化，可安装各种战术配件。通常战术化只能用于自动手枪，而转轮手枪却很难实现该方面的突破。但是2000年，史密斯－韦森M327-TRR8

战术转轮手枪的问世打破了这一局面，该枪是世界上第一支战术转轮手枪，同时，也将转轮手枪的发展推向了新的高度。

史密斯－韦森M327-TRR8战

史密斯－韦森 M327-TRR8 战术转轮手枪细节

M327-TRR8战术转轮手枪实现了转轮手枪轻量化的同时，还保证了转轮座的强度，并将容弹量扩展至8发，可发射.357马格南手枪弹，威力强大。

史密斯－韦森M327-TRR8战术转轮手枪的转轮座顶部和枪管下方各装有一条皮卡汀尼导轨，可快速拆装光学瞄准镜、战术灯、激光指示器等战术配件。

术转轮手枪名称中的"ＴＲＲ８"是"Tactical Rail Round 8"的缩写，表示该型号的转轮手枪是可以安装皮卡汀尼导轨（鱼骨）、弹巢可装8发子弹的转轮手枪。

相比弹匣容量大的自动手枪，转轮手枪总会因装弹少、换弹慢在近距离战斗中处于被动，如果增加装弹数，势必会让转轮手枪变得非常沉重，不便携带。为此，在最初设计M327-TRR8战术转轮手枪时，史密斯－韦森公司使用质量较轻的铝合金和钛合金做材料，但其强度均无法达到预期标准，几经周折，最终选定质量轻、强度高的钪合金材料。

钪合金材料使得史密斯－韦森

用途广泛的史密斯－韦森 M327-TRR8战术转轮手枪

史密斯－韦森M327-TRR8战术转轮手枪是一款多用途的转轮手枪，射手可根据不同的需要而安装不同的战术配件，可以狩猎、自卫、竞技，还可以满足军警在不同场合的战术需求。

美国

世界轻武器档案 手枪篇

- 枪口口径：11.53毫米、11.43毫米
- 全枪长度：241.3毫米
- 空枪质量：1.39千克
- 弹巢容量：6发

鲁格"红鹰"转轮手枪

鲁格"红鹰"转轮手枪的衍生型号："超级红鹰"

鲁格"超级红鹰"转轮手枪沿用了鲁格公司的组合转轮杆机构，并增设转轮固定系统。转轮固定系统在转轮支架前方，位于前链接销进入转轮座的固定槽内，转轮通过插槽固定在转轮座内。此机构不同于之前转轮手枪使用的转轮轴簧形式，而是采用连动方式，因此可进行单手操作。

鲁格"超级红鹰"转轮手枪共两种口径，分别发射.44马格南手枪弹和.454卡苏尔手枪弹，转轮弹膛容量6发，有两种不同长度的枪管，分别为190.5毫米和241.3毫米。

由于鲁格"超级红鹰"转轮手枪发射的枪弹威力大，所以枪弹在击发后产生的火药燃气在反作用力的冲击下，会产生较大的后坐力。因此该枪采用橡胶握把，可有效缓冲后坐力。

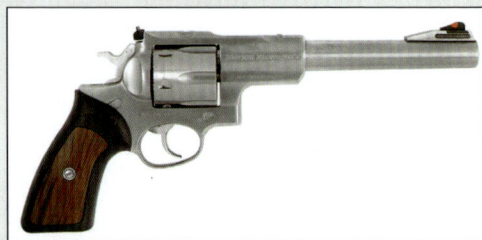

鲁格"红鹰"转轮手枪由美国斯特姆－鲁格公司于1979年研发生产，拥有良好的安全性，采用高合金钢制作而成。

鲁格"红鹰"转轮手枪的转轮弹膛较长，可发射.454卡苏尔转轮手枪弹，也可以发射.45柯尔特手枪长弹，转轮弹巢容量6发，具有良好的侵彻力和停止作用。

在鲁格"红鹰"转轮手枪出现之前，北美民间市场上几乎所有单动转轮手枪为了安全携行都会少装1发枪弹以空出击锤前方的装弹孔，因此转轮容弹量6发的转轮手枪多数时只装有5发枪弹。鲁格公司早期产品通常仿制柯尔特公司的单动转轮手枪，直到20世纪70年代，该公司研制出组合转动杆机构，这种机构可提升转轮手枪的安全性，哪怕击锤处于待击位置，也可以安全携行，适合在突发状态下快速出枪并击发。除了鲁格"红鹰"转轮手枪，这样的组合转动杆也被广泛运用在鲁格公司的其他转轮手枪上。

鲁格"超级红鹰"转轮手枪是斯特姆－鲁格公司于1987年研发生产的双动转轮手枪

主要参数

■枪口口径：11.53毫米　■空枪质量：1.2千克
■初速：427米/秒　■弹巢容量：5发
■全枪长度：190毫米

鲁格"阿拉斯加人"转轮手枪

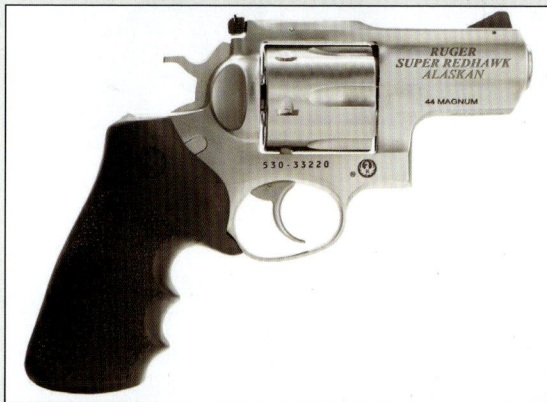

在枪管中移动的一瞬间，就会产生后坐力。弹头越重，后坐力也就越大。当弹头击发后，枪口就会向上跳动，该枪准星正是将枪口上跳计算在内，所以增加了准星的高度。

　　鲁格"阿拉斯加人"转轮手枪的握把为大型橡胶单体握把，并在握把两侧设置了固定轴，握把后方还镶嵌了柔软的橡胶缓冲垫，从而进一步增强了缓冲效果。

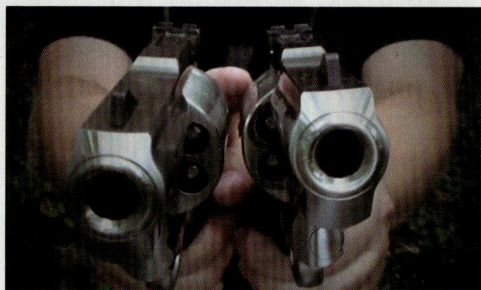

鲁格"阿拉斯加人"转轮手枪前视图

　　"阿拉斯加人"转轮手枪是鲁格公司在2005年推出的。该枪是以"超级红鹰"转轮手枪为基础改进成的大口径转轮手枪，根据不同的口径型号，分别发射.454卡苏尔手枪弹，以及.44马格南手枪弹，是目前世界上口径最大的短管转轮手枪。

　　鲁格"阿拉斯加人"转轮手枪是一款双动转轮手枪，在双动状态（击锤闭合状态）下，扳机力约为56牛顿，单动状态（击锤待击状态）的扳机力约为23牛顿。该枪的枪管长度只有63毫米，因枪管粗短，经常使人联想到古代的臼炮或者信号手枪。假如在正面观察该枪，无疑是对勇气的一种考验。

　　鲁格"阿拉斯加人"转轮手枪的准星较高，这种设计是为缓解该枪强大的后坐力而采取的有效措施。弹头

野外活动爱好者的防身利器

　　在美国，钓鱼、打猎、射击等野外活动爱好者的数量超过1000万人，对众多枪械制造公司而言，这无疑是一个庞大的市场。而对于阿拉斯加的户外活动爱好者而言，大口径、高停止作用的转轮手枪已成为一种生活必需品，而

鲁格"阿拉斯加人"转轮手枪就是为该群体专门设计的防卫手枪。

阿拉斯加作为美国最后一块未开发的处女地，远离城市的繁华。一些野外活动爱好者在野外会遇到熊等大型食肉动物，面对这种威胁，他们只能逃跑，或从腰间掏出大口径转轮手枪自卫。是射杀它们，还是成为它们的美餐？在阿拉斯加的荒野，有些时候，只有赌上生命去抉择。

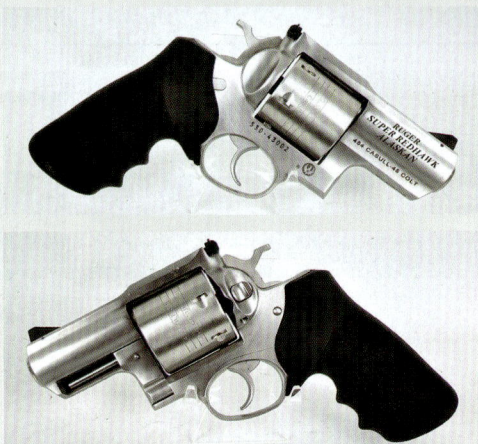

俄国

纳甘 M1895 转轮手枪

主要参数

- 枪口口径：7.62 毫米
- 空枪质量：0.8 千克
- 初速：272 米/秒
- 弹巢容量：7 发
- 全枪长度：235 毫米
- 有效射程：22 米

19世纪90年代中期，比利时人莱昂·纳甘为当时的俄国研发了一款单/双动密闭式转轮手枪，因定型于1895年，所以这款枪被称为"纳甘M1895转轮手枪"。俄国于同年将该枪列为第一代制式转轮手枪，广泛装备俄国军队的骑兵和军官。最初，该枪在比利时进行生产，1899年，俄国引进制造权，并由莫斯科附近的图拉兵工厂生产。

纳甘M1895转轮手枪采用固定式7发转轮，枪管内刻有4条右旋膛线，枪口可加装抑制器作为消音器使用。

纳甘 M1895 转轮手枪的内部构造图

纳甘M1895转轮手枪最大的特点为采用密闭式设计。一般非密闭式转轮手枪的转轮与枪管之间会留有一条小缝隙，可以让转轮顺利转动，但这个过程会使射击精度下降，特别是在膛室与枪管未对齐的时候，还会导致高温气体从子弹后方漏出。而纳甘M1895转轮手枪的机制为当击锤被扳下以后，会带动转轮转动并让其向前移动，同时封闭转轮与枪管之间的缝隙。该枪所使用的7.62毫米×38毫米手枪弹的弹头位于弹壳内部，而弹壳顶部的缺口直径略微减少，对防止火药气体溢出起到了重要作用。并且，该枪枪管后端有一个短小的圆锥部分，用于对应子弹顶部的缺口，完成密闭式击发。

纳甘M1895转轮手枪与其独特的埋头弹

纳甘M1895转轮手枪的枪套

然而，凡事有得必有失，虽然纳甘M1895转轮手枪的密闭式结构从根本上解决了子弹发射时火药气体外泄的问题，但在子弹全部发射完毕重新装填时，需要用退壳杆将弹壳一发一发退出来，然后再将子弹通过装填口一发一发装入各个膛室。这种装填方式比较烦琐，所以火力持续性极差。

历史的百年见证

纳甘M1895转轮手枪因坚固耐用的特点而成为苏联的制式手枪。

在苏联军队装备托卡列夫TT-33半自动手枪之前，纳甘M1895转轮手枪一直是苏军军官的标准配枪，在电影《这里的黎明静悄悄》以及《兵临城下》中，都可以看到苏军使用这款转轮手枪。

尽管更先进的托卡列夫手枪于1930年开始量产，但纳甘M1895转轮手枪仍然在持续生产，并在二战中被广泛使用。

直到现在，纳甘M1895转轮手枪依旧在俄罗斯被一些人员所使用，所以，无论从哪方面看，该枪都可以称之为"历史的百年见证"。

转轮手枪

世界轻武器档案 手枪篇

OTs-38 微声转轮手枪

主要参数

- 枪口口径：7.62 毫米
- 全枪长度：191 毫米
- 空枪质量：0.82 千克
- 弹巢容量：5 发

  1996年，由俄罗斯中央猎枪和体育用枪支设计研究局的枪械设计师伊戈尔·雅科夫列维奇·斯捷奇金主持设计工作，成功设计出一款绰号为"唠叨者"的转轮手枪，后被正式命名为"OTs-38微声转轮手枪"。

  OTs-38微声转轮手枪发射7.62毫米×42毫米SP-4无声子弹，这种子弹的弹头在弹壳内部，并且弹头顶部为圆柱状，在射击时，能将火药气体完全封闭在弹壳内，从本质上消除了发射时的枪口火焰和噪声，是世界上唯一一支在开火时可以达到无噪声的微声转轮手枪。

  也许单纯从外形上看，OTs-38微声转轮手枪与传统转轮手枪并没有太大的区别，但仔细观察就会发现，其实它与传统转轮手枪的区别很大。

  首先，该枪在装填弹药时，转轮弹巢并非向左斜下方旋出，而是反传统地从右方平行移出。转轮中的自动退壳装置可将空弹壳推出。

向右侧平移旋出的转轮弹巢

其次，枪身上方最粗的管筒并不是枪管，而是内置激光瞄具，适用于在光线较暗的环境下瞄准，下面稍细的管筒才是枪管。这种设计可有效降低手枪在射击时枪口上跳幅度，进而增加射击精度。而枪管设置在枪支中轴线下方的布局方式，可以说在世界上也是绝无仅有的。

最后，该枪的保险机构也较为特别。当击锤位于保险位置时，保险钮位于待击位置；而当击锤处于待击状态时，保险钮则位于安全位置。这种设计减短了转轮手枪由备用状态到待击状态的时间，使射手可以快速反应。

俄军特种部队的"宠儿"

在特种部队进行秘密行动时，通常会使用加装了消音器的手枪。而在非常安静的环境下（比如密室中或夜晚），加装了消音器的枪械不仅降噪效果不理想，体积还过大，非常不适合进行隐蔽作战。

基于俄军特种部队对专用微声枪械的实际需求，OTs-38微声转轮手枪问世，不仅解决了加装消音器的手枪体积过大、降噪不理想等缺陷，同时还具备转轮手枪射击后不抛壳的特点，更加降低了被发现的概率。所以，在该枪装备之初，就受到了特战队员们的欢迎。

OTs-38转轮手枪与该枪使用的埋头弹

俄罗斯

主要参数

- 枪口口径：9.07 毫米
- 全枪长度：232 毫米
- 空枪质量：0.9 千克
- 弹巢容量：6 发

MP412 转轮手枪

MP412转轮手枪又称"MP412雷克斯转轮手枪"，是俄罗斯伊热夫斯克机械工厂在20世纪90年代设计生产的一款大口径转轮手枪，但由于缺乏市场，该枪并未大规模生产。

"REX（雷克斯）"是英文"Revolver For Export"的缩写，翻译成中文即"用于出口的转轮手枪"。所以，该枪在设计之初就被设定作为出口美国的转轮手枪，而并非一款用于供应俄罗斯本国市场的手枪，因为俄罗斯并不允许公民持有枪械。

与多数现代转轮手枪不同的是，MP412转轮手枪采用中折式结构，钢制的框架为整枪的承重部件，并于转轮中安装了自动退壳挺。当转轮内部子弹发射完毕，打开转轮，自动退壳挺就会将弹壳自动抛出，加快了射手的重新装填速度，使得火力持续性得到保证。

MP412转轮手枪的握把采用工程塑料，并且形状符合人体工程学设计，使得射手握持时更为舒适。该握把由扳机部件、扳机护圈和后坐挡板组成，在必要时，握把甚至可以从钢制枪管上拆卸下来。

MP412转轮手枪缺乏市场的原因解析

MP412转轮手枪最早出现于纽伦堡IWA-2000的武器展会上，但由于俄罗斯与美国达成的协议，这款手枪的出口市场一下变得狭小。

当然，除此之外，还有一个重要原因——美国民用市场对于该枪中折式设计不放心。毕竟采用这种设计的转轮手枪顶部可以随时拆开，并不是一个结实的整体。历史上中折式转轮手枪发射的都是膛压较低的子弹，而MP412转轮手枪发射的则是威力巨大的.357马格南手枪弹，所以该枪的这种设计让美国的枪械爱好者对其安全性很不放心。

转轮手枪

主要参数

- ■枪口口径：11.56 毫米
- ■初速：198 米 / 秒
- ■全枪长度：286 毫米
- ■空枪质量：1.08 千克
- ■弹巢容量：6 发

韦伯利转轮手枪

韦伯利转轮手枪由英国韦伯利-斯科特公司生产。其中，最终改进型 MK VI型于1915年装备英国军队，成为英国军队的军用制式手枪。

韦伯利MK VI型转轮手枪发射.455手枪弹，虽然该枪在双动击发时扳机力过大，但是也在可接受范围内。当然，一些英军士兵在射击时也会采用单动击发，进而提高射击精度。而当韦伯利MK VI转轮手枪不处于待发状态时，"回转式"击锤就会离开子弹

底火。

韦伯利MK VI型转轮手枪在装弹时首先要向前推转轮座后的支耳压销，打开转轮座，装弹后将转轮座闭合，即可随时射击。当转轮内子弹全部发射完毕，将转轮座打开，转轮内部的星形退壳器会自动清除转轮中的弹壳。可以说，这是一种比摆出式转轮更快、更先进的换弹装置，同时，也更适合使用快速装填器装弹。

虽然韦伯利MK VI型转轮手枪所使用的.455手枪弹在有效射程内的威力很大，但英军对于该枪的射程很不满意，在英军内部曾流传这样一句话："如果你能用韦伯利转轮手枪射杀50码（约45米）的目标，那我保证你一定能用李-恩菲尔德射杀800码（约731米）的目标。"

韦伯利转轮手枪的转轮弹巢特写

韦伯利转轮手枪与该枪发射的 .455 手枪弹

英军的传奇手枪

1899年布尔战争时期，后来的英国首相温斯顿·丘吉尔在当时还是一名中尉。在一次遭遇战中，他目睹了韦伯利转轮手枪在实战中的优异表现："在一次战斗中，两名英国军官遭遇了五名敌军骑兵，而这两名军官并没有放弃，他们掏出腰间的韦伯利转轮手枪，向正面冲击的敌军骑兵开枪，成功保护了自己。"

韦伯利转轮手枪首次参与的大规模战争是第一次世界大战，当时英军装备的是韦伯利MK V型转轮手枪。直到1915年，韦伯利MK VI型转轮手枪正式成为英军制式手枪，装备英联邦国家所有部队，包括军官、水兵、坦克手、机枪手、飞行员甚至海军陆战队队员。

第二次世界大战初期，英法联军的防线在德国机械化部队的快速攻势下分崩离析，为保住有生力量，英军在位于法国北部的敦刻尔克进行了当时历史上最大规模的战略撤退行动。此后，由于陆军的装备严重短缺，军方便重新启用了一战后封存的韦伯利

与韦伯利转轮手枪配套的战斗携行具

MK VI型转轮手枪。于是，这支打过一战的转轮手枪再次上阵，伴随英国军队辗转于两场世界大战，从敦刻尔克一路到意大利卡西诺山口，一直有它的"身影"。

第二次世界大战结束后，韦伯利转轮手枪在英军中并没有被自动手枪替换。到了20世纪80年代，依旧可以看韦伯利转轮手枪的身影。所以，在军事爱好者心中，这把枪是英国军队的标志性武器之一。

主要参数
- ■枪口口径：11毫米
- ■初速：210米/秒
- ■全枪长度：324毫米
- ■空枪质量：1.47千克
- ■弹巢容量：6发

加瑟 M1870 转轮手枪

　　1870年，奥匈帝国海军和陆军开始装备由奥地利枪械设计师利奥波德·加瑟设计的M1870转轮手枪。该枪由加瑟在维也纳创办的加瑟武器制造公司生产。该枪体积较大，在当时，枪械想要达到大威力就意味需要尽可能多地使用黑火药，所以转轮、枪管和枪弹都必须要足够大才行。

　　加瑟M1870转轮手枪的口径达到了11毫米，全枪长324毫米，在不装弹药的情况下，全枪质量可达到1.47千克。在当时，只有柯尔特公司生产的沃克手枪和龙骑士手枪能在体积上超过它。

　　加瑟M1870转轮手枪的握把尺寸较大，握把护板为胡桃木材质，上面刻有花纹，可增加防滑性。握把底部带有一个金属环，用于附挂枪绳。该枪的瞄具由大型不可调的片状准星和可调风偏的V形缺口式照门组成。与外形较大的准星相比，照门却设计得相当小——这也是当时的特色设计，但非常不便于瞄准目标。

　　加瑟M1870转轮手枪结构设计独特，既不是韦伯利手枪那样的中折式，也不是常见的转轮旋出式，而是通过转轮座后上方的固定式螺杆与枪管组件连接在一起，以此将转轮固定在转轮座中。在装弹时，并不需要将转轮卸下，只需扳下活门式盖板，露出弹膛，即可装填。子弹被击发后，可使用枪管右下方的退壳杆退出弹壳。

并且，加瑟M1870转轮手枪采用了独特的保险机构，即位于转轮右侧下方的扳杆。当稍微扣动扳机或将击锤向后扳动6毫米时，该保险机构将击锤锁定在保险位置，此时便可放心地向转轮弹巢内装填子弹。装弹完毕后，下压扳杆后端，即可解除击锤锁定。这时，可向后扳动击锤再扣动扳机击发，也可以直接扣动扳机击发。这种单/双动击发的转轮手枪在19世纪实属罕见，所以，该枪也算得上转轮手枪中的先行者之一。

1874年，加瑟公司将加瑟M1870转轮手枪的转轮座由铁制更换为钢制，并将其命名为"M1870/74型转轮手枪"，除此之外其他结构则与M1870转轮手枪完全相同。

奥匈帝国的"庞然大物"

为了追求威力，体积过大是19世纪武器的共同特点，但M1870转轮手枪仍然是这种共性中的一个极端代表。虽然该枪携带不便，但强大的威力能为战场上的士兵带来安全感，所以备受士兵青睐，直到19世纪末仍在奥匈帝国军队中服役。在后来的第一次世界大战中，这款枪"个头儿"仍是各型手枪中的佼佼者。

法国

MR73 转轮手枪

主要参数
- 枪口口径：9毫米
- 全枪长度：205毫米
- 空枪质量：0.90千克
- 弹巢容量：6发

MR73转轮手枪由法国马特拉防卫（Matra Defense）公司于1973年研制生产，以强大的火力和比赛级的精度而闻名。

MR73转轮手枪采用双动扳机结构，能够在单动或双动任意状态下击发。该枪为全钢结构。枪管经过冷锻制成，不仅提升了射击精度，还延长了使用寿命。

MR73转轮手枪发射9毫米帕拉贝鲁姆手枪弹，使用转轮弹巢进行供弹，容弹量6发。除此之外，该枪还可以通过更换转轮弹巢发射不同口径的手枪弹，例如.22小口径手枪弹、.32史密斯－韦森手枪长弹、.38特种手枪弹，以及.357马格南手枪弹。

MR73宪兵型转轮手枪

MR73宪兵型转轮手枪的转轮座、转轮及枪管均采用合金钢材质制成，强度更高，结构简单，动作可靠。

MR73 转轮手枪与子弹

MR73转轮手枪的使用与同名影片

据悉，每一支MR73转轮手枪在出厂前都会经过超过12小时的手工装配，因此在价格方面比大多数美国转轮手枪要高出50%。即便如此，该枪在欧洲还是非常受欢迎，曾广泛装备法国精锐警察部队，以及法国国家宪兵特勤队。除法国外，MR73转轮手枪也是奥地利特种部队的制式手枪之一。

MR73转轮手枪的衍生型号

MR73运动型转轮手枪

MR73运动型转轮手枪于1985年推出，主要运用于射击竞技比赛。这款枪发射.32史密斯－韦森手枪长弹，由于精度出色，深受射击运动员喜爱。

尽管如今MR73转轮手枪已从法国执法机构和军队陆续退役，但由于该枪有着良好的外观和实用性，在民间市场依然大放异彩。

此外，法国导演奥利维埃·马夏尔还拍过一部与MR73转轮手枪同名的电影《MR73转轮手枪》。这部影片于2008年3月上映，足以体现该枪的风靡程度。

MR73 转轮手枪的内部构造

M1879 转轮手枪

主要参数

- 枪口口径：10.6毫米
- 初速：205米/秒
- 全枪长度：310毫米
- 空枪质量：1.04千克
- 弹巢容量：6发

M1879 转轮手枪所使用的枪弹

　　M1879转轮手枪是德国老牌军火公司——绍尔父子公司于1879年设计的一款中心发火式金属定装弹转轮手枪。由于该枪为德意志帝国建立后装备的第一款转轮手枪，因此又被称为"帝国转轮手枪"。

　　M1879转轮手枪采用单动扳机结构，在每次发射前都需要手动压下击锤，使击锤处于待击状态。虽然相比于同时代双动转轮手枪，它的射速较低，但结构简单，坚固耐用，使得它深受士兵们喜爱。

　　M1879转轮手枪发射10.6毫米×25毫米手枪弹，转轮弹巢容量为6发，这种自主研发的弹药在如今较为少见。

　　其弹壳采用黄铜制成，长25毫米，底缘直径13毫米，发射药为黑火药，标准装药量为1.3克。弹头为裸铅弹头，直径10.6毫米，质量16.9克。弹头后部设有两条润滑油脂槽。虽然枪口初速仅205米/秒，但由于该枪的大口径和裸铅弹头容易变形和扩张，因此该弹种的杀伤效果并不弱。

　　M1879转轮手枪通过转轮右后方的一个活门装弹。该枪没有设计退壳杆，换弹时，需要将击锤下压至半待击状态，从正前方取出转轮轴，卸下转轮后将空弹壳逐发退出，并装填新的子弹。

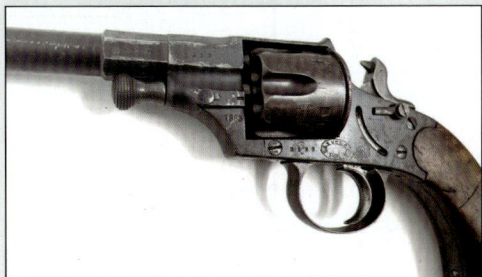

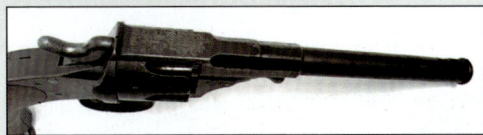

M1883转轮手枪的转轮，通过一个簧片和一根横闩固定，并非沿用M1879转轮手枪使用转轮轴固定转轮的设计。

M1883 转轮手枪

在民间收藏的圈子中，M1883转轮手枪被称为"军官型"，M1879转轮手枪则被称为"骑兵型"。这两款"帝国转轮手枪"均在1908年被卢格P08自动装填手枪所取代。但大量的M1879转轮手枪和M1883转轮手枪在第一次世界大战中被使用，甚至其中一些还在第二次世界大战中被使用过，这些足以证明该枪做工出色，坚固耐用。

M1879转轮手枪的衍生型号

由于M1879转轮手枪尺寸过大，空枪质量也达到了1.04千克，因此1883年绍尔父子公司研制生产出M1883转轮手枪。相比M1879转轮手枪，M1883转轮手枪缩短了枪管长度，并改变了握把形状。此外，

装在枪套中的 M1883 转轮手枪

明治二十六年式转轮手枪

主要参数

- 枪口口径：9毫米
- 初速：201米/秒
- 全枪长度：230毫米
- 空枪质量：0.93千克
- 弹巢容量：6发

明治二十六年式转轮手枪是东京炮兵工厂于1893年生产的双动转轮手枪，由于1893年是日本明治二十六年，因此被命名为"明治二十六年式转轮手枪"。

明治二十六年式转轮手枪借鉴了许多史密斯-韦森转轮手枪的设计，如铰接式转轮座、抛壳系统及转轮座卡销等。与大多数转轮手枪不同的是，该枪采用纯双动扳机，击锤无扳手，平滑的外形降低了钩挂衣物的可能性，适合快速出枪，直接扣动扳机即可击发。但在双动状态下射击时，较长的扳机行程和较大的扳机力也成为影响射击精度的直接因素。

明治二十六年式转轮手枪发射9毫米×22毫米手枪弹。该弹种的弹头质量9.7克，初速为201米/秒，枪口动能252焦，总体而言威力较弱。

明治二十六年式转轮手枪的枪套由牛皮制成，开口部位被压制成凸起的大翻盖，射手可将该枪的五十发子弹包一起装入枪套中。这种枪套的形态影响着日本此后的制式手枪的外观

"王八盒子"的绰号，即缘于此枪套

明治二十六年式转轮手枪的内部构造

设计，最典型的例子就是南部十四式手枪，它虽然是一支自动装填手枪，但枪套却与明治二十六年式转轮手枪的枪套基本相同。

明治二十六年式转轮手枪的使用

由于明治二十六年式转轮手枪的杀伤力和穿透力较弱，因此流传着这样一个笑话：一个日军军官在战场上看到一头猪，于是马上掏出明治二十六年式转轮手枪射击，子弹虽命中了猪鼻子，但猪却毫发无损，日军军官仔细一看，发现弹头已经变形并滚落在地。虽然有夸张的成分，但能被士兵在茶余饭后如此调侃，足以说明该枪在侵彻力和停止作用方面的问题。

明治二十六年式转轮手枪主要用于装备日军宪兵和骑兵。1926年后，南部十四式手枪渐渐普及，明治二十六年式转轮手枪逐步退出日军现役。

明治二十六年式转轮手枪的杀伤力小到多离谱呢？历史上曾有过记录，一名日本官僚被枪手袭击，枪手使用明治二十六年式转轮手枪在近距离对这名官僚连开三枪，虽然这名官僚头部、胸部、腹部均被击中，但最后还是被医生从死亡线上给抢救了回来。（不知该感叹医生医术高明，还是该感叹明治二十六年式转轮手枪糟糕的杀伤力。）

第二次世界大战后期，日本的战争资源几近枯竭，轻武器严重缺乏。为此，欲作困兽犹斗的日军重新启用封存的明治二十六年式转轮手枪，装备特攻艇乘员，作为近身防卫武器使用。

自动手枪

博查特 C93 手枪

主要参数

- ■枪口口径：7.65毫米
- ■初速：395米/秒
- ■全枪长度：350毫米
- ■空枪质量：1.31千克
- ■弹匣容量：8发
- ■射击模式：半自动

　　管形火器最早可追溯到中国南宋时期，在经历了漫长的发展后，于17世纪至19世纪进入高速发展期。17世纪初，世界上第一支燧发枪问世，但燧发枪的明显缺陷在于点火时间长、火力持续性差，以及底火装置防水性能不佳。1835年，美国人塞缪尔·柯尔特发明出使用火帽击发的转轮手枪，明显改善了燧发枪的缺陷，19世纪中后期，世界各国军队开始装备转轮手枪。

　　19世纪末期，随着时代发展，转轮手枪作为军用武器也出现了明显不足，例如：装填时间过长、弹容量少，以及弹头初速低、威力不足等。除此之外，转轮手枪的转轮与枪管之间的缝隙，导致转轮手枪无法有效密闭火药燃气。这些缺陷使转轮手枪无法适应战场上的复杂战况。1892年，奥地利枪械设计师约瑟夫·劳曼发明出第一支自动装填手枪——肖博格手枪，但由于这支手枪实用性不佳，所以并未通过奥地利军队的测试。

　　自动装填手枪也被称为"自动手枪"，此名词中的"自动"并非指该类型手枪可进行全自动发射，而是与转轮手枪及早期手枪（燧发枪、转管手枪等）的供弹方式有所不同，由手动转变为自动。转轮手枪在射击后，若想再次射击，需要扣压扳机（双动）或手动压倒击锤（单动）使转轮弹膛的膛室对准击锤，因此转轮手枪的供弹过程需要依靠手动完成；而自动装填手枪通常依靠子弹击发所产生的火药燃气使枪机后坐开锁并完成抽壳、抛壳，以及压倒击锤等动作，之后，枪机复进将弹匣中的子弹推入弹膛完成闭锁并进入待击状态。其供弹过程在手枪击发后自动完成，因此被称为"自动装填手枪"。

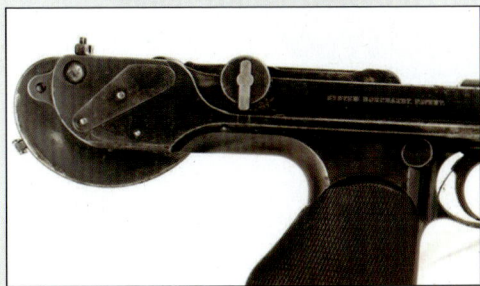

枪身尾部的肘节闭锁机构特写

　　1893年，德裔美国人雨果·博查特发明出世界上第一支具有实战价值的自动装填手枪，被命名为"博查特C93手枪"。

博查特C93手枪采用枪管短后坐自动原理，肘节式闭锁机构，发射7.65毫米瓶颈式博查特手枪弹，使用弹匣进行供弹。主要组件由肘节与枪机组件、枪管与节套组件、底把组件、扳机组件、复进簧，以及弹匣组件组成。其中最具特色的是位于该枪枪身中部的握把以及尾部的肘节式闭锁机构，这些特征都可用于区别其他自动装填手枪。

处于开锁状态的肘节式闭锁机构

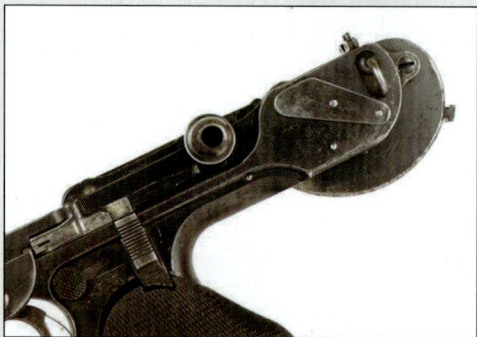
肘节式闭锁机构左视图

博查特C93手枪的保险机构位于枪身左侧、握把上方，是个刻有防滑纹的长方形销子。当该枪处于闭锁状态时，将保险上推到位，即可锁定击发杠杆和节套，使枪弹无法击发。

作为世界上首款符合当代自动装填手枪主要特征的手枪，博查特C93

手枪的优点体现在以下几个方面：首先，该枪使用金属弹壳的中心点火式整装弹，依靠火药燃气能量后坐完成抽壳、抛壳，以及供弹动作，气闭性良好；其次，博查特C93手枪利用击针击发枪弹，采用弹匣进行供弹，弹匣安装在握把内部；最后，该枪还设有保险机构，安全性较高。

博查特C93手枪是当时唯一一种枪机能够自动完成装弹的手枪，也是当时唯一一种能够使用无烟火药作为枪弹发射药的小型武器。由于当时博查特C93手枪产量较少，因此现存数量更为稀少，所以该枪非常珍贵。

自动装填手枪之父
——雨果·博查特

枪械设计师雨果·博查特于1845年出生于德国，16岁随父母移居美国，并于1875年取得美国国籍。从24岁开始，雨果·博查特先后就职于美国温彻斯特武器公司、夏普斯步枪公司、匈牙利轻武器器械公司、德国路德维希·洛伊武器公司。1893年在洛伊公司研制出著名的博查特C93手枪后，被誉为"自动装填手枪之父"。

自动手枪

主要参数

- 枪口口径：7.63 毫米
- 初速：427 米 / 秒
- 全枪长度：321 毫米
- 空枪质量：1.13 千克
- 供弹方式：弹仓
- 弹仓容量：10 发
- 射击模式：半自动

毛瑟 C96 手枪

1896年，德国毛瑟·雷夫兵工厂推出毛瑟C96手枪，该枪又被称为"驳壳枪"。无论枪弹威力还是火力持续性，它都要比同时代的转轮手枪更胜一筹。

毛瑟C96手枪由在毛瑟兵工厂工作的菲德勒三兄弟设计，他们基于博查特C93手枪的短后坐原理，利用业余时间设计出此枪。由于该枪的枪口初速达到了427米/秒，已接近当时步枪的初速，所以毛瑟兵工厂的老板认为此枪具有极高的军事价值，随即申请了专利。

采用枪管短后坐自动原理的毛瑟C96手枪在枪管尾端接有一根节套，枪机装在节套中，利用枪机与枪管节套的后坐与复进，使装填、开锁、抛壳、待击、闭锁这一系列动作自动完成。

毛瑟 C96 手枪的内部构造图

43

毛瑟C96手枪采用弹仓供弹，弹仓内可容纳10发7.63毫米×25毫米手枪弹。装弹方式为先拉开枪机，然后使用10发桥夹从弹仓上方压装，当然也可以在该枪处于空仓挂机状态时将子弹逐发压入弹仓。

毛瑟C96手枪使用的并非皮革质枪套，而是木质枪盒，且可以将枪盒安装在握把后方作为枪托，使其可以抵肩射击，从而增加射击精度。此外，虽然该枪的有效射程为150米，但该枪照门处的表尺最大刻度却达到了1000米。

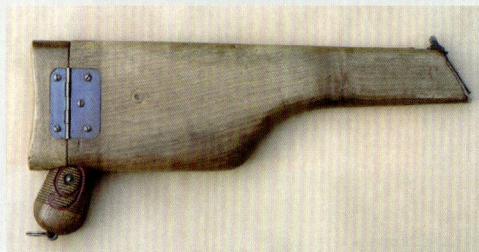
被称为 "RED 9" 的 9 毫米型毛瑟 C96 手枪

毛瑟 C96 手枪的木质枪盒

将木质枪盒作为枪托使用的毛瑟 C96 手枪

第一次世界大战期间，德国军队向毛瑟兵工厂订购15万支毛瑟手枪，为减轻后勤压力，确保弹药口径通用，毛瑟公司将其改造为发射9毫米手枪弹，并重新命名为"M1916手枪"；为了提醒士兵不要误装7.63毫米子弹，毛瑟兵工厂在手枪握把两侧刻上了醒目的红色数字"9"，所以，一战时期德军装备的9毫米毛瑟手枪又被称为"RED 9"。

毛瑟C96手枪的使用

虽然毛瑟C96手枪与同时代其他制式手枪相比有着威力大、射程远、火力持续性较强等优点，但是该枪在利用短后坐原理提高子弹初速的同时也因大量火药在枪口燃烧，从而产生动能，使枪口上跳严重；同时空枪重量匹配不合理，力矩偏下，使用时较为费力；再加上该枪的弹仓前置，导致其存在作为手枪使用尺寸过长，作为步枪使用威力又太小等缺点，德国人因此称它为"牛蹄子"，英国人则称此枪为"扫帚把"，形容其难登大雅之堂。

第一次世界大战结束后，作为防卫武器的毛瑟C96手枪出口到了中国。作为为数不多的选择，坚固耐用的毛瑟C96手枪在当时的中国非常受欢迎，被称为"驳壳枪"。该枪在被成功仿造后，无论军队还是民间，驳壳枪的身影无处不在，该枪也得到了一个俗称——"盒子炮"。为了方便记忆，国人还为不同枪管长度的驳壳枪起了不同的绰号，例如将短枪管型称为"小号匣子"，标准枪管型称为"大号匣子"，长枪管型称为"长瞄匣子"。

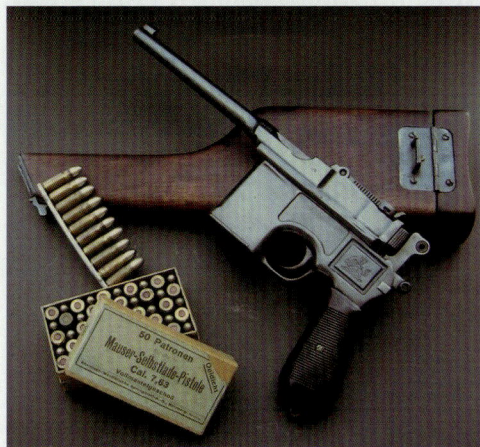

毛瑟 C96 手枪与该枪配用的 7.63 毫米手枪弹

就使用而言，短枪管型的驳壳枪一般作为警用型使用，这是由于短枪管型的手枪足够警务人员在维护治安时作为防身武器使用，也可作为军队将领的个人防卫武器使用。标准管型与长枪管型的驳壳枪在军队基层有着较高的普及率，如缺乏冲锋枪等轻型自动武器，那么驳壳枪就可以在一定程度上弥补栓动步枪与轻机枪的火力空缺，提升班组在近距离突击时的火力密度与火力持续性。而长枪管型的驳壳枪则进一步提高了射击精度，如将木质枪盒驳接在握把处进行抵肩射击，那么就能使长枪管型驳壳枪"如虎添翼"。

除此之外，毛瑟C96手枪也广泛出现在了游戏作品中，比如近年间的《战地1》《荒野大镖客：救赎2》等，让喜欢毛瑟C96手枪却没机会接触实物的人群也有了"一睹为快"的机会。

例如在《荒野大镖客：救赎2》中，因游戏背景为19世纪末的美国西部，故游戏内普遍使用单动转轮手枪。为营造沉浸感，游戏中扳下击锤的动作也被设计为需要玩家手动按下射击键来完成，一次射击需按两次射击键，非常被动。为缓解这种被动局面，该游戏的研发商在游戏中加入了辅助射击系统，该系统开启时能帮助玩家锁定目标，击发必中（只要玩家与目标之间没有障碍物），营造一种"神枪手"的体验感。

但辅助射击系统的持续时间不仅是有限的，还有使用限制。因此一部分玩家便干脆选择双持毛瑟C96手枪，使用两支毛瑟C96手枪交替射击，告别了单动转轮手枪那糟糕的火力持续性的同时，也体验到了子弹喷射的快感。

自动手枪

德国

毛瑟 M1932 冲锋手枪

主要参数

■枪口口径：7.63 毫米　■弹匣容量：10 发、
■初速：425 米 / 秒　　　　　　　　20 发
■全枪长度：288 毫米　■射击模式：半自动、
■空枪质量：1.24 千克　　　　　　全自动
■供弹方式：弹匣

毛瑟M1932冲锋手枪是德国毛瑟兵工厂于1932年推出的一款可全自动发射的冲锋手枪，该枪的内部编号为"712"，所以又称为"M712手枪"。

毛瑟M1932冲锋手枪基于毛瑟C96手枪的基础改进而成，供弹方式将C96手枪的固定弹仓改为10发或20发弹匣供弹，同时还兼容C96手枪使用的10发桥夹的装弹方式，并增设快慢机，实现了全自动发射，且可在单发和连发之间自由切换。该枪操作简单，人机工效良好。当右手持枪时，拇指可以快速调整快慢机或扳动击

锤，右手食指除扣动扳机外还可以轻松的按压弹匣解脱钮，而左手只要做到换弹匣、拉动枪机，以及在目标过远时调整表尺，即可熟练操作。

毛瑟M1932冲锋手枪的快慢机位于握把左上方，是一个刻有字母"R"和"N"的旋钮装置，如旋钮箭头指向"N"，手枪就进入半自动发射模式，只能进行单发射击；若旋钮箭头指向"R"，则手枪进入全自动发射模式，可连发射击。如此，便可根据目标距离以及作战场合的不同来切换射击模式。

该枪的理论射速可达到每分钟900发，与冲锋枪的射速不相上下，所以它被称为"冲锋手枪"。而木质枪盒可以装在握把后方作为枪托抵肩，进行200米内的精度射击。

毛瑟 M1932 冲锋手枪与木质枪盒

可以将木质枪盒作为枪托的毛瑟 M1932 冲锋手枪

毛瑟 M1932 冲锋手枪的枪身采用发蓝处理，提高了表面硬度和耐用性以及防锈能力。从远处看，该枪为深黑色，但当把枪拿在手中观察的话，

由于光线变化，全枪的色泽呈现晶莹剔透、黑中透蓝的景象。

"二十响"绰号的由来

在毛瑟C96手枪的改进版毛瑟M1932冲锋手枪于20世纪30年代初出口到中国后，因其出色的外形、强大的火力，以及高达20发子弹的弹匣容量，使得中国军人对该枪爱不释手，许多士兵将其作为冲锋枪使用，所以其又被称为"二十响"。

不仅如此，当时中国各大兵工厂也开始了毛瑟M1932冲锋手枪的仿制，但因当时中国落后的工业水平所限，所以大多仿造枪支外观粗糙，手工修锉痕迹比比皆是，而且常常是逐枪装配，零件几乎没有互换性可言。因此，在当时，德国制造的手枪可是抢手货。

上图是配用 10 发弹匣的毛瑟 M1932 冲锋手枪的现代改装版，下图是配用 20 发加长弹匣的毛瑟 M1932 冲锋手枪的现代改装版

德国

毛瑟 M1910 系列 袖珍手枪

主要参数

- ■枪口口径：6.35 毫米
- ■全枪长度：139 毫米
- ■空枪质量：0.42 千克
- ■供弹方式：弹匣
- ■弹匣容量：9 发
- ■射击模式：半自动

毛瑟M1910袖珍手枪是德国毛瑟兵工厂1910年推出的一款袖珍自动手枪，该枪外形小巧、结构紧凑、做工精良、携带方便，深受各国情报人员喜爱。

毛瑟M1910袖珍手枪的整体设计别具一格，套筒前部采用开顶式设计，大部分枪管裸露在外。该枪枪管上的两个凸耳通过导槽安装在套筒座上，并由枪管固定导杆来固定，同时，枪管固定导杆也被当作复进簧导杆使用，一物两用，极大地节省了套筒与套筒座的内部空间。

毛瑟M1910袖珍手枪具有较高的射击精度和可靠性，不易出现故障。与同时代其他型号的袖珍手枪相比，M1910袖珍手枪的枪管长度与全枪长度都略长一些，枪管轴线与握持距离也较近，因此有着良好的指向性。而且该枪发射6.35毫米小口径手枪弹，使射手容易控制枪弹击发后所产生的枪口上跳问题。

当最后一发枪弹被击发后，空仓挂机机构将套筒阻于后方，此时射手只需插入新弹匣，套筒就会自动复进。同时将弹匣的第一发子弹推入弹膛，该枪便又处于待击状态，扣动扳机即可击发。如果射手想在打空一个弹匣后释放套筒，首先要把弹匣退出一半左右，然后再将弹匣推上去，套筒就会自动复进到位。

早期生产的毛瑟M1910袖珍手枪均采用硬橡胶质的握把，后来的改进型均使用了胡桃木握把。

清晰可见的枪身铭文

毛瑟M1910袖珍手枪的改进型号

毛瑟M1910袖珍手枪在推入市场后反响良好，欧洲及北美多国都进行过采购，但德国政府一直未采购该枪。1914年，毛瑟公司为了打开德国市场，推出了毛瑟M1914袖珍手枪。

毛瑟M1914袖珍手枪将口径扩大至7.65毫米，侵彻性和停止作用

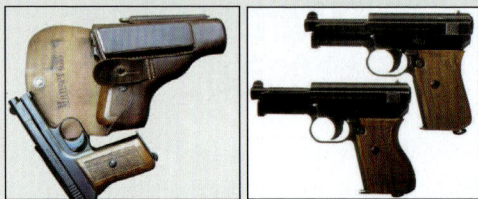

有所提高。同时又按比例扩大了毛瑟M1910袖珍手枪的外形，全枪长155毫米，空枪质量0.65千克，枪管长89毫米，弹匣容量8发。此外，该枪枪管固定的方式不再使用枪管固定导杆，而改为使用套筒座前部下方的弹簧卡榫进行枪管固定。

毛瑟M1914袖珍手枪的套筒尾部还装有击针待击指示器，在枪支处于待击状态时，击针待击指示器会突出于套筒尾部的圆孔，因此射手可直接观察或通过触摸得知枪支是否处于待击状态，便于射手在光线不足的环境

中使用该枪。

1934年，毛瑟兵工厂对毛瑟M1910袖珍手枪进行改进，包括将内部的机加件改为冲压件，并将握把后侧改为圆弧形，使握持更加舒适。此后又对复进簧、阻铁、击针、弹匣，以及握把螺丝进行改进，毛瑟M1934手枪就此应运而生。

毛瑟 M1934 手枪的握把握持更加舒适

套筒尾端的圆孔为击针待击指示器，当击针处于待机状态时，击针尾端会从圆孔中突出

主要参数

- 枪口口径：6.35毫米
- 供弹方式：弹匣
- 弹匣容量：5发

毛瑟WTP 袖珍手枪

毛瑟WTP袖珍手枪是毛瑟公司于1921年推出的一款袖珍型自动装填手枪，德文缩写"WTP"，可译为"男人背心小口袋中的手枪"。该枪的设计于1918年获得专利，因此也被称为"毛瑟M1918袖珍手枪"。

毛瑟WTP袖珍手枪的保险机构由手动保险和无弹匣保险组成，手动保险杆位于握把护片上方，可以锁定阻铁和套筒。而无弹匣保险可以在未安装弹匣时锁定枪机，使其无法击发，以避免在膛内有弹时换弹匣发生意外走火事故。

毛瑟WTP袖珍手枪发射6.35毫米手枪弹，采用单排弹匣进行供弹，弹匣容量5发。假如弹膛内只留有一发子弹时，再安装一个5发实弹匣，就可以在不发生故障的情况下发射6发子弹，使得它在紧急情况下，是一支不错的近身防身武器。此外，该枪还设有空仓挂机机构，提醒射手弹药耗尽。

除此之外，毛瑟WTP袖珍手枪还设有膛内有弹指示器，当弹膛内有子弹时，击针簧导杆从套筒后面伸出，并被击针定位栓锁住，使射手可通过观察或触摸来判断膛内是否有弹，并运用于不同的作战环境。需要强调的是在手枪处于待击状态时，不可用手按压击针簧导杆外露的部分。

型枪身上的铭文为"T. -6.35"，而WTP I 型的则为"W. T. P. -6.35- D. R. P."。

分解后的毛瑟 WTP 袖珍手枪

毛瑟WTP袖珍手枪的握把为方形握把，外覆硬橡胶，握持较为舒适。该枪结构紧凑、外形小巧、使用快捷、操作可靠，是一支适合政要防身或特工隐蔽携行的袖珍手枪。

毛瑟 WTP I 型袖珍手枪

毛瑟 WTP II 型袖珍手枪

毛瑟WTP袖珍手枪的改进型号

毛瑟WTP袖珍手枪分为WTP I型和WTP II型，1921年的量产型为WTP I型，1938年生产的改进型WTP袖珍手枪为WTP II型。

毛瑟WTP II型袖珍手枪的外形较WTP I型更小，并重新设计了保险机构和膛内有弹指示器。另外，此款改进型的套筒为精密锻造，握把护片也改为使用螺丝固定在握把两侧的方式。除此之外，该枪套筒上所铭刻的铭文也与WTP I型有所不同，WTP II

毛瑟WTP袖珍手枪的销售状况

20世纪20年代，由于德国的袖珍手枪尺寸较小，售价也相对低廉，因此几乎所有的德国枪械公司都小批量生产袖珍手枪。毛瑟WTP袖珍手枪在当时并不是外形最小的袖珍手枪，因此也没有成为最流行的产品。WTP I型袖珍手枪共生产约5万支，1926年时以36德国马克销售；WTP II型袖珍手枪自1938年作为民用型生产两年后，于1940年作为军用型生产，但产量远低于WTP I型袖珍手枪。

主要参数
■枪口口径：7.65 毫米 ■供弹方式：弹匣
■初速：292 米 / 秒 ■弹匣容量：8 发
■全枪长度：152 毫米 ■射击模式：半自动
■空枪质量：0.7 千克

毛瑟 HSc 手枪

1939年，毛瑟兵工厂全新设计出一款双动型的半自动手枪，并将其命名为"毛瑟HSc手枪"。"HSc"为德语"Hahn Sebstspanner pistole ausfurung C"的缩写，意为"自动扳动击锤手枪C型"。

毛瑟HSc手枪内部结构简单，采用回转式击锤、双动扳机机构。枪支内部设计精巧，许多内部零部件都具备两个或两个以上的功能，这样就能在不降低整体功能的情况下，最大程度地减少零部件数量。例如：复进簧直接套在枪管上，枪管发射枪弹的同时还作为复进簧导杆使用，而无弹匣保险机构则具备空仓挂机和抛壳挺的作用。在功能全部保留的前提下，减少零件数量并节省了套筒内部的宝贵空间，这使得该枪整体外形小巧，方便射手隐蔽携行。

毛瑟HSc手枪的保险机构由手动保险和无弹匣保险组成。该枪的手动保险杆位于手枪套筒左侧防滑纹中间，主要用于锁定击针。当向下转动手动保险杆，挡住红色圆点并露出上方的白色"S"字母时，就说明该枪正处于保险状态，击针和击锤被保险锁定，无法击发；而向上拨动手动保险杆，露出下方的红色圆点时，就表示该枪保险已解除，膛内有弹时扣动扳机即可击发。

空仓挂机状态下的毛瑟HSc手枪

毛瑟HSc手枪发射7.65毫米×17毫米柯尔特自动手枪弹，弹匣容量8发，弹匣解脱钮位于握把底部，无法进行快速单手换弹匣。同时弹匣两侧分别设有7个观察孔，底部刻有毛瑟兵工厂商标。

毛瑟HSc手枪与该枪配备的弹匣

毛瑟HSc手枪的套筒座设计独特，辨识度高。其扳机护圈设计与绝大多数自动手枪都不一样，该枪的扳机护圈前方的三角形与套筒座底部的斜面连成一体，使射手的食指可更舒适地放在扳机护圈外，从而降低因"金手指"引发的走火事故。除此之外，该枪的分解杆也位于扳机护圈内部，而扳机位置与多数双动机构手枪的扳机相同，当手枪处于双动击发状态时，因扳机需要顶起击锤，所以扳机位置靠前，需要较长的扳机行程与较大的扳机力；而处于单动击发状态时（击锤被压倒，处于待击状态），扳机位置也更加靠后，只需要较短的扳机行程和较小的扳机力即可击发。

毛瑟HSc手枪的机械瞄具由缺口式照门和点状准星组成，套筒顶部设有一条防反光纹，可在一定程度上减小虚光对射击精度的影响。

毛瑟HSc手枪的实际使用情况

第二次世界大战期间，因毛瑟HSc手枪结构简单，再加上7.65毫米口径具备较大的威力，因此德国警察和军队都大量装备过该枪，作为个人防卫武器使用。但经过使用，也暴露出一些问题。因战争进程的推进，资源越发短缺，毛瑟HSc手枪的制造工艺当然也受到了影响，在一些样品枪中甚至可以看到烤蓝处理前的机械加工痕迹。此外，手掌较大的射手在使用该枪时较为不便，如果紧握手枪慌忙开火，击锤有可能会划伤射手的虎口。

主要参数

- ■枪口口径：9毫米
- ■全枪长度：220毫米
- ■空枪质量：0.89千克
- ■供弹方式：弹匣、弹鼓
- ■弹匣、弹鼓容量：8发、32发
- ■射击模式：半自动

卢格 P08 手枪

自动手枪

75 Jahre
Parabellum — Pistole
Mod. 08

卢格P08手枪是1900年由著名枪械设计师乔治·卢格在博查特C93手枪的基础上改进而成的，并被瑞典军方采用，是世界上第一把军用制式半自动手枪。此后，经不断改进，终于在1908年作为军用制式手枪被德国采用，并被重新命名为"Parabellum08"。该枪作为自卫武器，在德军中服役长达30年之久。

一开始，卢格P08手枪共两种口径，分别为9毫米和7.65毫米，但经实际使用后发现，9毫米×19毫米帕拉贝鲁姆手枪弹的停止作用更强，所以这种手枪弹一直沿用至今，是使用最为广泛的手枪弹。

卢格P08手枪采用枪管短后坐式工作原理，配有三角形斜坡准星和可调风偏V形缺口式照门，最大表尺射程为800米。该枪最大的特色是采用肘节式闭锁机，这种构造此前被运用于马克沁

卢格 P08 手枪的内部构造图

手枪中的艺术品

卢格P08手枪对生产工艺要求极高，而且零部件较多且构造复杂，使其成本也水涨船高。因不适合大量装备，该枪在1938年被卡尔·瓦尔特武器制造厂生产的P38手枪所取代，但卢格P08手枪并未停产，直到1942年后才正式结束批量生产。

与其说卢格P08手枪是一件武器，倒不如说它是一件"制造精密的艺术品"更为确切，再加上1942年后停止量产，使得该枪更为稀有。俗话说"物以稀为贵"，卢格P08手枪因此深得美军士兵的喜爱。

在美剧《兄弟连》中，E连士兵胡伯在击毙一名德军骑兵并缴获一支卢格手枪后兴奋不已，在跟战友炫耀后，他将上着膛的卢格手枪揣在口袋里，结果手枪走火射穿了他的大腿动脉，使他的生命结束在了这支战利品上。

重机枪和温彻斯特杠杆式步枪，这种作业原理类似于人类的手肘，伸直时可以抵抗很强的力量，而弯曲后又很容易收缩，卢格P08手枪正是采用了该原理。

此外，根据不同用途，卢格P08手枪还可以选用弹匣或弹鼓进行供弹，并可加装枪托来提高射击精度。同时该枪的枪管长度不一，军用型号也颇为丰富，其中就包括102毫米的标准型、203毫米的炮兵型、152毫米的海军型、298毫米的卡宾枪型；除了军用型号，该枪还有五种长短不一的商用型号枪管，分别为：89毫米、120毫米、191毫米、254毫米、610毫米。

为何美军对于卢格P08手枪这么执着，甚至不惜付出生命？因为在停止量产后，只有德国军官才能佩带该枪，可以说这把枪象征着"德国军人的荣耀"。对于美军士兵来说，缴获它即代表自己是优秀的战士，也代表他征服了敌人。

该枪在第一次世界大战和第二次世界大战中颇负盛名，并被盟军视为珍贵的战利品。据统计，二战结束后有数千支卢格手枪被美军士兵带回国，其中的一些至今仍在市场上流通，受欢迎的程度已持续近一个世纪，可谓经久不衰。

瓦尔特 PPK 手枪

主要参数

- 枪口口径：7.65 毫米
- 空枪质量：0.5 千克
- 初速：280 米 / 秒
- 弹匣容量：7 发
- 全枪长度：150 毫米
- 射击模式：半自动

WALTHER
MADE IN USA

Carl Walther Waffenfabrik Ulm/Do
Modell PPK Cal.9mm kurz/380ACP

WALTHER

1931年，德国卡尔·瓦尔特运动枪有限公司专门为警察、秘密特工，以及高级军官推出了一款具有跨时代意义的自卫手枪，该枪全名为"Polizei Pistole Kriminal"，简称为"PPK"，翻译为中文即"警用手枪"。该枪成功地将转轮手枪的双动击发机构与自动手枪有效地结合在一起，实现了历史性跨越，而这种结构也被广泛应用于所有现代自动手枪上。可以说这是迄今为止在自动手枪上应用时间最长、应用范围最广泛的一项技术成果。

瓦尔特 PPK 手枪的内部结构图

57

用于收藏的瓦尔特PPK手枪

瓦尔特PPK手枪是基于瓦尔特PP手枪改进的，除了将长度缩短18毫米使得结构更加紧凑以外，其性能均与瓦尔特PP手枪相同。瓦尔特PPK手枪采用外露式击锤，套筒两侧均有保险机构，这方便射手进行左右手互换射击，人机工效良好。

瓦尔特PPK手枪的握把长宽比例合理，虽然枪身较短，但因弹匣底部自带一个手指托，而且整枪配重比较合理，所以握持非常舒适。同时，简单的结构以及良好的制作工艺使得该枪坚固耐用，可以说瓦尔特PPK手枪是第二次世界大战以前最先进的手枪。

综上所述，瓦尔特PPK手枪设计上的成功使其获得了德国执法机构和军队的青睐，很快，该枪就成为秘密特工、政府要员、军官、警察的标准自卫武器。

一代传奇名枪

看过《007》系列电影的观众肯定都不会忘记属于詹姆斯·邦德的招牌装备——瓦尔特PPK手枪。这种外形小巧的手枪，经过荧屏上的艺术塑造，已经成为人们眼中特工等秘密行动人员精明干练的象征。

据说《007》的小说作者伊恩·弗莱明最初为男主角詹姆斯·邦德配备的手枪是伯莱塔5.6毫米口径手枪，而并非瓦尔特PPK手枪。后来，一个枪械专家写信告诉伊恩·弗莱明，说他非常喜欢邦德在武器上的选择，因为品位独特，但所使用的伯莱塔5.6毫米口径手枪因子弹威力过小，只能算是一款"女士手枪"，并且即便是女士使用，该枪也不够出色。为此，伊恩·弗莱明做出修改，使瓦尔特PPK手枪成为詹姆斯·邦德的传奇装备。

而《007》系列电影的导演也忠实地遵照原著，让PPK手枪陪伴詹姆斯·邦德历经了各种严峻考验。

因瓦尔特PPK手枪不仅性能可靠，并且外形优美，所以许多国家和枪械公司都纷纷仿制PPK手枪，这其中就包括美国的史密斯-韦森枪械制造公司，而巴基斯坦、罗马尼亚等国家也都获得授权生产和仿造PPK手枪。

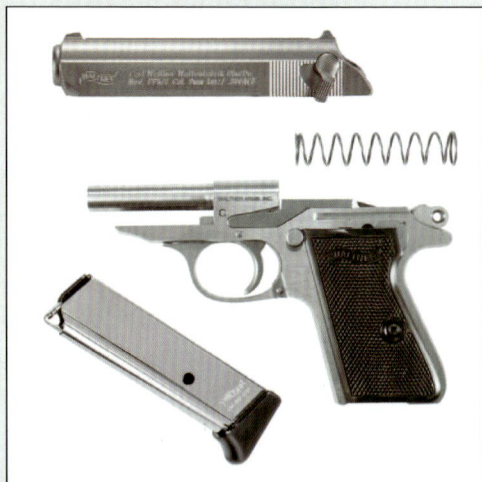

瓦尔特 P38 手枪

主要参数

- 枪口口径：9毫米
- 初速：351米/秒
- 全枪长度：216毫米
- 空枪质量：0.8千克
- 供弹方式：弹匣
- 弹匣容量：8发
- 射击模式：半自动

　　瓦尔特P38手枪是德国卡尔·瓦尔特运动枪有限公司（文中简称瓦尔特公司）设计的一款半自动手枪。1938年，该枪被德军采用作为军用制式手枪，用于替换卢格P08手枪。在整个二战期间，瓦尔特P38手枪共生产了100万支左右。

　　瓦尔特P38手枪最大的特点是采用闭锁式枪膛，射手能够预先在枪膛内安装一发子弹，并使用待击解脱杆把击锤拉回安全位置。该枪的双动式设计使枪膛内有一发子弹的情况下，射手扣动扳机就能开火。不过在打第

一枪的时候需要的扳机力较大，因为扣动扳机的同时会使击锤自动扳起，而之后再扣动扳机则会通过其动作机制的循环而完成"推弹入膛—击发—抛壳—压倒击锤"等步骤。这种设计

瓦尔特 P38 手枪的内部构造图

1956年，瓦尔特公司在P38手枪的基础上稍加改进，推出钢制套筒及铝系轻合金套筒座的P1手枪，在测试后被西德军队采用作为制式手枪。

瓦尔特P1手枪的内部结构与P38手枪基本相同，发射9毫米×19毫米帕拉贝鲁姆手枪弹，弹匣供弹。该枪所使用的弹匣容量8发，全枪长度218毫米，空枪质量0.77千克。由于加长了枪管，因此P1手枪的射击精度较P38手枪有所提升。

被沿用至今，当代多数半自动手枪都采用这种机制。

此外，与瓦尔特PPK手枪相同，在P38手枪的滑架后端也装有子弹上膛指示器，这种设计是为了提醒射手枪膛中有子弹。最初生产时该枪握把护片采用木质护片，后来的版本则改用胶木护片。

瓦尔特P38手枪自问世以来已有八十多年历史，因性能稳定、外形美观、设计新颖，以及工艺先进等优点，使得该枪在世界名枪的行列中拥有一席之地。

瓦尔特P1手枪可以看作P38手枪的二战后生产型，除了更换了套筒座材质，还可通过套筒铭文来区分两种枪型

瓦尔特P1型手枪

第二次世界大战结束后，根据《雅尔塔协议》和《波茨坦公告》，德国作为战败国由美、英、法、苏四国占领，1948年6月，英、美、法占领区合并成立联邦德国（简称"西德"），苏联占领区成立民主德国（简称"东德"）。此后，西德重整军备，瓦尔特公司开始计划重新生产P38手枪。

动漫《变形金刚》中的瓦尔特P38手枪

在动画《变形金刚》及其漫画版中，霸天虎的首领威震天的变形形态，就是一把加装了瞄准镜的瓦尔特P38手枪。作为一部动漫作品的一号反派角色，变形后竟然是一把手枪，并且需要被别人使用才能发挥威力，这让许多喜爱这部动漫作品的观众大跌眼镜。

瓦尔特 P5 手枪

主要参数

- 枪口口径：9毫米
- 供弹方式：弹匣
- 初速：350米/秒
- 弹匣容量：8发
- 全枪长度：180毫米
- 射击模式：半自动
- 空枪质量：0.79千克

1979年，德国卡尔·瓦尔特运动枪有限公司根据西德警察队和联邦调查员提出的"更换具有现代化保险装置手枪"的要求，在瓦尔特P1手枪的基础上研发出瓦尔特P5手枪，经过测试后被西德各区警队采用并作为警用制式手枪。

瓦尔特P5手枪采用枪管短后坐式自动原理，其内部与闭锁机构沿用瓦尔特P38手枪的设计，增设双后坐弹簧，并有效加强了枪支整体强度。为了保持射击精度，该枪在进行开锁动作时无需使枪管尾部下压，而是在击发后枪管保持水平后移约5毫米至10毫米。

瓦尔特 P5 手枪特写

瓦尔特 P5 手枪与该枪的备用弹匣，弹匣侧面有 7 个圆形观测孔，方便射手观察余弹数

此外，瓦尔特P5手枪未沿用瓦尔特P38与瓦尔特P1手枪枪管裸露在外的设计，而是加长了套筒座前端滑架的长度并使用短枪管。较为独特的地方是，该枪的抛壳窗设在套筒左侧，并非像多数自动装填手枪那样设置在套筒右侧。

瓦尔特P5手枪发射9毫米×19毫米鲁格手枪弹，该枪使用弹匣供弹，弹匣容量8发。瓦尔特P5手枪因为尺寸小巧，所以非常适合手形较小的射手使用。为方便射手快速出枪，该枪的击锤相比瓦尔特P38手枪更加圆润，有效防止紧急使用时钩挂衣物。

瓦尔特P5手枪的握把护板有塑料材质和木质两种，使用螺丝固定在握把两边。该枪的瞄具为传统机械瞄具，由片状准星和缺口式照门组成。

由于设计可靠，德国警察至今仍在装备使用瓦尔特P5手枪，并且该枪被出口至美国民用手枪市场。

瓦尔特P5手枪的衍生型手枪

瓦尔特P5 Compact手枪

瓦尔特P5 Compact手枪简称"P5C"，属于瓦尔特P5手枪的紧凑型。该枪缩短了枪管长度并降低了枪支整体质量。英国军队在20世纪80年代曾进口过3000支该型号手枪并命名为"L102A1"，用于装备英军部分情报部门。

瓦尔特 P5 Compact 手枪

瓦尔特P5 Sport手枪

瓦尔特P5 Sport手枪是P5手枪的运动型。该型号加长了枪管，主要用于竞技比赛。

瓦尔特 P5 手枪标准型（右上）与紧凑型（左下）

瓦尔特 P88 手枪

主要参数

- ■枪口口径：9毫米
- ■全枪长度：187毫米
- ■空枪质量：0.9千克
- ■供弹方式：弹匣
- ■弹匣容量：15发
- ■射击模式：半自动

瓦尔特P88手枪是由德国卡尔·瓦尔特运动枪有限公司于1988年推出的一款新型自动手枪。其因良好的做工和较高的射击精度，在民间收藏者和竞技射击运动员群体中都备受追捧。

瓦尔特P88手枪采用枪管短后坐式自动工作原理，摒弃了瓦尔特P38手枪、P5手枪独特的闭锁机构，转而改用勃朗宁枪管摆动式闭锁机构，即依靠凸耳和套筒内的凹槽实现开闭锁

动作。该枪采用了大型复进簧，从一定程度上降低了射击时所产生的后坐力。

瓦尔特 P88 Compact 手枪右视图

瓦尔特P88手枪的保险机构与P5手枪相同，即依靠击锤不对正击针来实现保险效果。假如击锤由于跌落或撞击等因素被意外释放，击锤不会直接打击到击针，只有将扳机扣动至击发位置时，击针后端才会抬起，并对准击锤的打击面。

瓦尔特P88手枪发射9毫米×19毫米帕拉贝鲁姆手枪弹，采用双排弹匣进行供弹，弹匣容量15发。由于使用双排弹匣，该枪的握把较厚，但符合人体工程学的握把及握把护板使多数人都能舒适握持。

起初，瓦尔特P88手枪主要作为战斗手枪供军方和警察使用，但由于生产成本与售价过高，因此未被任何国家的军方或警方采用，民用版也于1996年停产。但由于该枪做工良好，并具备极高的射击精度（23米射击弹着点分布只有3.8厘米至5厘米），所以其价格反而水涨船高。虽然从商业角度来讲该枪属于失败之作，但还是为瓦尔特公司研发设计新型手枪奠定了基础并积累了宝贵的经验。

银灰色的瓦尔特 P88 Compact 手枪

瓦尔特P88 Compact手枪

瓦尔特P88 Compact手枪是P88手枪的紧凑型，于1996年开始生产。该枪增设了手动保险机构，套筒后方左右两侧都设有手动保险杆，其内部结构和外形也与P88手枪略有差异，质量也更轻，因此很好地解决了P88手枪的生产成本及售价过高的问题。

瓦尔特 P88 Compact 手枪

瓦尔特 P99 手枪

主要参数

- 枪口口径：9 毫米
- 全枪长度：180 毫米
- 空枪质量：0.71 千克
- 供弹方式：弹匣
- 弹匣容量：16 发
- 射击模式：半自动

瓦尔特P99手枪是由德国卡尔·瓦尔特运动枪有限公司于1996年研制的一款设计新颖、性能优秀的半自动手枪，并被多国安全部门装配。

自瓦尔特公司成立100多年以来，所研发生产的一直都是击锤击发式的手枪，但经军队和执法部门使用后，他们反馈出击锤击发式手枪的一系列缺点。首先，击锤外露会使击锤和套筒之间留有一段空隙，沙尘等杂物易进入机构内部，使机构失灵；其次，在射手扳动击锤时容易失手，使击锤向前打击撞针，引起意外走火；最后，击锤击发式手枪机构相对复杂，而且枪身较重，外表不够平滑。

综上所述，瓦尔特公司根据客户的使用反馈，研制出采用勃朗宁闭锁系统的P99手枪。该枪采用拉簧式发射机构，与压簧式发射机构相比更为简单，这种发射机构在发射弹膛中的第一发子弹时，扳机行程被加大到14毫米，使得走火概率大大降低。此外，该枪还有一款扳机行程为7毫米的"快动型"手枪，以满足特战队员和反恐队员快速反应的需要。

为了应对德国警方对手枪安全方面的要求，瓦尔特P99手枪一共设置了三种保险机构，即击针保险、扳机保险和待击指示保险。

假如想要给瓦尔特P99手枪加装消音器，那么就需要更换这种枪口前端设有螺旋纹的枪管

空仓挂机状态的瓦尔特P99手枪

击针保险装置位于套筒内部，在击针前部装有一个带通槽的击针保险销。击针保险销通过预压簧的作用卡住击针，使其不能打击子弹底火，只有在扳机扣压到足以释放击针的位置时，击针才能穿过击针保险销上的通槽，打击子弹底火。扳机保险系统与格洛克手枪的保险机构相似，扳机座前部被扳机限制，只要扳机不被扣压至解锁击针保险的位置，扳机连杆和扳机座在枪支意外跌落造成震动的情况下也不会移动，并且击针也不会解脱造成意外走火。而待击指示保险则是按压待击解脱杆后送回击针，释放击针簧，此时，击针被阻铁限制，哪怕意外触到击针保险销，因为击针保险销在下方，击针也不会打击到子弹底火。

经测试，瓦尔特P99手枪在装弹待击的情况下，从不同角度跌落至水泥地、钢板或塑料表面上，都不会意外走火。

因全枪外形的边棱部分均做过自然过渡处理，所以瓦尔特P99手枪外表平滑，当情况紧急射手需要快速出枪时，钩挂衣服等阻碍现象不会出现，这非常便于隐蔽携行和快速出枪。此外，单、双动发射方式相互转换方便，只要装上或取出两个零件即可轻松实现射击方式转换。

该枪待击解脱杆和弹匣解脱钮与手枪外形融为一体。待击解脱杆位于套筒左后方，外表面与套筒平齐，无突起；弹匣解脱钮位于扳机护圈和握把的连接处，可避免无意按到弹匣解脱钮而使弹匣脱落的现象发生。弹匣解脱钮是双面设置的，对于左手或右手射手来说，操作起来一样容易。

在美国市场上出售的瓦尔特P99手枪与欧洲市场上的略有不同，具体在于美国市场销售的瓦尔特P99手枪的准星与照门缺口两侧各带有一个荧光点。

而在欧洲市场上销售的瓦尔特P99手枪照门上带有"U"形荧光标记，准星带有荧光点。

瓦尔特公司特别推出的"詹姆斯·邦德"MI6型P99手枪，有9毫米和.40史密斯－韦森两种口径，以此作为对《007》影片的纪念

詹姆斯·邦德的新宠

在著名的《007》系列特工影片热播的60多年中，影片男主角詹姆斯·邦德的随身武器一直都是瓦尔特PPK手枪，这把手枪一直传到了第五代邦德——皮尔斯·布鲁斯南手上。在皮尔斯·布鲁斯南接拍他的第二部

《007》系列电影，即第18集《明日帝国》中，他的武器瓦尔特P99手枪让人眼前一亮，这把线条优美的手枪更彰显詹姆斯·邦德的绅士风度。

电影的宣传确实为瓦尔特P99手枪增加了不少卖点，但是一些使用过多种手枪的射手却认为该枪的一些设计存有缺陷：首先，需要的扳机握力过大——就像是在使用一把双动转轮手枪，难以稳定射击；其次，由于扳机行程过长，一些手形不大的射手即使换了最薄的握把背板也难以操纵扳机；最后，还有在射击时枪口上跳比较严重的问题，甚至还有部分用户反映在弹匣全满时，弹匣很不容易装到位，导致套筒在子弹全部发射完毕后无法正常实现空仓挂机等缺点。

世界轻武器档案 手枪篇

主要参数

- ■枪口口径：5.6 毫米
- ■全枪长度：159 毫米
- ■空枪质量：0.43 千克
- ■弹匣容量：10 发
- ■射击模式：半自动

瓦尔特 P22 手枪

2003年，德国卡尔·瓦尔特运动枪有限公司以P99手枪为基础，改进研制出一款防卫型手枪，被命名为"瓦尔特P22手枪"。

瓦尔特P22手枪发射.22LR弹，使用弹匣进行供弹，弹匣容量10发，加上弹膛内的一发，总容弹量为"10+1"发子弹。该型号手枪弹最大的优点是后坐力非常小，尤其适合女性以及射击初学者使用。

此外，瓦尔特P22手枪还采用了安全性极高的保险系统，因此，即使在枪膛有弹的情况下携行，也非常安全，不易造成意外走火的事故。

加装了瞄准镜和消音器的瓦尔特 P22 手枪

从外观上看，瓦尔特P22手枪与P99手枪极为相似，二者较明显的区别在于P22手枪采用击锤外置设计，而P99手枪则使用平移击针击发式设计。而且P22手枪相比P99手枪外观更加小巧，质量也更轻，非常适合手形较小的射手。而可靠的性能和小巧精致的枪身，使P22手枪成为最佳"口袋武器"。

让女性也能够舒适握持的瓦尔特 P22 手枪

小巧且致命的 "小口径"

在射击试验中，射手使用瓦尔特P22手枪在25米的距离上打完枪内11发子弹，弹头全部命中直径为30厘米的靶心区。其中，散布在中心点周围的7发弹头则集中在直径为12厘米的圆圈范围内。从自卫手枪的主要用途来看，这种命中精度的手枪用于自卫绰绰有余。此外，在150发实弹射击试验中，瓦尔特P22手枪共出现过三次装填故障，而经检查后发现，这三次故障原因都出在弹匣上。

此外，.22LR弹作为一种小口径手枪弹，杀伤力并不弱，该型号子弹

在击中无护甲有生目标后，极易造成翻滚，形成"空腔效应"。在枪支泛滥的美国，枪击案时有发生，而美国枪击案中哪种子弹致死率最高？不是9毫米帕拉贝鲁姆手枪弹，也不是美国最流行的.45柯尔特自动手枪弹，而是被多数人轻视的.22LR弹。

安装激光指示器的瓦尔特 P22 手枪

2007年，美国弗吉尼亚理工大学发生恶性枪击案，共造成33名受害者死亡，疑犯饮弹自尽。疑犯使用的两支手枪，一支为格洛克19手枪，另一支即瓦尔特P22手枪。由此可见，.22LR弹也决不可小觑，对于无防护装备（防弹衣、头盔等）的有生目标具备致命性，不可大意。

德国

主要参数

- 枪口口径：9毫米
- 供弹方式：弹匣
- 初速：360米／秒
- 弹匣容量：18发
- 全枪长度：204毫米
- 射击模式：半自动、
- 空枪质量：0.82千克　　三发点射

HK VP70 手枪

　　HK VP70手枪是由德国黑克勒-科赫（HK）公司于1968年设计的一款结构非常特别的纯双动手枪。VP是德文"Volkspistole"的缩写，译为"人民手枪"，而"70"是指该枪1970年正式公开。该枪于1973年进入市场。

　　HK VP70手枪的设计可谓匠心独运，采用大量聚合物材料。近些年，奥地利格洛克公司宣称他们的格洛克17是最早采用聚合物材料的套筒式手枪，其实HK公司早在设计VP70手枪时就已大量采用聚合物材料。

HK VP70手枪所使用的弹匣

　　当然，HK VP70手枪的创新并不仅限于此，在该枪正式问世之前，可全自动发射的手枪都采用连发和单发两种射击模式，而VP70的射击模式则是采用单发和三发点射。采用三发

点射是因为该枪的自动方式为枪机自由后坐式，靠套筒的惯性和复进簧力来控制套筒的后坐运动，加上套筒后坐行程短，当全自动发射时理论射速可高达到2200发／分钟，射手难以操纵。因此，采用三发点射既可以节约子弹，又可以有效地提高射击精度。

HK VP70手枪快慢机的两种状态，快慢机柄指向"1"时为半自动，指向"3"时为三发点射

　　HK VP70手枪采用硬式枪套，枪套上装有专用挂具，而枪套也是"枪托"。安装枪套除了能提高射击精度以外，还可以提供三发点射功能，不安装枪套时，HK VP70手枪只能进行单发射击。在安装枪套时，需要将快慢机柄定装在"1"的位置上，并向后压枪套底部的卡榫，将枪套插入手枪后端的链接槽，再向上推至与卡榫扣

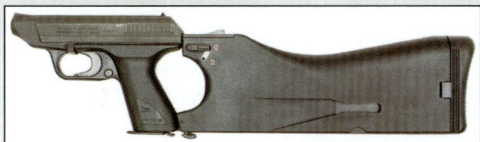

快慢机位于三发点射挡位的HK VP70手枪，可进行三发点射

合，即安装完毕。

HK VP70的保险为按钮式，位于扳机后端的套筒座上。此外，该枪没有空仓挂机装置，在弹匣中的子弹全部打完后，套筒依旧停在前端位置，换上新弹匣后，在射击前需要重新拉动套筒，使弹匣第一发子弹被推入膛室。

HK VP70手枪共有两种型号，VP70M为军用型，装上枪托后可以进行三发点射；而VP70Z为民用型，射击模式只保留了半自动模式。

HK VP70Z民用型手枪

游戏作品中的 HK VP70手枪

进入21世纪以后，电脑游戏占据了人们娱乐休闲方式的半壁江山，相比电影，游戏的体验代入感似乎要更强一些，所以各类题材的游戏也层出不穷。而在数以"亿"计的游戏角色中，有一个深受玩家喜爱的角色，他钟爱HK VP70手枪，这就是《生化危机》系列里的里昂·S·肯尼迪。

里昂·S·肯尼迪登场于游戏《生化危机2》。初次登场时他是一名刚从警察学院毕业的警官，其佩枪就是一支HK VP70M手枪。失恋并借酒消愁的里昂错过了去浣熊市警局报到的时间，但也正是因为这次迟到使他躲过生化恐怖袭击。最后，里昂凭借这支HK VP70M手枪杀出重围，逃离浣熊市，并发誓对抗恐怖主义，保护人民。

在游戏《生化危机6》中，时间线已推进15年，里昂已成长为一名专门对抗恐怖主义的特工，随身武器依旧是HK VP70M手枪，这足以见得他对该枪的喜爱。

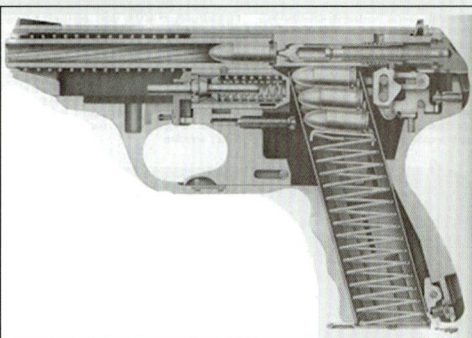

HK VP70手枪的内部结构图

德国

主要参数

- 枪口口径：9 毫米
- 初速：370 米 / 秒
- 全枪长度：192 毫米
- 空枪质量：0.87 千克
- 供弹方式：弹匣
- 弹匣容量：9 发
- 射击模式：半自动

HK P9 系列手枪

HK P9手枪是德国黑克勒－科赫（HK）公司为德国警方设计研发的一款自动装填手枪，于1969年开始量产。

HK P9手枪采用独特的滚柱式闭锁机构，套筒和枪管通过枪机连接，枪机分为机头和机体两部分，机头上设有两个滚柱，质量较轻，而机体质量较重。当机头推弹入膛并停止复进后，机体会继续向前复进，此时机体前端的闭锁斜面会将滚柱挤入枪管连接套中的闭锁凹槽，使枪管与套筒完成闭锁。

滚柱式闭锁装置的工作原理为：枪弹击被发后，火药气体压力作用于枪机的弹底窝平面，机头开始后坐，此时由于闭锁滚柱仍处于枪管连接套的闭锁槽内，所以机头向后方运动受到限制，只有当滚柱脱离闭锁凹槽后，机头才能大幅度向后方运动。机头在进行后坐时，闭锁槽的反作用力

迫使滚柱向内，而机体前端的斜面和复进簧的弹簧力又阻止滚柱向内，由连接套闭锁凹槽的斜角和机体前端斜面的角度可以得知，开锁前机体的后退速度是机头后退速度的4倍。当滚柱被完全挤入机头之中，枪管和套筒即完成开锁动作。开锁后，机头和机体便在惯性的作用下自由后坐，完成抽壳及抛壳动作并压倒击锤。枪机撞击塑料缓冲垫后即停止后坐，此时，套在枪管上的复进簧开始回弹，套筒带动枪机复进，推弹入膛并完成闭锁。再次射击时，需将扳机松开，使单发杆抵在与击锤缺口扣合的阻铁上，才可以再次扣动扳机击发。

该枪最大的特点是：虽使用单动

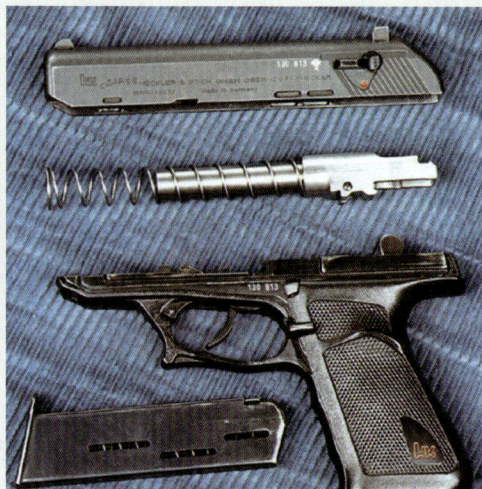

不完全分解后的HK P9S手枪

扳机，但击锤却采用内置式设计。而使击锤进入待击状态的方法有两种：在插入实弹匣后压下挂机柄，或是向后拉动套筒再放回。这两种方法均可使击锤处于待击状态。该枪的套筒后端设有膛内有弹指示器，此外，射手还可以通过触摸抽壳钩来判断膛内是否有弹，若子弹已进入枪膛，抽壳钩会翘起。这两种判断弹膛内是否有弹的方式分别应用于白天或夜间，在白天以及光线充足的情况下，可通过观察膛内有弹指示器来判断；而处于夜间或光线不足的情况下，则可通过触摸抽壳钩是否翘起来判断膛内是否有弹。

HK P9手枪的衍生型号

HK P9S手枪

HK P9S手枪

HK P9手枪在进行少量生产后即被其改进型HK P9S手枪取代。P9S手枪采用双动扳机机构，其型号中的"S"是德文"Spannabzug"的首字母，译为"双动扳机"。

HK P9S手枪沿用P9手枪的半自由枪机式工作原理和滚柱式闭锁机构，外形与P9手枪基本相同，发射9毫米×19毫米帕拉贝鲁姆手枪弹，使用单排弹匣进行供弹，弹匣容量9发。还有两种型号HK P9S手枪分别发射.45柯尔特自动手枪弹与7.65毫米手枪弹。

作为一支警用型手枪——HK P9S手枪用于装备德国边防警察及其他一些国家的警务部门。

除此之外，HK P9S手枪还有一款运动型手枪，包括可更换的套筒及握把，枪管也有两种不同的长度，分别为127毫米和141毫米。

空仓挂机状态的HK P9S手枪

HK P9K紧凑型手枪

HK P9K紧凑型手枪是P9手枪的另外一种衍生型号，由HK公司创始人之一的特奥多尔·科赫所领导的设计小组研发设计。1976年，正处于研发阶段的该枪因为科赫的去世而中止研发，所以该型号手枪并未量产。

德国

主要参数

- 枪口口径：9毫米
- 初速：350米/秒
- 全枪长度：160毫米
- 空枪质量：0.75千克
- 供弹方式：弹匣
- 弹匣容量：8发
- 射击模式：半自动

HK P7 系列手枪

HK P7手枪的枪管特写

为有效遏制恐怖行动，西德警方对警用自动手枪提出了更高的要求，不仅要求火力强大、操作快捷，并且还要安全可靠、便于携带。因此，HK P7手枪于1976年应运而生。

HK P7手枪与世界上绝大多数自动手枪的结构都不同，它革命性地采用导气式延迟闭锁机构。子弹被击发后，弹头脱离弹壳并产生火药燃气，部分火药燃气穿过位于弹膛前方的导气孔进入枪管下方的气室，而进入气室内的火药燃气又向前作用于与套筒相连的活塞，阻止套筒自由后坐。当弹头完全离开枪管后，套筒继续后坐完成抽壳、抛壳、压倒击锤的动作并在复进簧的作用下向前复进，同时将弹匣中的枪弹推入膛室，完成闭锁。此时该枪即进入待击状态，扣动扳机即可击发。

压下HK P7手枪的握把保险才能够使枪支处于待击状态，此时击针待击指示器会突出套筒尾端表面

HK P7手枪的保险机构为握把保险，无手动保险机构。握把保险位于扳机护圈下方，握把前部兼作保险压杆。当射手手持握把时，保险杆即被压下，保险解除并使击锤进入待击状态。此外，握把保险还可作为空仓挂机的解脱装置，无论有没有安装实弹匣，都可以通过按压握把保险使套筒复进。由于HK P7手枪独特的保险机构，使该枪在膛内有弹的情况下也可以被安全携行，此外，无外露手动保险杆和击锤的设计，可以让射手在遇到紧急情况快速出枪的同时，解除保险并射击。

下压握把保险解除空仓挂机状态

当然，任何一款枪的优点和缺点都是并存的，HK P7手枪在使用中也出现了一些问题。由于该枪独特的后坐系统，致使所有HK P7手枪所发射的枪弹都必须是标准装药量的9毫米鲁格手枪弹。子弹装药量不能低于标准，否则会因为装药量不足而导致无法提供足够的火药燃气供制退机构进行动作，从而导致卡弹、无法退壳等故障的发生，甚至有可能使弹头卡死在枪管内无法射出，并需要通过更换枪管来排除故障。

HK P7M8手枪

HK P7手枪有多种型号，按照弹匣容量被分别命名为P7M7、P7M8（P7 PSP）、P7M10，以及P7M13等型号手枪。这四种型号手枪内部结构完全相同，弹匣容量分别为7发、8发、10发，以及13发。其中，P7M8与P7M13两种型号手枪都发射9毫米×19毫米帕拉贝鲁姆手枪弹；而P7M7与P7M10两种型号手枪专为美国市场设计，因此它们分别发射.45柯尔特手枪弹与.40史密斯-韦森手枪弹。在这些型号手枪中，P7M10手枪的表面被镀了一层镍，因此它看起来银光闪闪，在整个P7手枪家族中别具一格。

德国边防警察第9反恐大队（GSG9）曾大量装备HK P7M8手枪

自动手枪

发射.45柯尔特自动手枪弹的HK P7M7手枪

HK P7M13手枪

HK P7手枪的衍生型号

HK P7K3手枪

HK P7K3手枪

HK P7K3手枪是可更换枪管的型号，通过更换枪管和弹匣来发射9毫米×17毫米柯尔特自动手枪弹、

7.65毫米×17毫米柯尔特自动手枪弹、.22LR弹。但如果想要更换小口径枪管时，除了需要更换枪管和弹匣，还需要更换套筒才能正常击发。

HK P7K3手枪与配件

HK P7PT8手枪

HK P7PT8手枪为训练用枪，PT为"Plastik Training"的缩写，发射非致命的PT子弹，其内部结构与P7M8手枪基本相似，但与P7K3手枪一样取消了气体延迟系统。

空仓挂机状态的HK P7PT8手枪

HK P80手枪

HK P80手枪是为参与奥地利军方的新型手枪竞标而研制的，是HK P7系列手枪中最为罕见的一种衍生型号，发射9毫米×19毫米帕拉贝鲁姆手枪弹。

HK USP 系列手枪

主要参数

- 枪口口径：9毫米
- 全枪长度：194毫米
- 空枪质量：0.74千克
- 供弹方式：弹匣
- 弹匣容量：15发
- 射击模式：半自动

USP系列手枪由德国黑克勒-科赫（HK）公司研制生产，1995年推出，"USP"是英语"Universal Self-loading Pistol"的缩写，译为中文为"通用自动装填手枪"。该枪为满足军方、执法机构，以及民用市场的需要而设计。

HK USP系列手枪采用改进的勃朗宁手枪机构作为基本结构，全枪共53个零件，整枪由枪管、套筒、套筒座、复进簧组件、枪身，以及弹匣组成。该枪的设计融入多项创新，枪管为优质钢材冷锻而成，并采用独特多边形的膛线，HK公司宣传枪膛时提到：即使有些许阻塞也不会发生炸膛事故。套筒座由玻璃纤维材料制成，并在前端设置该枪独有的导轨，用于安装照明灯与激光指示器等附件。

这款枪最初的两种枪口口径为9毫米和10.16毫米，分别发射9毫米×19毫米帕拉贝鲁姆手枪弹和.40史密斯-韦森手枪弹。其特别之处在于无论哪种口径的USP手枪都有9种型号，不同型号的区别只是控制杆功能和位置

世界轻武器档案 手枪篇

以及扳机行程的不同，且每种型号都可以任意修改为其他型号，并可以依射手的习惯去选择不同的扳机机构，即传统的单/双动型，设有手动保险的单/双动型，没有手动保险的纯双动型等等。这给用户以较大的选择空间，是一般手枪无法企及的创新。

.40史密斯−韦森口径的HK USP手枪

该枪的机械瞄具采用可调式缺口照门以及片状准星，为方便夜间行动，照门和准星均有荧光点。它也可配用激光瞄具。

空仓挂机状态下的HK USP手枪

HK USP系列手枪的握把底部的两侧特别设计了弧形凹槽，这种设计方便射手取出弹匣。该枪的弹匣由工程塑料制成，并使用不锈钢嵌入加固。

HK USP手枪的半透明弹匣

此外，HK USP系列手枪的所有金属零部件的外层均有黑色渗碳氮化抗氧化保护层，耐腐蚀性极强。同时，其表面还涂有特殊的道氏合金麻粒防腐层，这既可防止腐蚀，又能减少摩擦阻力。

HK USP系列手枪耐用性强、精度极高，人机工效良好，因复进簧内装有专门设计的后坐缓冲系统，这使后坐力也非常容易控制。该枪握把设计非常贴合手形，在射手持枪进行射击时指向性极佳。

HK USP 45手枪

为满足美国市场的需求，HK公司特别推出发射.45柯尔特自动手枪弹的USP手枪，被称为"USP 45手枪"。

空仓挂机状态的HK USP 45手枪，配卡其色套筒座握把

由于所发射子弹的尺寸和威力都进一步增强，HK USP 45手枪不仅一些零件需要强化，外形的设计也需要改变。为了不使握把过大导致射手难以握持，HK USP 45手枪的弹匣用料由工程塑料改为钢制，容弹量12发，民用版则为10发。

由于HK公司在套筒座前端设计的特有轨道通用性不佳，许多战术配件都需要转换器才可使用，所以，在后期生产的USP 45手枪都改用了皮卡汀尼导轨，以增强战术配件的通用性和兼容性。

加装了战术手电的HK USP 45手枪

《反恐精英》中的 HK USP 45手枪

HK USP系列手枪除了广泛装备联邦德国军队以及美国海关特别反应小队外，在射击游戏中也声名远扬。

作为第一款风靡世界的第一人称射击（FPS）游戏，《反恐精英》于1999年诞生，直至今天其续作《反恐精英：全球攻势》（简称：CS：GO）依旧是许多玩家的竞技最爱。而游戏中警察阵营的初始武器就是鼎鼎大名的HK USP 45手枪，其特点为威力大、命中率高，并带有可装卸消音器。当缺乏资金购买突击步枪、狙击步枪或冲锋枪时，HK USP 45手枪是"反恐精英"手中的最佳利器！

HK USP 45战术型手枪

HK USP精英型手枪（上）与专家型手枪（下）

德国

世界轻武器档案 手枪篇

主要参数

■ 枪口口径：11.43 毫米　■ 供弹方式：弹匣
■ 初速：270 米 / 秒　　■ 弹匣容量：12 发
■ 全枪长度：244 毫米　　■ 射击模式：半自动
■ 空枪质量：1.21 千克

HK MK23 手枪

HK MK23手枪与消音器

1991年，德国黑克勒-科赫（HK）公司以USP系列手枪为基础，设计生产出一款军用半自动手枪，这款手枪被命名为"HK MK23 Mod 0手枪"。同年底，HK公司用该枪参与由美国特种作战司令部（USSOCOM）所提出的"进攻型手枪武器系统"计划，当时与柯尔特OHWS手枪进行了激烈的竞争，并最终击败对手。

HK MK23手枪在各种恶劣环境中都具有极高的耐久性、防水性和抗腐蚀性。它采用类似于勃朗宁大威力手枪的设计，使用独特的多边形膛线枪管，这种枪管有助于提高手枪的耐用性以及射击精度。该枪是一个大规模的武器系统中的一部分，包括可装卸的消音器、战术灯、激光瞄准模块LAM等战术附件，以及发射.45高膛压比赛级手枪弹。

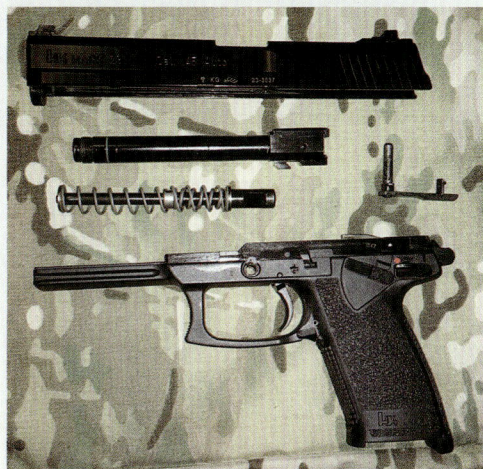

分解状态的HK MK23手枪

这款手枪的枪身两侧均安装有弹匣解脱钮和手动保险，使射手左右手都可轻松操作。弹匣解脱钮位于扳机圈后部，而手动保险则位于大型待击解脱杆的后部，这两个部件被设计得很大，以便于让射手使用大拇指直接操作或戴上手套时也可以轻松上弹。设于枪身左侧的大型解脱杆在手动保险的前部，这能降低击锤以锁上整枪。

HK MK23手枪
实际使用情况

HK MK23手枪除了拥有高精度的特点外，还充分满足了美国特种作战司令部所提出的苛刻条件，这证明了该枪能够在各种恶劣环境中使用。该枪曾发射36000发.45柯尔特自动手

枪弹而没有任何零件损坏或需要更换，被称为"进攻性手枪"。

1996年5月，HK MK23手枪正式交付美军特种部队，像海豹六队、三角洲，以及绿色贝雷帽等特战单位都有装备，而在使用过程中他们也发现了该枪的一些缺点。

根据一线特战队员的反馈，HK MK23手枪的缺点主要在于其体积较大而且过于笨重。空枪质量就达到1.21千克，如果装上12发子弹以及消音器等组件，质量高达2.29千克。特战队员纵使身强力壮，使用该枪单手射击时仍然感到吃力，这不适合特战队员进行潜入作战，他们更青睐相对容易携带的USP紧凑战术型手枪，因为轻巧并且能安装各种战术配件的手枪显然更加适合特战队员执行秘密任务。

HK MK23手枪庞大的"身躯"

德国

主要参数

- 枪口口径：9 毫米
- 初速：355 米 / 秒
- 全枪长度：173 毫米
- 空枪质量：0.62 千克
- 供弹方式：弹匣
- 弹匣容量：13 发、16 发
- 射击模式：半自动

HK P2000 手枪

HK P2000手枪是德国黑克勒-科赫（HK）公司于2000年生产的一款自动装填手枪，枪身紧凑外形小巧，被当时德国联邦特工、联邦警察，以及美国海关和边境保卫局等机构成员选用。

HK P2000手枪以USP紧凑型手枪为基础，融合了其他厂商近年来推出的一些新型手枪的特点，采用枪管短后坐式自动工作原理，同时改良了勃朗宁式无闭锁凸耳的枪机，并借鉴了USP系列手枪的垂直倾斜式枪管设计。

HK P2000手枪右视图

HK P2000手枪的多边形膛线枪管由优质钢材冷锻而成，并在枪管内表面镀上一层铬，此举不仅增强了枪管的抗腐蚀性，还有效地提高了枪管的使用寿命。而该枪的套筒由硝酸渗碳淬火钢制成，硬度高，不易磨损，且具备较高的韧性。此外，HK P2000手枪大量采用耐高温、耐磨损的聚合物级钢材混合材料，在减轻空枪质量的同时，还降低了生产成本。

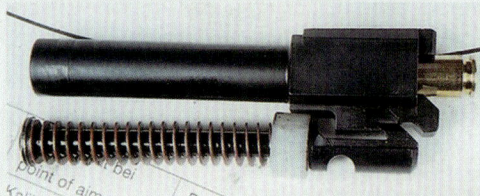

HK P2000手枪的枪管及复进簧组件

HK P2000手枪发射9毫米×19毫米帕拉贝鲁姆手枪弹，还有两种型号手枪分别发射.40史密斯-韦森手枪弹以及.357西格手枪弹。此外，该枪还可发射9毫米×19毫米和.40高膛压手枪弹，但HK公司P系列手枪官方手册亦有明文规定，不建议射手使用P系列手枪发射高膛压手枪弹。

HK P2000手枪的握把采用模块化设计，使用者可根据手掌大小的不

HK P2000手枪的不同型号握把背板

同来更换握把后方的握把片，还可以更换适合自己的握把形状和尺寸。这样的设计更加符合人体工程学，同时减少了操作时造成的压力，让使用者可以舒适握持，从而提升射击精度。此外，套筒座的左右两侧均设有一个空仓挂机解脱杆，不论射手习惯左手持枪还是右手持枪，在更换弹匣时，都可以用握枪那只手的拇指按压空仓挂机解脱杆。

空仓挂机状态下的HK P2000手枪

为了使HK P2000手枪可适应各种战斗场合，HK公司在设计时特意在扳机护圈前方的防尘盖处增设一条通用配件导轨，以安装激光指示器、战术灯等各种手枪战术配件。

HK P2000手枪的改进型一共有6种，型号分别为V0、V1、V2、V3、V4、V5。每个改进型的扳机和扳机系统提供了转换扳机射击模式的可能性，这使其可由一种扳机操作模式转换到另一种扳机操作模式。

P2000V0型的扳机为战斗防卫型扳机，其采用传统单/双动扳机机构，单动模式下扳机力固定在20牛顿，双动模式时扳机力约51牛顿。

P2000V1型的扳机为执法机关修改型扳机，该型号扳机是一种两道火式扳机，无论是处于单动模式还是双

动模式下，扳机力都固定在20牛顿。

P2000V2型与P2000V1型比较接近，但扳机力被增加至32.5牛顿。

P2000V3型使用传统的单/双动扳机，单动模式下扳机力约为20牛顿，双动模式下扳机力为51牛顿。此外，该型号手枪的套筒左侧后方增设待击解脱杆，可解脱处于待击状态的击锤。

P2000V4型与P2000V1型和P2000V2型相近，但该型号的扳机力介于两者之间，约27.5牛顿。

P2000V5型为纯双动扳机机构，扳机力固定在36牛顿，无外露击锤。

HK P2000手枪的内部结构图

分解状态的HK P2000 SK手枪

HK P2000手枪的衍生型号

HK P2000 SK手枪

2001年底，黑克勒-科赫（HK）公司设计生产出HK P2000手枪的紧凑型——HK P2000 SK手枪，该枪共三种口径，分别发射9毫米×19毫米鲁格弹、.40史密斯-韦森手枪弹和.357西格手枪弹，主要出口各国执法机关、军方，以及民用市场。

HK P2000 SK手枪增设待击阻铁保险，使用更加安全，同时加长了击锤顶纹和待击解脱钮的长度，进一步增强了人机工效。此外，该枪的外形相对于HK P2000型手枪要小巧得多，这使该枪更加适合隐蔽携行。

自动手枪

HK P30 手枪

主要参数

- ■枪口口径：9毫米
- ■初速：358米/秒
- ■全枪长度：177毫米
- ■空枪质量：0.83千克
- ■供弹方式：弹匣
- ■弹匣容量：15发
- ■射击模式：半自动

HK P30手枪由德国黑克勒–科赫（HK）公司于2006年研发生产。该枪为HK P2000手枪的改进型。2005年HK公司推入市场的早期型号P30手枪同时也被命名为"HK P3000手枪"。

早期的HK P30手枪曾被命名为"HK P3000手枪"

与HK P2000手枪相同的是，HK P30手枪也采用枪管短后坐式自动工作原理，以及改良型勃朗宁闭锁机构。不同的是，除了外形上的差异，HK P30手枪的设计更加符合人体工程学。

HK P30手枪的枪管由优质钢材冷锻而成，膛线为多边形膛线，枪管内表面镀有一层铬，有效提升了枪管硬度和抗腐蚀性。此外，该枪的钢制套筒表面都经氮化保护处理，表面坚硬，有效提升了该部件的耐高温性、耐磨损性、耐疲劳性，以及耐腐蚀性，即使在恶劣环境下使用，该枪也能有效降低故障率。

HK P30手枪的扳机组为一个独立的部件，可根据射手使用习惯的不同，更换不同的扳机组，比如可将单/双动扳机组更换为纯双动扳机组，并安装缩短型击锤，这在出枪时不易钩挂衣物，适合射手应对突发状况时使用。

除此之外，HK P30手枪还可以安装膛内有弹指示器，假如击针尾部突出，那么就表明枪膛内有一发子弹，扣动扳机即可击发，无须再次拉动套筒上膛。

HK P30手枪的握把采用模块化设计，可更换不同型号的握把护片和握把背板。握把护片和背板均有大、中、小三种不同的尺寸，可以进行随意组装，包括对称和不对称，共有27种不同的握把形状配置供射手选择，以搭配出最适合自己手形的握把。由于HK P30手枪握持舒适，指向性良好，因此有着较高的射击精度。

HK P30手枪的枪身两侧均设有

空仓挂机解脱杆和弹匣解脱钮，无论射手习惯左手持枪还是右手持枪，都可以使持枪手的拇指舒适地操作空仓挂机解脱杆或释放弹匣，从而使整体操作流畅、可靠。

HK P30手枪发射9毫米×19毫米帕拉贝鲁姆手枪弹，采用双排弹匣进行供弹，弹匣容量15发。而HK公司后续又推出了发射.40史密斯－韦森手枪弹的P30手枪，同样采用双排弹匣供弹，弹匣容量13发。

HK P30手枪的机械瞄具由片状准星和方形缺口式照门组成，准星和照门后方都涂有非放射性夜光涂料，方便射手在夜晚或光线较弱的环境中瞄准。

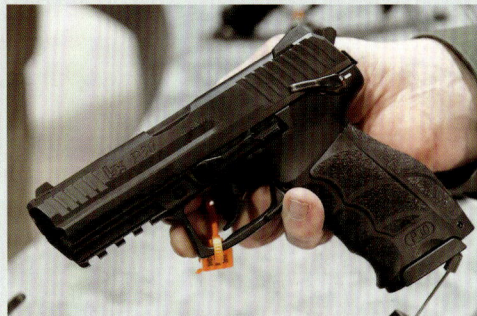

2011年首次亮相的发射.40史密斯－韦森手枪弹的HK P30手枪

HK P30手枪并未沿用HK P2000手枪的USP附件导轨，而是采用通用性更强的皮卡汀尼导轨，用以安装战术灯、激光指示器等战术附件。

HK P30手枪根据客户需求，可配备30发弹匣

HK P30手枪的改进型号

HK公司在不改变HK P30手枪整体结构的情况下，优化了该枪的一些细节，共推出了P30L、P30S，以及P30LS三款改进型手枪。

HK P30L手枪专为挪威警察部门设计，主要增加了套筒和枪管的长度，使初速度和精度都有所提高。

HK P30S手枪与HK P30手枪结构相似，增设了手动保险机构，手动保险杆可以由持枪手的拇指轻松操作。

HK P30LS手枪与HK P30L手枪结构基本相同，增设了手动保险机构。

HK P30L手枪

HK 45 手枪

主要参数

- ■枪口口径：11.43 毫米
- ■全枪长度：191 毫米
- ■空枪质量：0.78 千克
- ■供弹方式：弹匣
- ■弹匣容量：10 发
- ■发射模式：半自动

HK 45手枪是由德国黑克勒-科赫（HK）公司于2006年设计，2007年正式投入生产的一款半自动手枪。

从外观看，该枪与HK公司所生产的USP系列手枪以及其各种衍生手枪最明显的不同就是其略向前倾斜的套筒和弹匣底把前端，这样的设计使射手在操作和射击时更为舒适。

HK 45手枪握把上的防滑粒大小适中，同时也比较圆滑，并可根据手形的大小更换合适的握把护片，使握持更加舒适，这种设计更好地解决了.45柯尔特自动手枪弹较强的后坐力和枪口上跳问题。为了使握把更符合人体工程学，这款枪使用10发双排弹匣。

除了良好的人机工效外，HK 45手枪的扩展性也不错，它在扳机护圈前方的防尘盖上整合了一条MIL-STD-1913战术导轨，用以安装激光指示器、战术灯等战术挂件，这使特战队员可根据不同场合安装不同的挂件。

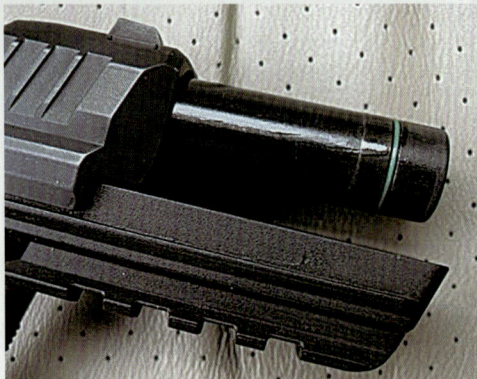

HK 45手枪枪管特写

HK 45手枪共有三种衍生型号，其中一种为HK 45紧凑型手枪，被称为"HK 45C手枪"，使用容弹量8发的弹匣供弹。另外两种为HK 45战术型和HK 45紧凑战术型手枪，这两种型号手枪都将枪管改装为延长螺纹枪管，用以安装消音器。

HK 45手枪的历史

HK 45手枪的设计目的是为满足美军"联合战斗手枪"（Joint Combat Pistol，简称"JCP"）计划中的各项规定，而该计划的目的就是为美军装备一把可同时发射.45柯尔特自动手枪弹的普通弹、比赛级弹药和高膛压弹的半自动手枪，从而取代目前

发射9毫米×19毫米鲁格手枪弹的M9手枪。

空仓挂机状态的HK 45C手枪

为了更好地理解美军的要求，HK公司专门聘请美军三角洲特种部队退役老兵肯哈·克索恩和拉利·维克斯来担任该项目的负责人，他们拥有极为丰富的枪械使用经验，同时也知晓特种部队更需要枪械具备哪些特点。值得一提的是，拉利·维克斯也是HK 416突击步枪以及HK 417战斗步枪项目的负责人。

不过，随着2006年美军"联合战斗手枪"计划被无限期中止，HK 45手枪最终未能被美军采用。但由于HK 45手枪有着良好的人机工效和高精度的优点，使得该枪在执法机构和民用市场拥有很高的人气。因此，HK公司决定把HK 45手枪投入执法机关、军事团体，以及民用市场进行销售。

自动手枪

主要参数

- 枪口口径：9 毫米
- 全枪长度：186 毫米
- 空枪质量：0.75 千克
- 供弹方式：弹匣
- 弹匣容量：15 发
- 射击模式：半自动

HK VP9 手枪

HK VP9手枪是德国黑克勒-科赫（HK）公司于2014年研制生产的一款击针击发式半自动手枪，该枪广泛销往北美及欧洲，其欧洲型号又被命名为"HK SFP9手枪"。

HK VP9手枪采用改良型勃朗宁闭锁机构，取消了HK USP系列手枪的回转式击锤设计，改用类似于格洛克手枪的平移击针击发方式，因此没有击锤组件。这样的设计减少了手枪的内部零部件数量，使得操作快捷，方便可靠。

由于没有击锤，HK VP9手枪击针尾端的红点，被作为膛内有弹指示器使用，若弹膛内有子弹，击针尾部就会突出于套筒后端，射手可通过观察来确定膛内是否有弹。此外，该枪的抽壳钩也可以兼作膛内有弹指示器使用，抽壳钩前部上方涂有红色标记，当枪支正处于待击状态时，抽壳钩前部会向外突出于套筒表面。

HK VP9手枪的保险机构由扳机保险和击针保险组成，无手动保险机构或待击解脱钮。该枪使用方便，扣压扳机即可解除扳机保险，击发膛内枪弹，而松开扳机就能使该枪处于保险状态。

HK VP9手枪射击抛壳瞬间

HK VP9手枪的击针保险为常规保险设计，在扳机向后扣压很小的一段行程后，即可解除击针保险，使击针进入待击状态，而继续向后扣压扳机即可释放击针，使击针打击枪弹底火，击发枪弹。如果在解除击针保险后松开扳机，那么击针就会被击针保险机构重新锁定，无法打击枪弹底火。

圆孔内的红点即HK VP9手枪的膛内有弹指示器，在膛内有弹的情况下红点会突出圆孔表面

HK VP9手枪的枪管采用HK公司常用的多边形膛线枪管，其内制6条右旋多边形膛线，并采用火炮级别的钢材作为材料，经冷锻加工而成，枪管使用寿命不低于9万发子弹。

空仓挂机状态的HK VP9手枪

作为HK P30手枪的改进型，HK VP9手枪的钢制套筒表面也经过氮化保护处理，套筒座大量采用聚合物材料及钢材混合材料，这有效地减轻了枪支质量和降低了生产成本。此外，HK VP9手枪的模块化可调节握把沿用HK P30手枪的设计，握把背板和两侧握把护片都有大、中、小三种不同型号，射手可随意选择组装，包括对称和不对称，共有27种不同的握把组合，并且调整方式简单，只需几分钟即可完成。

HK VP9手枪的握把配件

　　由于采用无击锤结构设计，HK VP9手枪的扳机力为24牛顿，扳机力较小。虽然扳机行程长达61毫米，但扳机复位迅速，并不会对射速产生影响，再加上该枪的后坐力较小，这使该枪非常适合射手在紧急情况下拔枪速射。

　　HK VP9手枪发射9毫米×19毫米帕拉贝鲁姆手枪弹，使用双排弹匣进行供弹，弹匣容量15发。2015年，HK公司在北美推出了发射.40史密斯-韦森手枪弹的型号，被命名为"HK VP40手枪"，弹匣容量13发，也可以使用同口径的HK P30手枪的13发弹匣。

　　为了防止射手在射击时因误操作按下弹匣解脱钮，HK VP9手枪的弹匣解脱装置被设计成双桨式弹匣解脱卡榫，并位于扳机护圈后方的左右两侧。同时该枪的左右两侧均设有空仓挂机解脱杆，枪身左侧的空仓挂机解脱杆较短，而右侧的空仓挂机解脱杆为加长型，使习惯于右手持枪的射手在使用左手持枪时，其拇指也能轻易操作空仓挂机解脱杆。

　　HK VP9手枪的机械瞄具由片状准星和方形缺口式照门组成，瞄准基线长162毫米，为了方便射手在光线较弱的环境中瞄准，准星和照门后端都涂有荧光点。

HK VP9手枪的内部结构图，HK VP9手枪还可通过更换枪口有螺纹的枪管来安装消音器

为了增强HK VP9手枪的拓展性，HK公司在该枪的扳机护圈前方防尘盖处整合出一条皮卡汀尼战术导轨，它可安装战术灯或激光指示器等战术配件。

HK VP9T战术型手枪

分解状态的HK SFP 9手枪

HK VP9手枪的欧洲型号

HK VP9手枪除了销往北美，在欧洲也非常流行，该枪在欧洲有两种版本，分别为HK SFP9-SF手枪和HK SFP9-TR手枪。

HK SFP9-SF手枪与HK VP9手枪相同，HK SFP9-TR手枪则是根据德国警用手枪的规范而设计的，主要改动为上调了扳机力。

自动手枪

主要参数

- ■枪口口径：7.62毫米　■弹容量：5发
- ■初速：190米／秒　■有效射程：15米
- ■全枪长度：200毫米　　　　　（水下）
- ■空枪质量：1.2千克

HK P11 水下手枪

HK P11手枪是德国黑克勒-科赫（HK）公司于1970年研制的一款水下战斗手枪，1976年正式投入使用，主要用于装备北约各国的战斗蛙人部队。

水的密度远大于空气的密度，与人体密度基本相当，对于高速运动的物体而言，水的阻力也会随之增强。因此，普通手枪在水下击发后，弹头出膛即释放能量形成"空腔效应"，而后快速下坠，有效射程通常不超过3米，并且第二次击发极有可能出现供弹不畅的情况，甚至发生炸膛等事故。

为避免普通手枪在水下的有效射程短、杀伤力弱以及安全性差的问题，HK P11水下手枪应运而生。该枪与普通手枪的设计截然不同，采用可拆装式枪管束设计，并利用电能击发，枪管束通过一个导引和闭锁凸起插入握把，并使用转向销固定。枪管束内部包括5根枪管、5个箭形弹头、5份电击发射药，而枪管束外包有防水塑料套，扣动扳机击发后，枪管束内的箭形弹头射穿密封塑料膜，穿水而出。

HK P11水下手枪的握把由聚合物制成，用于收纳枪管束和发射机构，发射机构的两个12V电池组就装在握把内。在击发时，射手扣动扳机，电池随即释放电流，电流由触点传输给发射药，发射药燃烧，产生的燃气压力将箭形弹头推出枪管。发射后发射机构会自动更换至下一触点，若再扣动扳机的话就会再次循环这一过程。

HK P11水下手枪所发射的箭形弹

分解状态的HK P11水下手枪

发射后的P11水下手枪，密封塑料膜已破损

HK P11水下手枪的使用与主要缺陷

HK P11水下手枪的枪管束设有机械瞄具，由缺口式照门和准星组成，为了能够让战斗蛙人在水下模糊的环境中更轻易地瞄准目标，瞄具上还特别涂装有含氚的β光源。

HK P11水下手枪不仅可以在水下射击，还可以在空气中射击。箭弹在水下的有效射程为15米，在空气中的有效射程为30米。

使用HK P11水下手枪的战斗蛙人

与HK P11水下手枪一同出厂的配件包括电击发机构检测工具一套、枪管束包装袋、一个用于在空气中射击使用的"科杜拉（cordura）"手枪套，以及一个可收纳手枪和所有附件的枪盒。

除此之外，据使用过HK P11水下手枪的士兵反映，在击发时非常舒适，基本感觉不到后坐力。

HK P11水下手枪除了装备德国的战斗蛙人部队以外，还装备了美国、法国、英国、丹麦、挪威和以色列等国家的特种作战单位。

实际使用后发现，HK P11水下手枪本身也存在着一些缺陷。首先，该枪只能容纳5发子弹，因为该枪的无弹匣枪管束式设计，子弹全部击发后需要再次装填的话，只能运回HK公司由专业技术人员进行操作，因此不仅技术保障难，维护也复杂；其次，由于海水中盐分较大，虽然手枪各部件密封严密，但密封处的电子接点也非常容易氧化；最后，该枪的生态安全程度较低。为提高该枪的箭形子弹比重，以保障射击效果，因此弹芯中含有贫铀，对人体造成辐射危害的可能性较大。

主要参数

- 枪口口径：7.62 毫米
- 供弹方式：弹匣
- 初速：420 米 / 秒
- 弹匣容量：8 发
- 全枪长度：195 毫米
- 射击模式：半自动
- 空枪质量：0.85 千克

TT-33 手枪

自动手枪

托卡列夫TT-33手枪是由苏联枪械设计师费约道尔·巴基雷必基·托卡列夫于1930年设计的一款半自动手枪，所以又被称为"托卡列夫手枪"。该枪由苏联图拉仪器设计局生产，并于同年被苏军采用，是苏军大规模装备的第一款制式自动装填手枪。

TT-33手枪由枪管、套筒、套筒座、复进簧、扳机机构及弹匣组成，采用枪管短后坐式自动工作原理，枪管偏移式闭锁机构，回转式击锤击发结构。

TT-33手枪采用单动扳机结构，假如弹膛内有弹但击锤不处于待击状态时，只扣压扳机是无法击发的，需将击锤扳下，再扣动扳机才能正常击发膛内枪弹。

TT-33手枪

世界轻武器档案
手枪篇

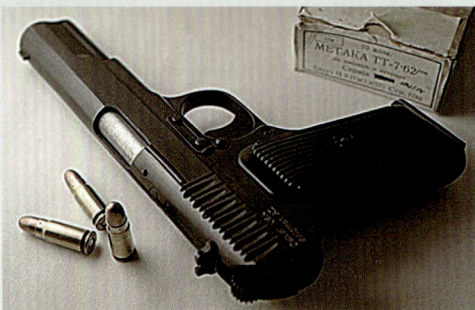
TT-33手枪与该枪发射的7.62毫米×25毫米手枪弹

TT-33手枪采用击锤外露设计，无手动保险，只有一道为了上膛携行不至于走火而设立的击锤保险。击锤保险具体操作方式如下：首先，在膛内有弹的情况下，大拇指按压住击锤，再扣动扳机，由于击锤已被按住所以无法自由释放；然后松开扳机，击锤在手指的控制下缓慢释放，击锤会在撞击击针前被锁定，只有再次扳动击锤使该枪处于待击位置，扣动扳机才能正常击发。当然，通过再次拉动套筒上膛也可以解除击锤保险，让击锤处于待击状态，但这样做会使枪膛内的子弹被抽壳钩从抛壳窗抛出。

击锤处于待击状态的TT-33手枪

TT-33手枪发射7.62毫米×25毫米手枪弹，机械瞄具由准星和缺口式照门组成。握把左侧下方设有一个环扣可系挂枪纲，可防止枪支被夺或丢失。

单纯从外观上来看，TT-33手枪与约翰·勃朗宁设计的M1903手枪和M1911手枪颇有渊源，其实TT-33手枪就是在这两个型号手枪的基础上加以精简而设计完成的一项产品。

TT-33手枪两种不同的套筒防滑纹设计

TT-33手枪由于具有结构简单、使用方便，射击精度高、威力大、穿透力强等优点，在苏联卫国战争中立下累累战功，是苏军官兵的忠实伙伴。

二战期间苏联著名宣传照：苏军第220连指导员叶廖缅科带头向德军发起反冲锋时，手中拿的就是一支挂着枪纲的TT-33手枪

主要参数

- 枪口口径：9毫米
- 初速：315米／秒
- 全枪长度：161.5毫米
- 空枪质量：0.73千克
- 供弹方式：弹匣
- 弹匣容量：8发
- 射击模式：半自动

马卡洛夫手枪

马卡洛夫手枪由苏联枪械设计师马卡洛夫于1951年设计，同年被苏军装备。该枪结构紧凑，安全性良好。

马卡洛夫手枪，采用单／双动扳机结构和击锤回转式击发机构，发射9毫米×18毫米手枪弹，使用8发容量的钢制单排弹匣进行供弹，并增设空仓挂机功能。弹匣壁采用镂空设计，这不仅减轻了整枪质量，还方便射手观察余弹数量。

马卡洛夫手枪采用自由后坐式自动工作原理，结构简单，性能可靠，成本低廉，是当时世界上最好用的紧凑型自卫手枪之一。子弹被击发时，火药燃气所产生的压力通过弹壳底部作用于套筒，使套筒后坐，并利用套筒的重力和复进簧的力量，让套筒后坐的速度降低，在弹头离开枪管后，弹膛开启，完成抽壳、抛壳等动作。当套筒后坐到底后，套筒会在复进簧的作用下向前复进，同时将弹匣中的子弹送入膛室，继续向前直至复进到位，完成闭锁。

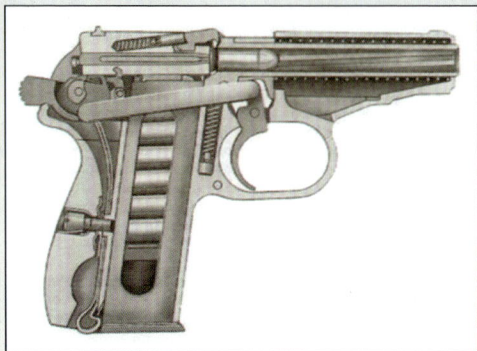

马卡洛夫手枪的内部构造图

马卡洛夫手枪的保险机构由手动保险和不到位保险组成，相比苏军上一代只有击锤保险的TT-33手枪，其安全性提升显著。

马卡洛夫手枪的机械瞄具由固定式片状准星和缺口式照门组成，在15米至20米距离内射击精度最高，杀伤力最强。

由于马卡洛夫手枪在外形与结构上皆与瓦尔特PPK手枪相似，所以许多西方资料都显示马卡洛夫手枪模仿PPK手枪。但事实上马卡洛夫手枪有许多鲜明的特点，比如零件总数很少，固定销也很少，尽可能一物多用，这表明它与瓦尔特PPK手枪有着本质上的差别。

马卡洛夫PMM手枪

马卡洛夫手枪最明显的缺点是：具有较低的杀伤力，还有较小的弹匣容量。所以，针对这些缺点，20世纪90年代的10年间，该枪历经多次试验。首先，采用质量更轻的弹头和燃速更快的发射药颗粒。新型枪弹的初速可以达到430米/秒，较原来的初速315米/秒的枪弹要快，这使枪口动能提高了1.7倍。增大弹容量的马卡洛夫手枪与新型弹药同时研制，弹匣容量增至12发，将原来纤细的握把形状改为可适应较厚弹匣的形状，并将握把护板也进行了改进。改进型马卡洛夫手枪被定型为"PMM"（俄文"ПММ"，即"马卡洛夫手枪改进型"的缩写），而改进型枪弹也同时被定型为9毫米×18毫米PMM手枪弹。

斯捷奇金
冲锋手枪

主要参数

- 枪口口径：9 毫米
- 初速：340 米 / 秒
- 全枪长度：225 毫米
- 空枪质量：1.58 千克
- 供弹方式：弹匣
- 弹匣容量：20 发
- 射击模式：半自动、全自动

斯捷奇金冲锋手枪也被称为"APS冲锋手枪"，是由苏联中央精密机械工程研究院工程师伊戈尔·斯捷奇金于1951年设计的一款全尺寸可连发射击的军用手枪。

斯捷奇金冲锋手枪采用自由后坐式自动工作原理，复进簧直接套在枪管上，这是一种非常巧妙的设计，既节省了套筒座的内部空间，又使枪支整体更为紧凑。从外形上看，斯捷奇金冲锋手枪与马卡洛夫手枪相似，只是其尺寸有所增加，并稍显粗糙而

已，但将斯捷奇金冲锋手枪分解后仔细观察会发现，其结构简单，易于维护。

斯捷奇金冲锋手枪快慢机特写

斯捷奇金冲锋手枪的内部构造图

斯捷奇金冲锋手枪的快慢机同时也是该枪的保险机构，这种设计实现了"保险—单发—连发"的转换。该枪快慢机位置位于套筒左侧后方。为了连射时更容易控制该枪，它的握把内装有一个插棒式弹簧缓冲器，并将套筒后坐行程延长至相当于马卡洛夫手枪弹长度的两倍，从而使理论射速成功降低到600发/分钟。此外，该枪还是第一次采用双动扳机结构并设有多重保险机构的全自动冲锋手枪，具有较高的使用可靠性和安全性。

斯捷奇金冲锋手枪发射9毫米×18毫米马卡洛夫手枪弹，采用双排双进弹匣供弹，弹匣容量20发。弹匣壁采用镂空的设计，这种设计不仅便于观察弹匣内的余弹数量，也方便野战条件下清理弹匣内部的异物，而且提高了特殊条件下的供弹可靠性，还减轻了全枪质量。

空仓挂机状态的斯捷奇金冲锋手枪

斯捷奇金冲锋手枪所有零部件均由优质钢材制成，并在设计上一反手枪设计的传统观念，创造性地运用薄板开孔增强的原理，最大限度地去除了手枪各部位较厚的部分。为了适应

衔接枪套作为枪托的斯捷奇金冲锋手枪

高射速和套筒壁较薄的技术特点，尽可能避免战斗中污垢进入枪膛，在保证抛壳顺畅的前提下，抛壳口开得尽量靠上，而且非常小。而为了适应高寒冬季时射手会戴手套持枪的特点，手枪的扳机护圈、弹匣解脱钮、套筒尾部与击锤的尺寸都被设计得较大。

斯捷奇金冲锋手枪与该枪手配用的木质枪盒

为了使手枪在全自动射击时精度提高，斯捷奇金冲锋手枪采用硬壳式枪套。其作为枪套使用时可通过腰带扣挂在腰上，也可以使用肩挂式枪带挂在肩上，方便携行；当需要进行全自动密集射击时，射手可通过手枪握把尾端的引导槽接入枪套，作为枪托来进行抵肩射击。该枪早期的枪托式枪套为木质，后来为降低成本而采用棕色的工程塑料。由于枪托式枪套过于笨重，现在俄军特种部队通常采用

轻便的开顶式战术枪套，当然，这种枪套也无法当作枪托来使用。

后来，苏联还在斯捷奇金冲锋手枪的基础上研发出了微声型，被称为"APB冲锋手枪"。APB冲锋手枪的消音器螺接在枪管延长段上，枪套式枪托改为钢丝枪托，同时，该枪的消音器和枪托在不使用时可套在一起，携带方便。

斯捷奇金冲锋手枪的使用情况

尽管斯捷奇金冲锋手枪在装备苏军后受到普遍欢迎，但该枪还是存在一些不尽如人意的地方：首先，该枪的硬壳式枪套被设计为向内侧开启，使射手不便抽枪；其次，由于该枪的复进簧直接套在枪管上，所以在连续射击时，随着射击频率的上升，枪管发烫可能会导致复进簧变软，无法正常工作；最后，该枪所发射的9毫米×18毫米马卡洛夫手枪弹威力偏小，并且停止作用较差，通常无法有效制止目标动作。

收纳在硬盒枪套里的斯捷奇金冲锋手枪

世界轻武器档案 手枪篇

苏联

PSM 手枪

主要参数

- ■枪口口径：5.45 毫米
- ■空枪质量：0.46 千克
- ■初速：315 米 / 秒
- ■弹匣容量：8 发
- ■全枪长度：155 毫米
- ■射击模式：半自动

PSM手枪是由苏联中央精密机械工程研究院于1969年设计，并由伊热夫斯克兵工厂于1973年生产的一款自卫手枪，主要供执法人员和特工使用。

PSM手枪采用固定式枪管设计，复进簧直接套在枪管上，节省套筒座和套筒内部空间，所以，该枪全长155毫米，高106毫米，宽度只有17.5毫米，整体外形无突出部分，便于隐蔽携行。

PSM手枪大部分材料由钢材制成，但为了减少手枪整体质量，保证

射手可以在恶劣环境下使用，该枪握把采用轻合金材质，握把护板由薄铝

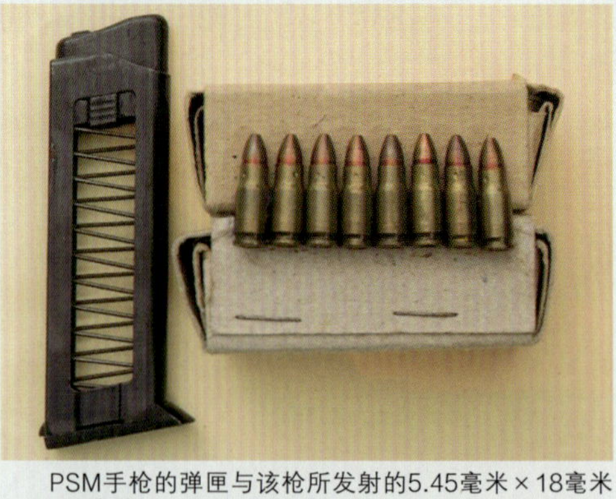

PSM手枪的弹匣与该枪所发射的5.45毫米×18毫米MPTs手枪弹

板制成，整体分解无须工具，野外拆卸时只需取下护板即可看到部件。

5.45毫米×18毫米MPTs手枪弹剖面图

PSM手枪发射5.45毫米×18毫米MPTs手枪弹，苏联军方定型为"7N7"。该弹种为小口径手枪弹，采用瓶颈形弹壳设计，以便能在较短的弹壳内容纳较多的发射药。该手枪弹全弹长24.9毫米，全弹质量4.8克，其中弹头质量2.55克，发射药质量0.7克。弹芯分前后两个部分，前半部分为钢制侵彻体，后半部为配重的铅柱。该弹种具有比较好的侵彻力，在5米左右的距离内可穿透软质防弹衣。

在出厂时，每支PSM手枪都配有两个弹匣，弹匣容量8发，单排供弹。弹匣体两侧开有竖槽，这方便射手观察弹匣内余弹数。但与此同时，弹匣两面镂空的设计也使灰尘等杂物更容易进入弹匣，从而会造成供弹故障。

用于收藏的PSM手枪

分解状态的PSM手枪

PSM手枪左视图

特工的袖珍手枪

20世纪70年代初，苏联情报机关提出要为便衣特工设计一款容易携带的手枪，其要求是"手掌那么大，标准火柴盒那么厚（17毫米），质量不超过0.5千克"，并且特别提出新型手枪可以在室内环境有效穿透软质防弹衣的要求。由于当时苏联没有可以达到这种要求的子弹，于是设计人员在射击测试时参考苏联市面上已有的6.35毫米×15.5毫米手枪弹和7.65×17毫米手枪弹，研发出新型5.45毫米×18毫米MPTs手枪弹，并以该弹种为基础，由拉什涅夫、萨麦里，以及库里果夫三位枪械设计师成功设计出PSM手枪。

苏联

主要参数

■枪口口径: 4.5毫米　■全枪长度: 244毫米
■初速: 250米/秒　■空枪质量: 0.95千克
　（空气中）　　■弹容量: 4发

SPP-1 水下手枪

　　SPP-1水下手枪是一款手动操作的四管水下手枪，"SPP"即"特种水下手枪"的英文缩写。该枪于20世纪60年代后期由苏联中央精密机械研究院开始研制，1971年装备苏联海军战斗蛙人部队，是一款致命、高效的水下战斗枪械。

　　SPP-1水下手枪的枪管前部通过一个销轴铰接在底把上，其后部使用一个锁扣固定在发射位置，装填时需要像使用单管猎枪那样扳开枪管，从枪管尾部进行装填。该枪的枪管为滑膛枪管，未设膛线。

　　SPP-1水下手枪采用双动击发结构，每次扣动扳机都会使击针自动向后

行程并进入待击位置，同时击针座旋转90°对准下一个未发射的枪管位置。

　　SPP-1水下手枪使用专门的SPS水下手枪弹——一种又细又长的箭形子弹。弹头由低碳钢制成，弹壳为长40毫米的突缘瓶颈形水密弹壳，全弹长145毫米，质量17.5克。这种箭形子弹的前端是平的，通过枪管发射，依靠流体力学原理来稳定弹道。由于发射火药的

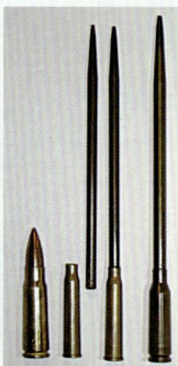

左一为7.62毫米×39毫米步枪弹，左二，左三为4.5毫米×40毫米SPS水下手枪弹，左四为5.66毫米×39毫米MPS水下步枪弹

爆发力比压缩空气强，因此，SPP-1水下手枪在水下的威力和射程要比蛙人以往使用的梭镖枪更强更远。

打开枪管即可装填弹药，使用方便

该枪在底把左侧设有一个扳把，扳把共三个功能。当扳把位于中间时，手枪为保险状态，扳机被锁定；当扳把在下方时，保险解除，手枪处于待击状态；当扳把位于顶端时，可打开枪管，进行装填。

此外，苏联中央精密机械研究院还对SPP-1水下手枪进行改进，并命名为"SPP-1M水下手枪"。SPP-1M与SPP-1水下手枪结构基本上相同，只是在以下两方面进行了改进：一是在扳机拉杆上增设一条弹簧以改善扳机力；二是增大了扳机护圈以适应较厚的潜水手套。

一套完整的SPP-1装备包括1支SPP-1水下手枪、10个装有4发集束弹的弹盒、1个枪套和1根可携带1个枪套和3个弹盒的专用背带。

战斗蛙人
与水下手枪的诞生

使用SPP-1水下手枪的战斗蛙人

使用战斗蛙人突袭敌方港口或船只，是一种隐蔽而有效的特种作战方式。为了对付战斗蛙人，通常的做法是：利用经特殊训练的反蛙人海豚或用蛙人来进行反蛙人作战。而无论是蛙人还是反蛙人，其所使用的传统自卫武器通常是潜水刀和梭镖枪。其中，梭镖枪是一种利用灌装压缩空气发射梭镖的武器，在水下发射梭镖的有效射程取决于其所在的水下深度，在5米深的水下有效射程约15米，40米深的水下有效射程只有5米，单看数据其用于自卫尚可，但枪的体积较大，携带非常不便并且一次只能发射一支梭镖，且装填速度很慢。由于水的密度是空气的近800倍，所以传统枪械在水下有效射程有限，如AK-47

SPP-1水下手枪也可以在水面上使用

突击步枪在水下有效射程不超过1米，M1911手枪在水下发射时在距离9米的木板上只能撞出凹痕，在6米距离只能穿透3毫米厚的木板。

随着当时的局势日益严峻，在苏联海军为了能使己方战斗蛙人在水下与敌方蛙人对阵时取得更大的战术优势的背景下，SPP-1水下手枪应运而生，成为苏军蛙人的战斗利器。

俄罗斯

主要参数

- 枪口口径：18毫米
- 全枪长度：45毫米
- 空枪质量：0.4千克
- 弹容量：4发

"黄蜂"PB-4 无管手枪

"黄蜂"PB-4无管手枪是俄罗斯实用化学科学应用研究所于1998年推出的一款非致命性自卫武器，同时也是世界上第一款成功的无管手枪。

从字面意义解释"无管手枪"，就是没有枪管的手枪，"黄蜂"PB-4无管手枪正是采用这种结构设计，虽没有枪管，但枪管的作用多半由弹壳来承担。

"黄蜂"PB-4无管手枪是一款电击发式手枪，同时也是世界上第一款自带发电机的电击发手枪。扣压扳机后，握把内置的迷你型磁脉冲发电机产生电流作用于枪弹上的电击发底火，使弹药击发。

"黄蜂"PB-4无管手枪发射18毫米×45毫米弹药，弹种包括杀伤弹、信号弹、照明弹，以及闪光震爆弹。这种枪弹的结构较为特殊，其弹壳并未像普通弹壳那样兼任发射药药筒并配有底火，而是在弹壳内部装有独立的发射药药筒，药筒尾端装

「黄蜂」PB-4无管手枪杀伤弹剖面图

有底火。弹头的尾部则被密封在发射药药筒内，这样的结构设计能有效增强弹头的启动压力，从而提高启动速度。不过，虽然该枪的杀伤弹弹头质量为11.6克，但初始动能却在85焦耳以下，再加上弹头带有橡胶封套，因此它的杀伤效果较差，只是以致痛为主，所以"黄蜂"PB-4无管手枪的杀伤弹也是一种非致命性手枪弹。

发后可产生剧烈声光效应，对目标具有很强的威慑效果，如果在光照条件不良的环境中使用还带有瞬间炫目效果，炫目效果根据背景光强度的不同可持续5秒至30秒。

"黄蜂"PB-4无管手枪每次可装填4发18毫米×45毫米特种弹

安装了不同种类特种弹的"黄蜂"PB-4无管手枪

"黄蜂"PB-4无管手枪的外壳采用高强度轻质铝合金材料，结构紧凑，外形小巧，战斗质量（装满弹药）比处于空枪状态的PSM手枪还要轻一些。

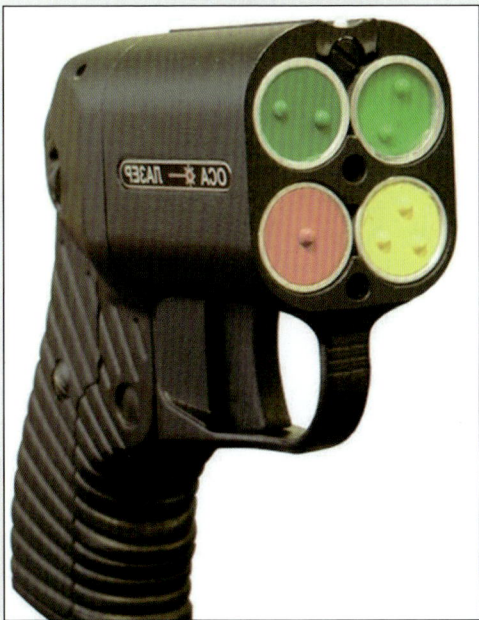

由于"黄蜂"PB-4无管手枪配用大口径枪弹，因此它非常适合发射特种弹。该枪所配用的信号弹用于发出求救信号或标识位置，对空发射后药剂燃烧可在80米至120米的空中形成红色、绿色或黄色的光源信号，持续时间不低于5秒；照明弹应用于夜间短期照明，发射后照明弹内装的药剂在50米至65米的高度燃烧并产生不低于4秒的强光照明；而"黄蜂"PB-4无管手枪所配用的闪光震爆弹在击

"黄蜂"PB-4无管手枪的左视图

"黄蜂"PB-4
无管手枪的衍生型号

PB-4M无管手枪

PB-4M无管手枪于2002年推出，采用"智能"发射机构。该型号无管手枪在扣压扳机后，磁脉冲发电机产生的微弱电流能够自动识别空巢或发射后的弹壳并越过，直接击发未发射的弹药，后来的PB-4系列无管手枪均采用这种"智能"发射机构。

PB-4-1无管手枪

PB-4-1无管手枪于2003年推出，该型号手枪采用一体式激光照准装置，以此取代PB-4无管手枪原有的机械瞄具（准星、照门），在昏暗的环境中，有效提升了射手的瞄准速度。除此之外，该型号手枪的改动还包括用CR123A号电池替代了之前型号手枪的内置迷你型磁脉冲发电机。

改动后握把更加小巧，握把外观也得到了改善，提高了握把的耐腐蚀性以及防滑性。

PB-4-1ML无管手枪

由于用电池代替内置发电机的改动并未得到所有用户的认可，因此采用两种能源的PB-4-1ML无管手枪于2005年问世。该型号无管手枪通过CR123A号电池为激光照准装置提供能源，而迷你型磁脉冲发电机则提供击发电流。

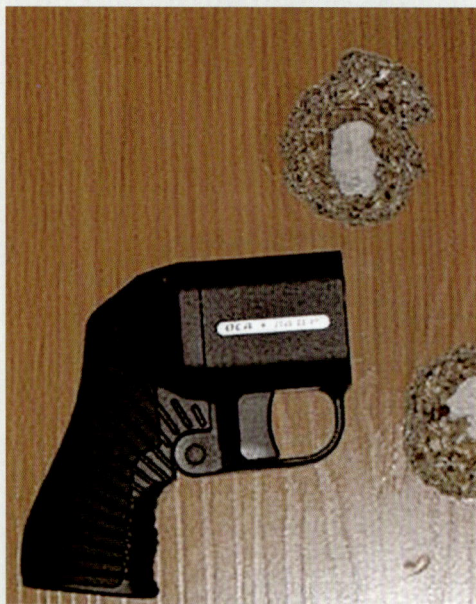

PB-4-1ML无管手枪

"黄蜂"PB-4
无管手枪的研发背景

1996年年底，俄罗斯总统签署新的法令，从此俄罗斯公民可以合法持有过去被执法机构管控的、利用压缩气体或火药燃气发射杀伤性弹药的部分武器，俄罗斯国内的自我防卫武器市场也逐渐活跃起来，为此，"黄蜂"PB-4无管手枪于两年后的1998年问世。

MP-443
"乌鸦"手枪

主要参数

- ■枪口口径：9 毫米
- ■初速：465 米 / 秒
- ■全枪长度：198 毫米
- ■空枪质量：0.95 千克
- ■供弹方式：弹匣
- ■弹匣容量：18 发
- ■射击模式：半自动

MP-443"乌鸦"手枪（以下简称MP-443手枪）是由俄罗斯枪械设计师弗·阿·雅利金领导的团队于20世纪90年代设计的，所以又被称为"雅利金手枪"。该枪由伊热夫斯克兵工厂生产，2003年被俄军采用作为制式手枪，服役至今。

分解状态的MP-443手枪

MP-443手枪发射机构被设计得较为传统，它采用常规的枪管短后坐式自动工作原理、枪管偏移闭锁机构、双动扳机结构，以及手动保险机构。该枪的手动保险钮位于套筒后部握把护板上方，并分别设于枪的左右两侧。

MP-443手枪的套筒和套筒座均由优质钢材制成，为保护暴露在套筒外的击锤，该枪套筒后部的尺寸较长，这就将击锤以半包围方式"保护"在套筒内部。同时该枪整体造型无明显棱角，这样就能有效防止抽枪时钩挂衣物，方便快速出枪。

空仓挂机状态的MP-443手枪

MP-443手枪的瞄具采用传统机械瞄具，由片状准星和矩形缺口式照门组成，准星被固定在套筒上，无法调节，而照门是通过套筒顶部的燕尾槽安装的，可调整风偏。为方便射手在夜间快速瞄准，准星和照门后部均设有荧光点。此外，该枪还可在套筒座前端下方安装韦弗式导轨，用于安装照明灯以及激光指示器。

安装激光指示器的MP-443手枪

该枪既可以发射9毫米×19毫米帕拉贝鲁姆手枪弹，也可以使用由俄罗斯中央精密机械工程研究院研制的7N21型高膛压穿甲弹。该型手枪弹的穿甲弹头装有经过热处理的钢芯，半裸于被甲表面，在击中有护甲的目标后弹芯会与被甲分离并穿过目标。由于弹头动能高达550焦耳，再加上钢芯硬度较高，不容易变形，因此7N21型高膛压穿甲弹具有较强的穿甲能力，可杀伤40米以内有基本防护装备的有生目标，此外，该枪还可发射俄罗斯设计的7N31型高膛压穿甲弹。

MP-443手枪的内部构造图

MP-443手枪采用双排双进式弹匣进行供弹，弹匣容量高达18发，在枪支出厂时，弹匣解脱钮默认位于

握把左侧，也可以换到握把右侧，以方便习惯使用左手握枪的射手单手操作。为防止射手在操作时因磕碰导致弹匣脱落，弹匣解脱钮周围被设计成凹面。总体而言，该枪设计符合人体工程学的标准，具有高度可靠性。

2004年以前生产的MP-443手枪弹匣容弹量为17发，2004年以后生产的MP-443手枪弹匣容弹量为18发

MP-443"乌鸦"手枪的使用情况

使用MP-443手枪的士兵

2003年，MP-443手枪被俄军采用作为制式手枪，直至2008年，该枪只是少量装备北高加索地区的特警单位并供其使用。 2009年9月以后，被俄罗斯一些执法、反恐单位采购，

比如被俄罗斯特种警察特别快反小组（Spetsial'nyy Otryady Bystrogo Reagirovaniya，简称"SOBR"）和俄罗斯特别用途机动单位（Otryad Mobilniy Osobovo Naznacheniya，简称"OMON"）采用。

2008年10月，当时的俄罗斯内政部长计划让所有的俄罗斯警察都换装MP-443手枪，但由于财政困难，并且正在服役的马卡洛夫手枪数量非常庞大，换枪计划只好作罢。所以，在多年后，马卡洛夫手枪仍然是俄罗斯主要警用手枪。

俄军内务部队装备的MP-443手枪

此外，除了俄罗斯，MP-443手枪也成为哈萨克斯坦等多国私人保安公司的制式手枪。

衍生型号MP-446 "海盗"手枪

MP-446"海盗"手枪的内部结构和外形都与俄军装备的MP-443"乌鸦"手枪基本相同，也采用枪管短后坐式自动原理和枪管偏移式闭锁机构。闭锁时，枪管尾部沿枪管下方卡铁的三角形槽上抬，同时卡铁前部上缘卡入抛壳窗前部下缘。此外，该枪的发射机构是作为一个整体组件装入套筒座内部的。

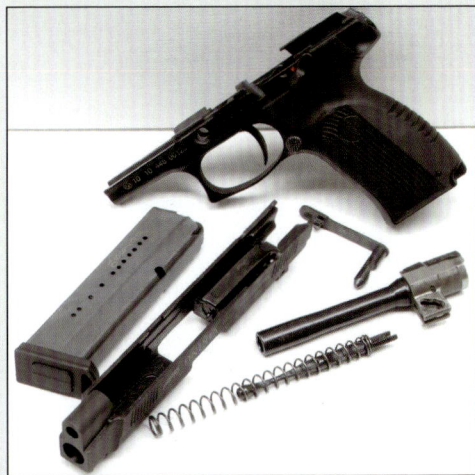

分解状态的MP-446"海盗"手枪

与多数当代手枪一样，MP-446"海盗"手枪也采用单/双扳机结构，膛室内有弹药时，可直接扣动扳机击发。双动模式下击发第一发子弹所需的扳机行程较长，扳机力也较大；也可以扳动击锤使手枪进入待击状态，再扣动扳机采用单动模式击发。单动模式下击发所需的扳机行程较短，同时扳机力也较小，这使射击精度有效提高。

MP-446"海盗"手枪的手动保险

钮位于套筒后部左右两侧，射手无论习惯哪只手持枪都可以方便操作保险钮。射手将手动保险钮上推即可锁定套筒、扳机、击锤，以及阻铁，使该枪处于保险状态，这样射手便可以在膛内有弹的情况下安全携行；当遭遇紧急情况时，射手将手动保险下推即可解除保险，扣动扳机可直接击发。

这两种型号手枪的外形基本相同，不同之处在于：MP-446"海盗"手枪的套筒座由聚合物材料制成，并且套筒座与握把为一个整体；而MP-443手枪则采用传统的钢制套筒座，并在握把上安装工程塑料材质的握把护板。

MP-446"海盗"手枪发射9毫米×19毫米帕拉贝鲁姆手枪弹，采用钢质弹匣供弹，弹匣容量分为10发和18发两种，弹匣托弹板由聚合物材料制成。

MP-446"海盗"手枪与MP-443"乌鸦"手枪的套筒设计如出一辙，击锤隐藏在套筒尾端的凹槽中，快速出枪时不易造成钩挂

MP-446"海盗"手枪虽然是MP-443手枪的民用型号，但在俄罗斯并非所有人都能购买，它仅限于装备安保人员和政府官员以及对外出口。

2003年底，伊热夫斯克兵工厂在第十三届国际军警安保器材展览上推出了MP-446P警用型手枪，该枪缩小了握把和套筒座的尺寸，还可根据射手手形的大小来更换握把后垫板，人机工效明显提升。

MP-446C运动型手枪改用120毫米长度的枪管，并调整了第一发子弹发射之后的扳机行程，在射击精度上有所提升。

GSh-18 手枪

主要参数

- 枪口口径：9毫米
- 供弹方式：弹匣
- 全枪长度：184毫米
- 弹匣容量：18发
- 空枪质量：0.58千克
- 射击模式：半自动

GSh-18手枪是一款由俄罗斯图拉仪器设计局于20世纪90年代末研制和生产的半自动手枪，"GSh"来自该枪设计师希普诺夫和格里亚泽夫的姓氏字母，而"18"则是该枪的弹匣容量。

GSh-18手枪发射9毫米×19毫米帕拉贝鲁姆手枪弹，采用双排双进式弹匣进行供弹。同时，该枪也可以发射俄罗斯研制的7N21型和7N31型两种高膛压穿甲弹，当发射7N21型高膛压穿甲弹时初速可达到460米/每秒，而发射7N31型高膛压穿甲弹时初速可

GSh-18手枪的闭锁凸榫特写

高达600米/每秒。

GSh-18手枪采用枪管短后坐式自动工作原理、击针平移式击发机构。扳机保险位于扳机中间，呈片状结构，发射方式与格洛克手枪相同，是一种特殊的双动击发模式。在发射首发子弹时，当射手扣动扳机并使扳机向后行程一段距离后，扳机会使击针后移并解开保险，此时击发机构为待击状态，若扳机继续向后行程极短的距离即可击发枪膛内的子弹。而手指一旦离开扳机，手枪立即恢复保险状态，这保证枪械使用安全。

分解状态的GSh-18手枪

GSh-18手枪的闭锁机构非常有特色，其枪管前端有两组各10个闭锁凸榫，呈环状均匀分布在枪管表面。在自动机复进时，枪管作轴向运动的同时产生回转，回转角度为18°，这

增加了皮卡汀尼导轨的GSh-18手枪

时闭锁凸榫与套筒上的闭锁槽扣合，闭锁动作完成。

空仓挂机状态的GSh-18手枪

GSh-18手枪与该枪配用的弹匣

除了扳机保险，GSh-18手枪还设有不到位保险、阻铁击针联锁装置，以及防早发保险。不到位保险可使该枪在套筒复进不到位的情况下，即使扣动扳机使击针处于待击状态时都无法压下阻铁释放击针；而阻铁击针联锁装置能使扳机完全向后行程至击发位置时才能解脱击针；而防早发保险则能够防止击针在弹膛完全闭锁之前打击枪弹底火。经试验表明，该枪的保险机构能够保证其在各种使用条

GSh-18手枪的后视图

件下的安全性。其中包括1.5米跌落试验，试验中手枪从1.5米高度跌落在水泥地上数次后，击针依旧纹丝不动。

双排双进弹匣

GSh-18手枪的套筒座采用玻璃纤维增强聚酰胺材料注塑成型。在其内部嵌有钢板冲压成型件，以增强连接部位的强度。为方便射手抽出弹匣，握把下方还设有缺口。此外，该枪的抛壳口后端还有一个膛内有弹指示器，与抽壳钩零件的中部相连。在子弹进入膛室并完成闭锁后，抽壳钩与弹壳底缘结合，带动膛内有弹指示器上抬，并凸出套筒尾部表面。

GSh-18手枪的机械瞄具由固定式准星和可调缺口式照门组成。为避免在瞄准时产生虚光，照门两侧被设计成侧翼结构，准星和照门的尺寸较宽，并增加了简易夜视瞄具，这样的设计方便射手在光线昏暗的环境中进行快速瞄准。

GSh-18手枪采用顶部抛壳窗设计

GSh-18手枪的服役单位

击针处于待击状态时，击针尾端突出于套筒尾部表面

GSh-18手枪的研制工作始于1998年。2000年1月该枪参加俄罗斯国家靶场的选型试验，直到2000年8月通过各项考核，并获得俄罗斯军方代表的认可。该枪主要用于取代20世纪70年代装备情报部门的PSM手枪，作为俄罗斯反恐装备和执法武器。

2001年，GSh-18手枪开始向国外出口。为进一步拓展海外市场，生产厂家专门为出口型的GSh-18手枪设计了黑白相间的外观，市场口碑良好。

俄罗斯

世界轻武器档案 手枪篇

主要参数

- ■枪口口径：9 毫米
- ■全枪长度：195 毫米
- ■空枪质量：0.99 千克
- ■供弹方式：弹匣
- ■弹匣容量：18 发
- ■射击模式：半自动

谢尔久科夫
手枪

谢尔久科夫手枪由俄罗斯中央精密机械工程研究院的设计师彼得·谢尔久科夫主持设计，并曾几次更名，早期实验阶段曾命名为"斑蝰蛇""R－G055"，1996年俄军特种部队与情报部门试装时将其命名为"SR1式手枪"，直到2003年正式列装俄军特种部队时其才被正式定名为"谢尔久科夫手枪"。

分解状态的谢尔久科夫手枪

谢尔久科夫手枪采用枪管短后坐式自动工作原理，其闭锁机构类似于瓦尔特P38手枪，闭锁卡铁在枪管下方，复进簧直接套在枪管上。该枪的保险机构由扳机保险和握把保险组成，无手动保险，这不仅方便射手安全携带，还缩短了应急射击的准备时间。

谢尔久科夫手枪采用双动扳机结构，当射手携行时若遇到突发情况，出枪解除保险打出第一发子弹时，可以用大拇指向后扳动击锤，使该枪进入待击状态再扣动扳机；也可以直接扣动扳机使用双动模式进行射击。该枪单动模式下击发扳机力为15牛顿，而双动模式击发扳机力高达65牛顿。这是因为，在双动模式下进行击发，扣动扳机就能完成待击和击发两个动作，但击发前要使击锤簧储存击发能量，所以需要较大的扳机力，而较大的扳机力也会直接导致射击精度下降。

谢尔久科夫手枪的握把保险

谢尔久科夫手枪的套筒座和握把为组合式结构，套筒座采用优质钢材，而扳机护圈和握把由工程塑料浇注而成。为了使射手双手持枪更为舒适，扳机护圈前方被做成了弧形，枪管轴线与握把的夹角的大小为100°。

谢尔久科夫手枪发射俄罗斯特制的9毫米×21毫米7N29型穿甲手枪弹，子弹质量为11克。极高的初速使该枪具备强大的杀伤力，可在100米距离

谢尔久科夫手枪后视图

内击穿1.4毫米厚的钢板，50米距离内穿透I级、II级或III级防弹插板，或击毁汽车、雷达等技术装备。同时该枪也可以发射7N28型手枪弹和7BT3型穿甲曳光弹。

谢尔久科夫手枪采用双排弹匣

进行供弹，弹匣容量18发，弹匣两侧各开有两排观测孔，这在减轻弹匣质量的同时，又方便射手观察余弹数。此外，考虑到一些使用者习惯左手持枪，所以该枪的握把左右两侧均设有弹匣解脱钮。

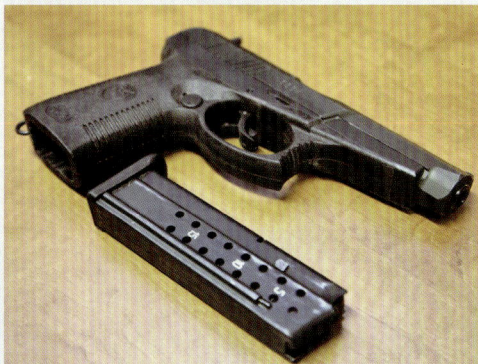

三枪鼎立
——同时列装俄军的三种制式手枪

2003年5月，俄罗斯联邦政府发布决议，宣布将谢尔久科夫手枪列入俄军的装备体系，与其同时列装的还有MP-443"乌鸦"手枪和GSh-18手枪。

俄军装备的这三种新型制式手枪都有弹匣容量大并且能够发射大威力穿甲手枪弹的特点，但三者结构各异，性能也各有侧重：谢尔久科夫手枪侵彻力强，杀伤力大；MP-443"乌鸦"手枪结构简单，性能可

靠；GSh-18手枪质量轻，使用灵活、方便。性能、结构的不同决定了它们适应的战术任务也各不相同，从而也决定了它们装备对象的不同。

　　谢尔久科夫手枪主要装备俄罗斯内务部和俄军特种部队；MP-443"乌鸦"手枪用于装备俄军校尉级军官，以及作为技术兵种的自卫武器，以取代1952年列装的马卡洛夫9毫米手枪，装备数量上最多；而GSh-18手枪用于取代20世纪70年代装备情报部门的PSM手枪，作为俄罗斯反恐装备和执法武器。

使用谢尔久科夫手枪的特战队队员

美国

主要参数

- ■ 枪口口径：7.65 毫米
- ■ 初速：244 米 / 秒
- ■ 全枪长度：165 毫米
- ■ 空枪质量：0.6 千克
- ■ 供弹方式：弹匣
- ■ 弹匣容量：10 发
- ■ 射击模式：半自动

萨维奇 M1907手枪

萨维奇M1907手枪是由枪械设计师厄伯特·西尔勒1905年设计的，并由美国萨维奇武器公司于1907年正式生产的一款自动装填手枪。

为竞标美国陆军于1907年1月开展的军用制式手枪选型，萨维奇武器公司确定了使用.45柯尔特自动手枪弹的手枪研制方向，但由于时间匆忙，萨维奇武器公司几乎全部沿用西尔勒的设计方案，并试制出第一款萨维奇M1907手枪——萨维奇M1907政府型半自动手枪，发射.45柯尔特自动手枪弹。

同时，萨维奇武器公司还面向民用市场推出了7.65毫米×17毫米口径和9毫米×17毫米口径的M1907手枪。由于萨维奇武器公司在此前没有生产自动装填手枪的经验，并且生产线也未筹备妥当，因此该枪于1908年才开始投入量产。最先投入量产的即7.65毫米口径的萨维奇M1907手枪，其结构与政府型半自动手枪版本几乎完全相同，只不过整体尺寸略有缩小。

萨维奇M1907手枪采用枪管回转式闭锁机构。该枪的闭锁凸耳位于枪管后端，与套筒上的闭锁槽相互啮合。枪弹被击发后，火药燃气的压力推动套筒后坐，同时套筒的后坐会带动枪管旋转，当枪管上的闭锁凸耳未完全从套筒上的闭锁槽滑出时，套筒后坐较慢，也就是说，闭锁机构限制了套筒后坐的速度。

空仓挂机状态的萨维奇M1907手枪

此外，萨维奇M1907手枪的阻铁位于枪机之内，与多数自动装填手枪的阻铁设置在击发机构中不同，这种设计的优点在于通过阻铁直接与击针相连而使该枪的结构更加精密。在高速运动的套筒中，由于阻铁与击针被组合在一起，还能有效地防止击针意外从阻铁中滑出而造成走火事故。当然，这样的设计也直接增加了加工成本和制造难度，不过在不完全分解萨维奇M1907手枪的状态下，却可以很方便地将枪机组件拆下并维护。

萨维奇M1907手枪右视图

与多数现代自动装填手枪不同的是，萨维奇M1907手枪的击锤与击针用铰链连接在一起，并且在套筒后部设有枪机，而击针和击锤均安装在枪机内。当后拉套筒并松开，套筒复进到位，此时阻铁会扣住击针，同时击锤也停留在后方位置。扣动扳机，阻铁解脱击针，击针立即击打枪弹底火，击发枪弹。假如出现击发故障，射手可直接向后扳动击锤，使击针再次进入待击状态，直接扣动扳机便可击发。因此，萨维奇M1907手枪的击锤并不是起到打击击针的作用，而是相当于一个"待击杆"。

萨维奇M1907手枪的手动保险杆位于枪身左侧，握把右上方。该手动保险设计得过于贴紧枪身，较难操作，尤其是当射手戴着手套，基本无法开启或解除手动保险。

最值得一提的是，萨维奇M1907手枪使用双排弹匣进行供弹。7.65毫米口径的M1907手枪弹匣可容纳10发子弹，虽然该枪的双排弹匣空间利用率未达到当代手枪弹匣的水平，但在当年也是一种非常罕见的设计。该枪的弹匣卡榫位于握把前方下侧，按压部位位于握把整体凹陷处，人机工效不佳，难以快速更换弹匣，同时该枪

的手动保险杆使用起来也较为不便，因此在美国陆军的选型试验中，它惜败于柯尔特M1911手枪。

萨维奇M1907手枪的装备与使用

虽然萨维奇M1907政府型半自动手枪在竞标中惜败于柯尔特M1911手枪，但民用型的萨维奇M1907手枪却被其他国家军队所认可，如葡萄牙陆军和海军就采购过萨维奇M1907手枪作为军官的自卫武器。除此之外，在第一次世界大战中，法国为弥补手枪数量的不足，也向萨维奇武器公司订购过7.65毫米口径的萨维奇M1907手枪。

处于待击状态的短枪管型萨维奇M1907手枪，击针、击锤均安装在枪机内

雷明顿 M51手枪

主要参数

- ■枪口口径：9毫米、7.65毫米
- ■全枪长度：168毫米
- ■空枪质量：0.59千克
- ■供弹方式：弹匣
- ■射击模式：半自动

雷明顿M51手枪是由美国著名枪械设计师约翰·佩德森于1917年设计的，并由雷明顿武器制造公司1918年生产的一款单动击发结构的手枪。

雷明顿M51手枪由31个零部件组成，结构简单，价格低廉。该枪共两种口径，分别发射9毫米×17毫米柯尔特自动手枪弹和7.65毫米×17毫米柯尔特自动手枪弹。

雷明顿M51手枪采用半自由枪机式自动工作原理。该枪的套筒部分由套筒体和枪机组成，类似于现代步枪的枪机和机框。手枪处于待击状态时，靠枪机和套筒体的惯性关闭枪膛。子弹被击发后，在火药燃气压

完全分解状态的雷明顿M51手枪

雷明顿M51手枪左视图

力的作用下，枪机带动套筒后坐。枪机和套筒共同后坐一段距离后，枪机被套筒上的斜面阻挡停止后坐，而套筒在惯性的作用下继续后坐。在这个过程中，弹头飞离枪管，枪管内火药燃气压力迅速下降至正常水平。当套筒整体后坐至一定距离后，其上的解锁机构将枪机向上拉起使其脱离套筒座斜面的限制，这时枪机又随套筒共同后坐，并完成抽壳和抛壳动作。这种半自由枪机式手枪虽然结构较为复杂，但这种自动方式保证了火药燃气压力下降至正常水平才抽壳，从而解决了许多枪械都会出现的抽壳故障，使枪支可靠性得到保证。

雷明顿M51手枪共设有四套保险系统，分别为：手动保险、握把保险、套筒不到位保险，以及无弹匣保险。

该枪的手动保险位于套筒后部，当保险杆指向后方时，整枪处于锁定状态，同时可锁住握把保险，起到彻底保险的作用。保险杆指向下方时，即保险解除。

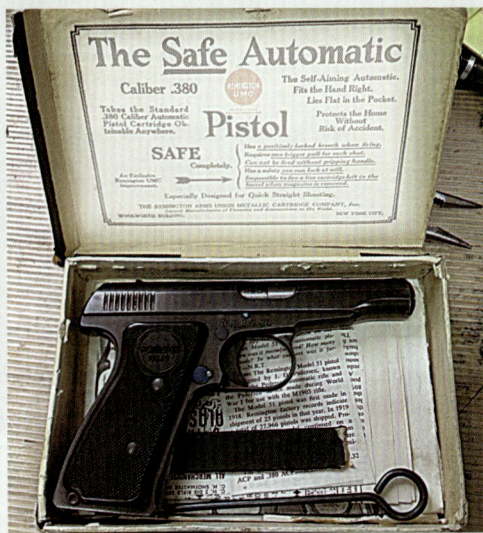

雷明顿M51手枪包装盒

雷明顿M51手枪握把保险较为复杂。握把保险未解除时，握把保险锁住阻铁和单发杆，阻铁被锁定所以不能释放击锤，而锁住单发杆就可以锁住套筒，防止其前后移动，这就起到双重保险作用。射手只有在用力握住握把，解除握把保险时，才能拉动套筒上膛，并扣动扳机击发子弹。

套筒不到位保险作用于单发杆。当子弹上膛，套筒复进不到位时，扳机就会被单发杆下部

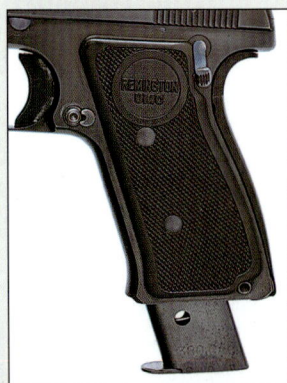

未安装到位的弹匣

挡住，使其无法向后移动，起到保险作用。

无弹匣保险使雷明顿M51手枪在更换弹匣时无法扣动扳机，这能防止弹膛内留有子弹而发生危险，这种保险也是当时的流行设计之一。

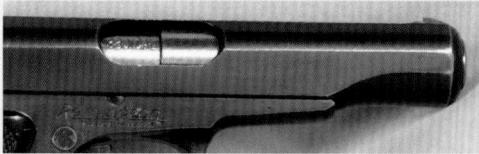
抛壳窗特写

握把护片上的雷明顿厂标铭文

雷明顿M51手枪套筒的顶部特写

雷明顿M51手枪在1918年底进入美国民用市场，1927年底停止生产，期间共生产了64796支。其中，9毫米口径的型号生产了54518支，7.65毫米口径的型号生产了10278支。

巴顿与雷明顿M51手枪

1943年底的西西里岛，美军少将凯尼恩·乔伊斯拜访了巴顿将军，他看到巴顿将军时常佩带一支转轮手枪，于是建议他应该有一支自动手枪。乔伊斯少将在回国后，将他的雷明顿M51手枪送回雷明顿工厂进行翻新。该枪的握把护板被换成木质的，由于巴顿当时是三星上将，所以在握把护板上镶嵌三颗由象牙做成的五角星，并且枪上刻有英文"To George Patton/From his shooting partner of many years/Kenyon Joyce"，译为"送给乔治·巴顿/来自他多年的狩猎搭档/凯尼恩·乔伊斯"。翻新后他将其送给巴顿将军。在巴顿将军因交通事故而不幸遇难后，这支雷明顿M51手枪也被人收藏了。

用于收藏的雷明顿M51手枪

美国

柯尔特 M1900手枪

主要参数

- 枪口口径：9毫米
- 初速：384米/秒
- 全枪长度：230毫米
- 空枪质量：1千克
- 供弹方式：弹匣
- 弹匣容量：7发
- 射击模式：半自动

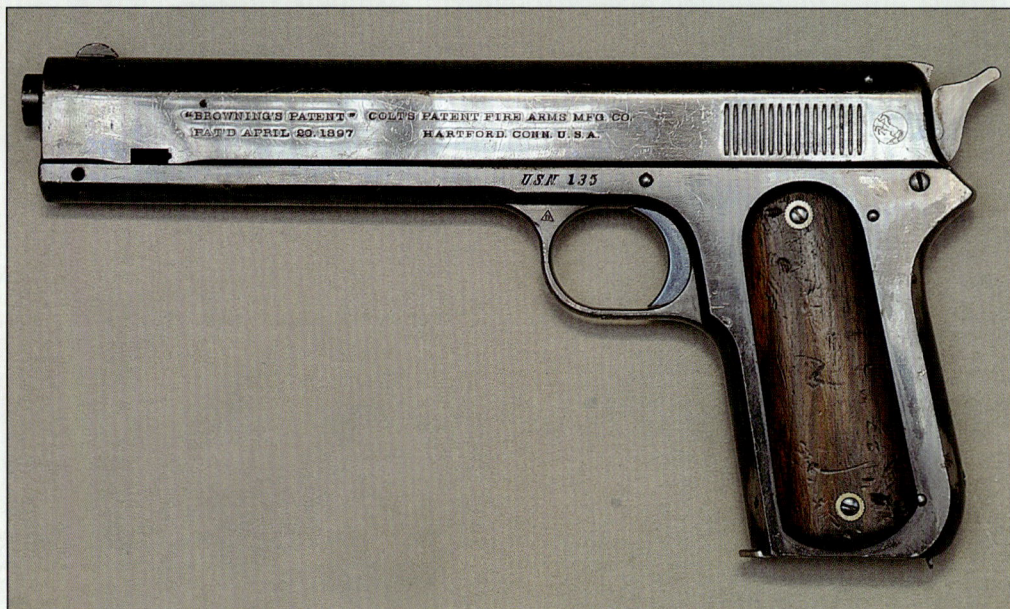

柯尔特M1900手枪是由美国著名枪械设计师约翰·摩西·勃朗宁设计，柯尔特公司生产销售的半自动手枪。该型号手枪是勃朗宁设计的第一款半自动手枪，同时也是世界上第一款采用枪管短后坐式自动工作原理的手枪，其设计结构至今仍被采用，可以说它是当代半自动手枪鼻祖。

作为世界上第一款采用枪管短后坐式自动工作原理的手枪——柯尔特M1900手枪通过火药燃气来完成自动循环。子弹被击发后，火药燃气压力推动弹头向前，并通过产生的反作用力使套筒及枪管共同后坐。枪管口

部与尾部通讨两个铰链与套筒相连，枪管后坐时，铰链向后摆动，并带动枪管尾端向下运动。当枪管后坐约51毫米时，枪管后部上方的闭锁凸榫从套筒内部的闭锁槽中脱出，使枪机开

柯尔特M1900手枪细节特写

锁。开锁后，枪管因铰链的连接停止后坐，套筒则在惯性的作用下继续后坐，进而完成抽壳、抛壳、压倒击锤动作。套筒后坐到位后，在复进簧的作用下向前复进，推弹入膛，并推动枪管向前，此时枪管尾端在铰链的作用下上抬。当枪管套筒复进到位后，枪管后上方的闭锁凸榫卡入套筒闭锁槽中，完成闭锁，此时扣动扳机即可击发膛内枪弹。

柯尔特M1900手枪与配用弹匣

柯尔特M1900手枪的保险机构由击锤保险和照门保险组成。击锤保险在柯尔特公司生产的转轮手枪中使用广泛，可防止跌落造成的意外走火事故。而照门保险由勃朗宁首创，在可上下滑动的照门后方设有一个凸榫，将照门扳至下方位置时，凸榫挡住击针尾部，使击锤无法击打击针，从而起到保险作用。此时照门无法瞄准，只有把照门向上扳到位，使凸榫不再阻挡击锤，才能

正常击发。虽然照门保险颇具特色，但因实用问题并未受到美国军方的青睐，所以后来生产的柯尔特M1900手枪都取消了照门保险。

柯尔特M1900手枪的复进簧导杆位于枪管下方、套筒座内部，复进簧套在导杆上这一经典设计就是源自该枪。而且扳机护圈上方两侧均铭刻枪号。柯尔特M1900手枪早期的握把护片采用木质材料，没有任何防滑纹设计，经美国军方提议，在木质握把护片上加刻了防滑纹，后期则改用橡胶握把护片，并刻有菱形防滑纹与柯尔特公司商标。

FN M1900手枪

勃朗宁设计的"M1900"手枪共有两款，一款授权美国柯尔特公司生产，也就是本文所介绍的柯尔特M1900手枪；另一款由比利时FN

公司生产，并被命名为"FN M1900手枪"。两款枪都由勃朗宁设计，也几乎同时生产，但差别巨大。除外形不同外，柯尔特M1900手枪采用枪管在上，复进簧导杆在下的布局，自动工作原理为枪管短后坐式；而FN M1900手枪采用枪管在下，复进簧导杆在上的布局，自动工作原理为自由枪机式。

更换一个扳机继续测试。这支手枪在连续发射293发枪弹后，又被军方要求发射500发枪弹，在这期间再无故障发生。

柯尔特M1900手枪的测试

1898年11月，柯尔特M1900手枪被柯尔特公司提交至美国军方，美国军方于当月开始对该枪进行测试。军方射手在使用该枪发射217发枪弹后，扳机出现故障，柯尔特公司立即

极限测试结果：使用氯化铵使这支手枪快速生锈，然后将枪身上的锈迹刮掉，从弹膛直接装入一发子弹进行击发，成功击发后，套筒因生锈严重出现复进不到位的问题。美国军方因此认为这款手枪的性能没达到能替代转轮手枪的高度，不过具有发展潜力。

1899年9月，美国军方再次要求柯尔特公司提交M1900手枪进行测试，此次测试中该枪共发射5800发子弹，即使在测试中发生了铰链损毁的故障，它在当时还是给人留下深刻的印象：结构简单、动作流畅，并具有高射速和高精度等特点。

1900年5月，美国陆军决

定订购100支柯尔特M1900手枪下发给部队使用——该枪从此便以正式批量生产年份命名。

柯尔特M1902手枪及衍生型号

柯尔特M1902手枪

经过不到一年的测试，美国军方又提出了一些新的要求，勃朗宁针对这些要求继续对柯尔特M1900手枪进行改进，并根据正式生产年份将改进型命名为"柯尔特M1902手枪"。

柯尔特M1902手枪进行了一系列的改进：首先，它史无前例地增设了空仓挂机装置，使火力持续性加强；其次，将弹匣容量增至8发；再次，增加保险带环、改进了分解方式，无须工具就可以进行分解；最后，将复进簧帽的设计从原来的凸起型改进为凹陷型。

经过测试，美军少量订购了柯尔特M1902手枪，最终由于口径的原因，并未大规模装备美国军队。虽然如此，英国和智利都对柯尔特M1902手枪产生了兴趣，尤其是智利海军，他们大量采购并装备了柯尔特M1902手枪。

1903年，柯尔特公司以M1902手枪为基础，改进出一款紧凑型手枪，并把它命名为"柯尔特M1903外露击锤式手枪"。该枪内部结构与柯尔特M1902手枪相同，但缩短了全枪长度。它被美国、菲律宾、智利、尼加拉瓜等国家采购并装备。

FN M1900手枪

美国

主要参数

■枪口口径：11.43 毫米　　■供弹方式：弹匣
■初速：253 米 / 秒　　　　■弹匣容量：7 发
■全枪长度：210 毫米　　　■射击模式：半自动
■空枪质量：1.13 千克

柯尔特M1911系列手枪

　　柯尔特 M1911 手枪是由美国著名枪械设计师约翰·摩西·勃朗宁设计，柯尔特公司 1911 年正式生产的半自动手枪，并于 1912 年 4 月被美军采用作为制式手枪。它是美军所装备的第一款半自动手枪，其改进型 M1911A1 手枪 1924 年装备美军，直到 1985 年才被美军逐步换装。它作为制式手枪在美军中服役时间长达大半个世纪，经历过一战、二战、越南战争和海湾战争等，是世界上装备数量最多、时间最长的半自动手枪之一。

　　柯尔特 M1911 手枪采用枪管短后坐式自动工作原理、枪管偏移式闭锁机构。子弹被击发后，套筒与枪管在火药气体压力作用下共同后坐极短的行程，枪管因通过下方的铰链固定在套筒座上而停止后坐，这时套筒因

柯尔特 M1911 手枪的内部构造图

柯尔特M1911手枪的手动保险特写

发射击。发射机构与保险机构相互作用。发射机构由击针、击针簧、击锤、击锤簧、扳机、扳机连杆，以及阻铁和阻铁簧组成。为防止意外走火，该枪设有三种保险机构，分

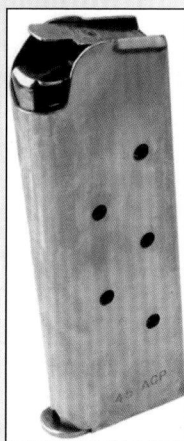

 孔，柯尔特M1911手枪的弹匣，弹匣两侧有圆形观测方便射手观察余弹数量

惯性继续后坐直至越过"死点"，并逐渐拉动枪管尾端下摆而完成开锁动作。当套筒后坐到底后，套筒会在复进簧的作用下将弹匣中的子弹推入膛室，同时推动枪管向前运动。铰链向前回转，顶起枪管尾端，使枪管上方的两条闭锁凸起卡入至套筒内壁的闭锁槽内，这时铰链转过"死点"，使枪械完成闭锁。

柯尔特M1911手枪采用单动击发机构，外露回转式击锤，只能进行单

别为：半待机保险、手动保险，以及握把保险。

单发杆是一个杆状零件，与阻铁装配在一起，而凸耳安装在阻铁下方。当套筒复进到位后，单发杆会上移进入套筒的缺口内，凸耳与阻铁啮合，此时握紧握把保险并扣动扳机，则可释放处于待击位的击锤；假如套筒未复进到位，单发杆被套筒压下，凸耳则会处于阻铁下方，与阻铁脱

自动手枪

柯尔特M1911工艺品手枪

开，此时如果紧握握把保险并扣动扳机，也不会释放击锤。

柯尔特M1911手枪的手动保险位于枪身左侧、握把后上方，可锁定套筒和处于待击状态的击锤，保证射手在携行时不会出现意外走火。此外，该枪手动保险钮大小适中，方便射手快速出枪，应对危急情况。该枪握把保险位于握把虎口处，在弹簧力的作用下，握把保险自动处于锁定状态，只有在紧握握把时，握把保险才会解除，此时扳机连杆才能自由向后移动，使扳机行程可扣压至击发位。

柯尔特M1911手枪零部件使用优质钢材经铣削加工而成，所有外露的

零部件表面均经过高亮抛光及发蓝处理；该枪的握把护板为胡桃木制作，为使射手持枪不至于打滑，握把护板表面布满网格状防滑纹；此外，为了增强螺丝孔周边的强度，螺丝孔周边被设计为菱形。

柯尔特M1911A1手枪

柯尔特M1911A1手枪

第一次世界大战后，美国陆军军械部重新评估了柯尔特M1911手枪在实战中的战斗表现，并要求柯尔特公司进行改进。柯尔特公司于1924年对该枪完成改进，鼎鼎大名的柯尔特M1911A1手枪就此诞生，并被大量装备于美国海、陆、空三军以及海军陆战队。

柯尔特M1911手枪的细节特写

柯尔特M1911A1手枪和弹匣

柯尔特M1911手枪（上）和柯尔特M1911A1手枪（下）

柯尔特M1911A1手枪进一步加强了人机工效。首先，准星加宽，使用帕特里奇瞄具，这使射手在光线较弱的情况下也能快速瞄准；其次，扳机行程缩短，同时击锤加长，这样设计使从扳动击锤到扣动扳机击发的时间缩短，从而更加适合快速反应；最后，握把保险加长，在握把背部设计弓形拱起，改变握把护板防滑纹形状，增加拇指槽，这些改进使握持更加舒适。

不完全分解状态的柯尔特M1911A1手枪

柯尔特M1911A1手枪与陆战队员约翰·巴斯隆

1942年10月，在瓜达卡纳尔岛的丛林中，陆战队员约翰·巴斯隆和他的小分队奉命坚守阵地，阻止日军通过泰纳鲁河。经过激战，约翰·巴斯隆所处的小分队只剩他一人，但增援迟迟未到，他利用一支柯尔特M1911A1手枪和两挺M1917式重机枪轮番射击，打退日军多次进攻。黎明时美军的增援部队赶来，他们发现阵地前散布着近百具日军尸体。

因在瓜岛战役中的优秀表现，约翰·巴斯隆被授予荣誉勋章，他是二战期间第一个获得荣誉勋章的陆战队员，也是唯一一个同时获得荣誉勋章与海军十字勋章的士兵。

柯尔特 "三角精英" 手枪

主要参数

- 枪口口径：10 毫米
- 供弹方式：弹匣
- 初速：405 米/秒
- 弹匣容量：8 发
- 全枪长度：213 毫米
- 射击模式：半自动
- 空枪质量：1.1 千克

柯尔特"三角精英"手枪是由杰夫·库柏中校设计的，并由柯尔特公司于1987年生产的一款自动装填手枪。

柯尔特"三角精英"手枪其实是同为柯尔特公司产品的M1911A1手枪的改进版，其改动主要是将口径改为10毫米，其内部结构基本与柯尔特M1911A1手枪相同。柯尔特"三角精英"手枪采用枪管短后坐式自动工作原理、枪管偏移式闭锁机构、单动式扳机，所以无法在击锤未处于待击状态的情况下击发。

柯尔特"三角精英"手枪的保险机构由手动保险和握把保险组成。该枪的手动保险柄位于枪身左侧、握把护片的右上方，向上扳动手动保险柄可使枪支进入保险状态，向下扳动手动保险柄即可使保险解除。

柯尔特"三角精英"手枪的握把保险位于握把后端，射手据枪时，握把保险位于虎口位置并被压入握把，这时握把保险解除，使扳机行程可扣压至击发位。

尽管柯尔特"三角精英"手枪

无论是外形还是内部结构都与柯尔特M1911A1手枪有着较高的相似度，但该枪也有一些20世纪80年代流行手枪的特点。比如该枪的回转式击锤由不锈钢制成，且击锤外露部分采用镂空设计，枪身表面做烤蓝处理，而且握把护片表面包裹一层设有防滑纹的黑色氯丁橡胶，这使该枪握持舒适、操作可靠。

柯尔特"三角精英"手枪发射较为罕见的10毫米自动手枪弹，使用可拆卸式单排弹匣进行供弹，弹匣容量8发，弹匣侧面开有两排余弹观察孔，以方便射手随时观察弹匣内的余弹数量。由于10毫米自动手枪弹的后坐力较大，为此，柯尔特"三角精英"手枪使用双复进簧来吸收强大的后坐力。

柯尔特"三角精英"手枪的机械瞄具由带有斜面的准星和缺口式照门组成，准星和照门后端设有荧光点，这是为了方便射手在夜晚或光线昏暗的环境下瞄准。

若想简单快捷地从外形分辨柯尔特"三角精英"手枪和柯尔特M1911A1手枪，可以通过观察握把上的图标和枪管及套筒上的铭文来区分。柯尔特"三角精英"手枪的握把正中央标有一个红色的三角形图案，套筒和抛壳窗等处也都刻有三角形图案或铭文。

柯尔特"三角精英"手枪名称的寓意与使用

柯尔特"三角精英"手枪的命名并非与美国精锐特战单位"三角洲部队"有关，只是纯粹的"三角形"之意，为此，该枪的握把，枪管以及套筒都标有三角形图案。

在实际使用中，柯尔特"三角精英"手枪所发射的10毫米自动手枪弹的杀伤力很强，与9毫米、.45柯尔特自动手枪弹等常用手枪弹相比，该弹种在命中人体后形成的"空腔效应"最大。但由于力的作用是相互的，再加上该枪并未设计制退装置，因此柯尔特"三角精英"手枪后坐力很大，枪口上跳严重，作为自动手枪，它的综合性能并不如一些使用.40史密斯-韦森手枪弹的手枪。为此，柯尔特公司于20世纪90年代停止生产柯尔特"三角精英"手枪。

加装枪口制退器的柯尔特"三角精英"手枪

柯尔特"三角精英"手枪击锤特写

美国

主要参数

- ■枪口口径：11.43毫米
- ■全枪长度：216毫米
- ■空枪质量：1.2千克
- ■供弹方式：弹匣
- ■弹匣容量：8发
- ■射击模式：半自动

柯尔特 "双鹰" 手枪

柯尔特 "双鹰" 手枪是美国柯尔特公司在1989年推出的一款自动装填手枪。该枪为全尺寸型手枪，体积较大。

柯尔特 "双鹰" 手枪其实可以看作柯尔特M1911A1手枪的衍生型号，该枪的内部结构与柯尔特M1911A1手枪基本相同。柯尔特 "双鹰" 手枪采用枪管短后坐式自动工作原理，枪管偏移式闭锁机构，使用柯尔特-勃朗宁式铰链完成开闭锁动作，动作可靠，使用广泛。

与柯尔特M1911A1手枪不同的是，柯尔特 "双鹰" 手枪采用双动扳机结构。在膛内有弹且击锤处于待击状态时，扳机处于单动状态，击发所需的扳机力较小，扳机行程也较短；在膛内有弹且击锤未处于待击状态时，射手可以直接扣动扳机击发膛内枪弹，但双动击发需要较大的扳机

柯尔特 "双鹰" 手枪套筒铭文特写

力，扳机行程也较长，射击精度也有可能受到影响，因此，双动击发模式一般只在与敌短兵相接时使用。

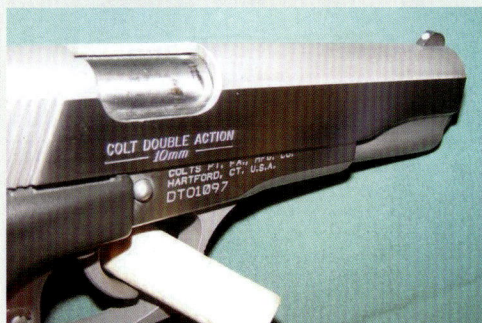

10毫米口径柯尔特"双鹰"手枪的抛壳窗特写

柯尔特"双鹰"手枪未采用柯尔特M1911A1手枪的手动保险和握把保险，而采用柯尔特自动击针保险和待击解脱杆。待击解脱杆位于弹匣解脱钮正上方，可解脱处于待击状态的击锤。

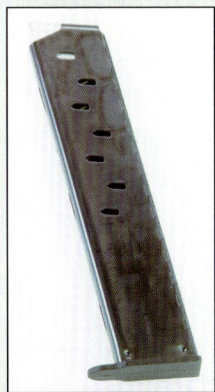

柯尔特「双鹰」手枪弹匣

柯尔特"双鹰"手枪的扳机护圈的设计比较符合人体工程学，该枪的扳机护圈较大，整体呈长方形，扳机护圈前端刻有防滑槽，这样的设计方便射手戴着手套操作和双手握持。

柯尔特"双鹰"手枪分为全尺寸型、指挥官型以及军官型三种型号，根据型号的不同，其口径和弹匣容量也不同。

其中，柯尔特"双鹰"全尺寸型手枪有.45柯尔特和10毫米两种口径，.45柯尔特口径手枪弹匣容量8发，10毫米口径手枪弹匣容量7发；

柯尔特"双鹰"指挥官型手枪射.40史密斯－韦森手枪弹，弹匣容量8发；而柯尔特"双鹰"军官型手枪只能发射.45柯尔特自动手枪弹。三种型号都使用可拆卸式弹匣进行供弹。

柯尔特"双鹰"手枪的机械瞄具由片状准星和缺口式照门组成，其照门可调整高度和风偏。

柯尔特"双鹰"指挥官型手枪

柯尔特"双鹰"手枪的使用情况

柯尔特"双鹰"手枪于1997年停产，销量不高，其原因在于该枪推出时恰好赶上新型手枪异军突起，新型手枪的套筒座普遍采用聚合物材料，并使用大容量双排弹匣，因而具有质量轻、火力持续性强的特点；与之相比，柯尔特"双鹰"手枪采用全金属材质，所以质量过大，并且容弹量较少，因此柯尔特"双鹰"手枪并未得到客户及市场的肯定。

尽管柯尔特"双鹰"手枪在美国的销量不好，但是以该枪为原型生产的模型枪却在市场上大放异彩。

主要参数

- ■枪口口径: 9毫米
- ■全枪长度: 190.5毫米
- ■空枪质量: 0.82千克
- ■供弹方式: 弹匣
- ■弹匣容量: 15发
- ■射击模式: 半自动

柯尔特 M2000手枪

柯尔特M2000手枪是美国柯尔特公司于1992年研发并生产的一款自动装填手枪，该枪由里德·奈特和尤金·斯通纳两位枪械设计师共同设计。

柯尔特M2000手枪采用枪管短后坐式自动工作原理，枪管回转式闭锁机构，纯双动扳机，无击锤组件，依靠平移式击针击发。枪弹被击发后，套筒与枪管共同后坐一段距离后，枪管与套筒分离并停止后坐，完成枪机开锁。这时套筒在惯性的作用下继续后坐并完成抽壳、抛壳动作，套筒后坐到底后在复进簧的作用下复进，并将弹匣中的枪弹推入膛室，枪机完成闭锁，套筒复进到位后枪支再次进入待击状态，扣动扳机即可击发。

准星和照门后端的荧光点适合射手在夜间瞄准

柯尔特M2000手枪握把的前端和后端都刻有与握把护片相同的防滑纹，使射手能够舒适握持该枪，从而提高射击精度。

柯尔特M2000手枪发射9毫米×19毫米帕拉贝鲁姆手枪弹，使用双排弹匣进行供弹，弹匣容量15发。该枪弹匣侧面开有3个圆孔，以方便射手观察余弹数量。此外，该枪的人机工效也较为出色，握把左右两侧各设有一个双向推动的弹匣解脱钮，双手都可以对其轻松操作，使用方便，动作可靠。

柯尔特M2000手枪的通用性也非常出色，可在不使用工具的情况下将枪管更换为11.43毫米口径的枪管。

柯尔特M2000手枪的机械瞄具由准星和缺口式照门组成。缺口式照门可调整风偏。准星和照门的后端都涂有荧光点，这使射手能在夜晚或光照条件不良的环境中瞄准、射击。

OSS高标无声手枪

主要参数

- ■枪口口径：5.6毫米
- ■初速：329米/秒
- ■全枪长度：350毫米
- ■空枪质量：1.36千克
- ■供弹方式：弹匣
- ■弹匣容量：10发
- ■射击模式：半自动

自动手枪

OSS高标无声手枪是由美国战略情报局于第二次世界大战期间主持研制，高标武器公司生产的一款无声手枪。该枪的命名方式来自美国战略情报局的英文名称"Office of Strategic Services"，简称为"OSS"。

普通的高标HDM手枪

OSS高标无声手枪在高标HDM手枪的基础上加装了消音器，采用自由枪机式自动工作原理，枪管上开有4排泄气孔，每排11个，泄气孔直径3.175毫米。该枪的管状消音器全长约197毫米，直径为25.4毫米，使用螺口与枪管相连。

OSS高标无声手枪的消音器内有多个由钢丝网卷成的圆圈，通过吸热原理使火药燃气冷却，从而降低气体压力，这种消音器使枪弹击发所产生的噪声降低20分贝，消音效果在当时非常出色。不过，由于当时消音器的技术并不成熟，因此这种吸热式消音器有一个很大的缺陷，那就是吸热材料非常容易积聚火药残渣，必须经常清洗。因此该枪的消音器被设计成一次性用品，无法分解维护，使用寿命在200发左右。

OSS高标无声手枪发射.22LR弹，采用可拆卸式单排弹匣进行供弹，弹匣容量10发，该枪弹匣带有大型观测孔，方便射手观察余弹数量。

分解状态的OSS高标无声手枪

OSS高标无声手枪的机械瞄具由片状准星和缺口式照门组成，该枪的缺口式照门可调整风偏，准星位于消音器前段上方，与消音器为一体式设计。

OSS高标无声手枪的铭文

普通高标HDM手枪与OSS高标无声手枪的铭文别无二致

OSS高标无声手枪的研发与使用

1941年12月7日清晨，日本海军联合舰队偷袭美国太平洋舰队在夏威夷的基地珍珠港及美国陆军和海军在瓦胡岛上的机场，太平洋战争由此爆发，美国正式加入第二次世界大战。为了能在隐蔽战线获取更多情报从而支援正面战场，美国战略情报局研发了包括火柴盒相机、手枪、匕首、迷药、燃烧弹等多种适合特工在秘密行动时使用的装备，OSS高标无声手枪就是其中之一。

在研发的初期阶段，美国战略情报局曾尝试在柯尔特"森林人"手枪上加装仿制马克沁式消音器，并对其进行试验，但结果并不令人满意，因为这种消音型的柯尔特"森林人"手枪在使用高速弹时才能使枪机自动工作，消音效果也不好，而且整体长度过长，不适合特工人员隐蔽携行。

与此同时，贝尔电话实验室的工程师们则研制了一种可安装于高标HDM手枪上的消音器，经测试，该枪使用效果最佳，OSS高标无声手枪也因此定型。

第二次世界大战结束后，时任美国总统的杜鲁门解散了美国战略情报局。1947年，美国中央情报局（Central Intelligence Agency，简称"CIA"）成立，同时，OSS高标无声手枪也成为当时CIA特工的必备武器之一。

美国海军陆战队远征军直属侦察连曾装备过OSS高标无声手枪

自动手枪

FP-45
"解放者"手枪

主要参数

■枪口口径：11.43 毫米
■初速：250 米 / 秒
■全枪长度：141 毫米
■空枪质量：0.45 千克
■弹容量：1 发

FP-45 "解放者" 手枪是美国陆军于1942年秘密研制的一款手枪，并被归类为信号枪用以隐藏真实用途。该枪全称为 "0.45口径信号枪（Flare Projector Caliber 0.45）"。二战期间，该枪被美国战略情报局（OSS）用来武装轴心国占领区的抵抗组织。

FP-45 "解放者" 手枪外形粗糙，结构简单，枪管内部没有膛线，因此射击精度很低。在使用时，首先，需要手动打开滑动式后膛；然后，装入枪弹并关闭滑动式后膛；最后，手动将击锤扳动至待击状态后，扣动扳机击发。击发后，弹壳并不会被自动抛出，而是需要射手再次手动打开后膛，并使用附件中的小木棍将弹壳顶出枪管，然后再装填。当然，附件中的小木棍也可以用差不多粗细的棍状物作替代品。

FP-45"解放者"手枪的内部构造图

FP-45"解放者"手枪这种所谓的"信号枪"，由位于俄亥俄州代顿市的通用汽车公司大陆制造分公司生产部分零件。在生产过程中，工人们并不知道他们在生产手枪，只知道这份订单是生产一种"小型金属零件"，同时，它的枪管由一家电冰箱厂生产。最后，所有零部件被运到印第安纳州安德森市，由导航灯公司的工人们装配。装配一支FP-45"解放者"手枪用时仅需要10秒，在6个月内共生产100万支这种手枪，因此，该枪可能是有史以来装配速度最快的手枪了。

FP-45"解放者"手枪的握把内部为中空式设计，握把底板可以滑动打开，并在握把内部存放备用弹药，如排列整齐的话，可放入约10发.45柯尔特自动手枪弹。

每一支FP-45"解放者"手枪连同10发手枪弹以及一根小木棍一同被装在一个涂有石蜡的厚纸板盒内，拆开纸盒可以看到一组绘图说明书，即使不识字的人也完全可以按照绘图说明书的图示进行操作使用。

FP-45 "解放者" 手枪的衍生型号

长枪管型的FP-45 "解放者" 手枪

为了能够提高FP-45 "解放者" 手枪的射击精度，美国还设计出一款长枪管两发型的 "解放者" 手枪，与短管型手枪一样，长枪管型的FP-45 "解放者" 手枪也被归类为信号枪。除了加长了枪管，长枪管型的FP-45 "解放者" 手枪有一个水平滑动的弹膛，打完一枪后，可手动将另一边弹膛对准枪管，再次扳动击锤至待击位，就可以 "快速" 地发射第二发枪弹。此外，该枪的握把内部同样也可以存放10发手枪弹，但由于长枪管型的FP-45 "解放者" 手枪并未像单发型手枪那样获得订单并被广泛使用，因此该型号手枪只有数量极少的样枪。

用于奇袭的 "信号枪"

第二次世界大战期间，美国为了能够在轴心国占领区广泛激发抵抗运动，FP-45 "解放者" 手枪便应运而生，而美国战略情报局则广泛使用该枪武装轴心国占领区的游击队。

但由于FP-45 "解放者" 手枪的射击精度较低，再加上每次击发后都

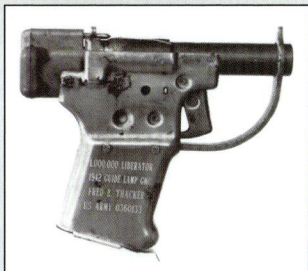

生产线上最后一支FP-45 "解放者" 手枪，握把上刻有枪号及纪念铭文

需要重新装弹，因此射手通常只能隐蔽起来，待敌人落单并近距离经过时突然射击，并且必须在极近的距离内命中其要害部位，如果不能一枪命中，通常没有机会开第二枪。当然，FP-45 "解放者" 手枪只是用于抢夺敌人武器弹药的 "信号枪"，并不适用于正面作战。

第二次世界大战结束后，大批FP-45 "解放者" 手枪被美国回收并销毁，因此许多枪械收藏爱好者想要找到一把 "解放者" 手枪也实属不易。20世纪60年代，越南战争期间美国中央情报局（CIA）想在越南使用类似的武器，就不得不重新设计并制造了外形和电吹风很相似的 "鹿枪（Deer Gun）"，越战结束后，该枪也被美国回收和销毁。如今，"鹿枪" 比 "解放者" 手枪更加稀有。

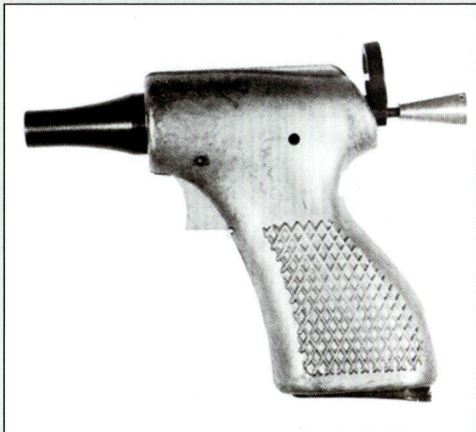

比 "解放者" 手枪还要罕见的 "鹿枪"

美国

史密斯-韦森 M39手枪

主要参数

- ■枪口口径：9毫米
- ■全枪长度：192毫米
- ■空枪质量：0.78千克
- ■供弹方式：弹匣
- ■弹匣容量：8发
- ■射击模式：半自动

史密斯-韦森M39手枪是美国史密斯-韦森公司于1954年推出的第一代半自动手枪，1955年打入民用市场。

史密斯-韦森M39手枪发射9毫米×19毫米帕拉贝鲁姆手枪弹，弹匣容量8发，单排供弹。它采用枪管短后坐式自动工作原理，勃朗宁闭锁机构，单/双动模式扳机结构。

和释放击锤的功能。

M39手枪除了基本型号外，史密斯-韦森公司还以此为基础推出了三种改进型，分别是：M39-1手枪、M39-2手枪，以及MK22 Mod 0微声手枪。

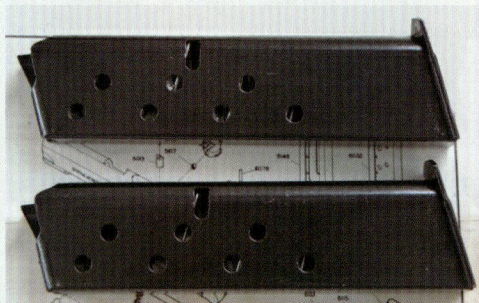
史密斯-韦森M39手枪的弹匣

史密斯-韦森M39手枪空仓挂机状态枪管特写

史密斯-韦森M39手枪的保险机构包括手动保险和弹匣保险。手动保险位于套筒左侧后端，具有缩回击针

基本型的M39手枪于1954年至1966年间生产，套筒和底把均采用钢质材料，其表面经磷酸盐或烤蓝处理，用以增强防腐能力。军用型握把护板为黑色工程塑料护板，民用型则使用胡桃木质的握把护板。

史密斯-韦森M39手枪的衍生型号

史密斯-韦森M39-1手枪

M39-1手枪将基本型的钢质握把改为经阳极化处理的轻型铝合金握把，这有效降低了枪支整体质量，该型号手枪一直生产到1971年。

史密斯-韦森M39-2手枪

史密斯-韦森M39-2手枪

M39-2手枪是在M39-1手枪的基础上改进而成的。该型号手枪是根据美国政府提出的"隐蔽携带手枪"的要求而设计的。首先，缩短了握把和套筒长度，并修改了扳机护圈的形状，护圈前部增加手指凹槽；其次，改进了击发机构和抽壳钩，这使其可靠性有效提高，并在套筒右后侧增添手动保险，使射手双手均可操作保险开关，提高了人机工效；最后，取消准星，以延长凹槽的照门做概略瞄准使用，并增加弹匣拆卸保险，使该枪在没有弹匣时不能发射子弹。该型号手枪于1982年停产。

MK22 Mod 0微声手枪

MK22 Mod 0微声手枪

史密斯-韦森公司于1968年开展过一项绝密研究计划：研制M39-WOX-13A手枪。该型号手枪最初是为美国海军陆战队设计的，但该项研究计划未能被美国海军陆战队重视。无独有偶，美国海军的特战单位在执行秘密任务时恰恰缺乏一款微声手枪，所以M39微声手枪顺利地被美国海军特种部队采用，并按照美国海军的命名习惯重新命名其为"MK22 Mod 0微声手枪"。

MK22 Mod 0微声手枪的配件

MK22 Mod 0微声手枪的消音器采用封闭式设计，在消音器前端装有一个橡胶封垫，这种消音器虽然使枪弹击发所产生的噪声降到最低，但也因为消音器的直径过大，直接遮挡住机械瞄具的视线，所以，在该枪的消音器顶部设有简易的照门和准星，以供射手瞄准时使用。

美国

史密斯-韦森 M3913 LS 手枪

主要参数

- 枪口口径：9毫米
- 供弹方式：弹匣
- 全枪长度：175毫米
- 弹匣容量：8发
- 空枪质量：0.7千克
- 射击模式：半自动

M3913 LS手枪是史密斯-韦森公司在M39手枪的基础上改进而成的一款衍生型手枪，其中，"LS"是英文"Lady Smith"的缩写。

史密斯-韦森M3913 LS手枪发射9毫米×19毫米帕拉贝鲁姆手枪弹，弹匣容量8发，采用单排弹匣供弹，枪管长89毫米，不锈钢套筒。由于枪管和套筒较短，空枪质量只有0.7千克，枪体颜色为珍珠白，小巧、美观的外形深受女士喜爱。

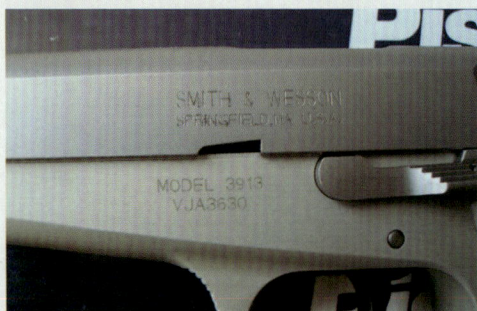

史密斯-韦森M3913 LS手枪上的铭文

史密斯-韦森M3913 LS手枪采用枪管短后坐式自动工作原理，单/双动扳机结构。该枪的扳机力较大，单动扳机力约31牛顿，双动扳机力约62牛顿。

手动保险机柄位于套筒左后侧。与M39手枪一样，该枪也设有弹匣保险，即使枪膛内有子弹，不插入弹匣，也无法击发，从而降低了射手在换弹匣时出现意外走火事故的概率，这使枪械安全性有效地得到提高。

史密斯－韦森M3913 LS手枪握把护板采用聚合物材料，大小适中，但因形状呈方形，使射手在握持时感觉如同握方形积木，非常不舒适；另外，又因握把的弹匣槽内壁倾斜幅度过小，导致射手在使用时难以快速更换弹匣，这成为它的两大致命缺点。

史密斯－韦森M3913 LS手枪配用的8发弹匣

该枪的机械瞄具由带有氚光点的鸠尾槽式准星和诺瓦克底座安装式的照门构成，其照门同样带有氚光点，方便射手在光线不足的环境下快速瞄准。并且该枪照门十分平滑、牢固，再加上双动状态时击锤并不突出，使射手出枪时不易钩挂衣物，这些设计适合快速反应的要求。

史密斯－韦森M3913 LS手枪的机械瞄具后端带有氚光点

史密斯－韦森 M3913 LS手枪的 实际使用效果

史密斯－韦森M3913 LS手枪的枪弹进膛斜坡较长，这种设计可以使其能够顺利供弹，再加上强力的抽壳钩将弹壳抛向右后方，使该枪在300发的试射中无任何故障。

"手枪射击距离7米"是美国联邦调查局（FBI）提出的手枪平均战斗距离。使用M3913 LS手枪试射7米靶时，子弹散布距离较小。但仔细观察后发现，弹着点实际是向左右延伸的，这是由于过强的后坐力以及较大的扳机力导致的，因而射击经验不丰富的射手不易操纵该枪，所以，该枪在美国市场几乎无人问津。

墙内开花墙外香。该枪外形小巧的特点被日本警察厅看重，并大量采购M3913警用型手枪，这使该枪知名度提高，并常在一些影视作品中出现。

史密斯－韦森M3913 LS手枪与枪套

世界轻武器档案 手枪篇

史密斯－韦森 西格玛系列手枪

主要参数

- ■枪口口径：10.16毫米
- ■全枪长度：188毫米
- ■空枪质量：0.74千克
- ■供弹方式：弹匣
- ■弹匣容量：15发
- ■射击模式：半自动

SMITH & WESSON
SPRINGFIELD, MA USA
Model SW9F

史密斯－韦森西格玛系列手枪是美国史密斯－韦森公司于1993年起研发、生产的一系列自动装填手枪，是该公司推出的首款大量使用聚合物材料的手枪。

史密斯－韦森西格玛系列手枪共三种口径，分别为：.40史密斯－韦森口径、9毫米口径，以及.380柯尔特口径。其中，.40史密斯－韦森口径的西格玛手枪最先投入市场，于1994年首次亮相。

史密斯－韦森西格玛系列手枪采用枪管偏移式闭锁机构，枪管下方的闭锁卡榫与套筒座上的闭锁块相互啮合。该枪设置膛内有弹指示器，当膛内有弹时，套筒尾部会有一个方形凸出部位，用来提醒射手。

史密斯－韦森西格玛系列手枪采用无击锤式设计，双动扳机结构，扳机力约37牛顿。该枪的外部控制机构仅保留弹匣解脱钮、空仓挂机解脱杆，以及分解销钉。

史密斯-韦森西格玛系列手枪的保险机构为扳机保险，无手动保险。扳机为铰接在一起的两段式扳机。向后扣压一段扳机后可解除扳机保险，这时继续将扳机扣压至击发位，可使击针击打枪弹底火，从而击发枪弹。松开扳机，枪支即进入保险状态。

成，照门可方便地调整风偏，准星和照门后端均有白色荧光点，以方便射手在光照不良的环境中瞄准。

史密斯-韦森西格玛手枪的空仓挂机状态

其中，史密斯-韦森西格玛.40史密斯-韦森口径手枪的套筒座采用聚合物材料制成，套筒呈方形，由碳钢加工而成，套筒表面经两次氮化处理，枪管为不锈钢材质，所以该枪质量较轻。除此之外，该枪的握把倾角度数为18°，据枪时，握把与虎口相接的部分横截面较细，而沿握把往下其横截面逐渐变粗，这使射手可以舒适握持，从而有效提高射击精度。

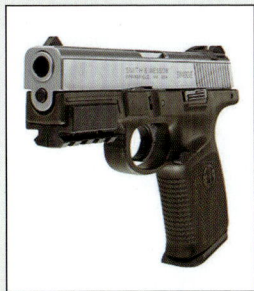

史密斯-韦森西格玛.40史密斯-韦森口径手枪的三点式瞄具由片状准星和缺口式照门组

为了增强通用性，西格玛系列手枪可以安装皮卡汀尼导轨转换套件

史密斯-韦森西格玛.40史密斯-韦森口径手枪采用双排弹匣进行供弹，弹匣容量15发，弹匣侧面设有观测孔，以方便射手观察余弹数量。作为一款全尺寸型的战斗手枪，.40史密斯-韦森手枪弹的杀伤力再加上大容量枪弹，使该枪既具备良好的停止作用，又拥有强悍的火力持续性。

史密斯-韦森西格玛系列手枪其他型号概况

史密斯-韦森西格玛9毫米手枪

史密斯-韦森西格玛9毫米手枪

史密斯-韦森西格玛9毫米手枪全枪长190毫米，空枪质量0.74千克，发射9毫米×19毫米帕拉贝鲁姆手枪弹，采用双排弹匣供弹，弹匣容量17发，从外形上看与.40史密斯-韦森口径的西格玛手枪极为相似。

分解状态的史密斯-韦森西格玛9毫米手枪

史密斯-韦森西格玛.380柯尔特口径手枪

史密斯-韦森西格玛.380柯尔特口径手枪是一款袖珍手枪。该枪全枪长147毫米，空枪质量0.4千克，发射.380柯尔特自动手枪弹（规格9毫米×17毫米），采用单排弹匣供弹，弹匣容量6发。

为了便于让射手能够隐蔽携行并快速出枪，史密斯-韦森西格玛.380柯尔特口径手枪几乎无任何棱角。弃用由准星和照门组成的传统三点式瞄具，而是在套筒顶端开有一道前后贯通的竖向凹槽，凹槽前端设有一个小巧的准星柱。凹槽的设计用意实际上是将照门的缺口拉长作为照准槽，起到引导射手构成三点一线的作用，可有效提高瞄准速度。

史密斯-韦森西格玛.380柯尔特口径手枪

史密斯-韦森西格玛.380柯尔特口径手枪与.40史密斯-韦森口径的全尺寸型手枪用途不同，.380柯尔特口径的西格玛手枪一般作为辅助武器使用，被放在口袋、背包以及箱子中或固定在脚踝上隐蔽携行，当遭遇紧急状况时，可做到"出其不意"，并"攻其不备"。

史密斯-韦森西格玛.380柯尔特口径手枪的弹匣卡榫设计较为独特

主要参数

- ■枪口口径：9毫米
- ■全枪长度：190毫米
- ■空枪质量：0.69千克
- ■供弹方式：弹匣
- ■弹匣容量：17发
- ■射击模式：半自动

史密斯－韦森 M&P手枪

2005年，史密斯－韦森公司推出了一款军警型半自动手枪，命名其为"史密斯－韦森M&P手枪"，用于竞标美国陆军的模块化手枪系统项目，"M&P"为"Military & Police"的缩写，有"军警"之意。

史密斯－韦森M&P手枪采用平移式击针机构，无手动保险，而是采用扳机保险机构，只有扣压扳机至一定行程才可解锁扳机保险，即使手枪意外跌落也不会发生走火事故。同时该枪有一个可选用的内置锁或弹匣切断装置，而且也可根据射手习惯选用手动保险。

史密斯－韦森M&P手枪的扳机特写

史密斯－韦森M&P手枪有多种型号，每种型号手枪发射不同口径的弹药，其中包括9毫米×19毫米帕拉贝鲁姆手枪弹、.45柯尔特自动手枪弹、.40史密斯－韦森手枪弹、.357西格手枪弹、.380柯尔特自动手枪弹等多种不同口径弹药。每种型号弹匣容量不一，但结构基本相同。发射9毫米手枪弹的M&P手枪弹匣容量17发，同时也可选用容量10发的弹匣；发射.40史密斯－韦森手枪弹的M&P手枪可使用容量10发或15发的弹匣；发射.45柯尔特自动手枪弹的M&P手枪弹匣容量为10发。

史密斯－韦森M&P手枪用料考究，套筒座由名为"8018Zytel"的聚合物材料制成，触感光滑，聚合物材料的套筒座具有一定弹性，可吸收一部分枪弹击发时产生的后坐力，进而提高射击的稳定性。

当然，凡事有利必有弊，聚合物材质的套筒座也会使射手握持手枪的摩擦力加大，而且在射击时也可能出现"咬手"的情况。为解决这一弊端，史密斯－韦森公司在设计时将该枪的套筒座与套筒结合的不锈钢导轨设置在套筒座上，而套筒只有很小一部分与导轨相连，这种设计有效降低了摩擦力，并大大减少了射击残留物的进入和积存，使枪支便于维护，同时也降低了出现故障的可能性。

史密斯－韦森M&P手枪的机械瞄具特写

由于考虑到使用者手形大小不一的问题，史密斯－韦森M&P手枪的握把采用模块化设计，共有大、中、小三种可更换式握把后垫板供射手选

极限环境中的史密斯－韦森M&P手枪

择，可将握把前后宽度改变为30毫米、32毫米，以及35毫米，使用装在握把底部后方的工具即可更换，使用方便，便于维护。握把的防滑设计采用模压而成的防滑点，并设有拇指槽，这让握持更加舒适。另外，该枪的扳机护圈较大，让戴战术手套的射手也可以轻松操作并完成击发。

史密斯–韦森M&P手枪的套筒和枪管由不锈钢制成，套筒和枪管表面均使用锑镍化合物经氮化处理进行硬化，套筒尾部设有大波浪形防滑纹，便于射手拉动套筒。此外，该枪内部的所有零部件都由不锈钢制成，其表面经黑色氧化处理，硬度高，与套筒座可完全分离。这使该枪的零部件可以快速更换，让军械师分解武器进行修理、替换受损零部件的时间大大减少。

为减少M&P手枪的零部件数量，史密斯–韦森公司在该枪的弹匣解脱钮的设计上完全摒弃了双侧操作的方案。

因为双侧操作的弹匣解脱钮需要6个内部零件，结构复杂。在恶劣环境中，零部件越多就意味着越容易出故障，也会因此使枪械无法正常更换弹匣。

而M&P手枪更换弹匣解脱钮位置的方法非常简单，只需将套筒座和弹匣槽内安装的一根弹簧取出，即可快速将弹匣解脱钮从握把的一侧换至另一侧。这不仅减少了零部件数量，使枪支构造更为简单，还极大地提高了枪支使用效率。

该枪的空仓挂机解脱杆同时也是套筒解脱按钮，设于套筒座两侧，无论哪只手都可以灵活操作。不过，因其位置接近握把，表面设有防滑纹，射手的持枪手的拇指扳动即可解除空仓挂机状态。

史密斯–韦森M&P手枪拆装非常方便，按压弹匣解脱钮卸下弹匣，向后拉动套筒并使其锁定在尾部，确保膛内无弹后向下按压内置式击发保险杆，然后向下转动外分解杆，将套筒前推，使套筒脱离套筒座。当套筒与套筒座分离后，释放复进簧，便可卸下枪管进行维护。

为了使M&P手枪能够快速出枪和插入枪套，史密斯－韦森公司将该枪的枪口部位设计为内锥形。此外，该枪还设有膛内有弹指示器，位于枪管节套的顶部，射手在操作该枪时，只需向下瞥一眼，就能查看枪膛内是否有子弹。

史密斯－韦森M&P手枪的默认瞄具为机械瞄具，由诺瓦克缺口式照门和钢制燕尾形准星组成，射手可根据使用环境决定是否在准星和照门后部安装氚光管。套筒座前端下部设有一道皮卡汀尼导轨，可在其表面安装激光指示器、战术灯等战术挂件。此外，手枪尾部还设有一个防止他人非法使用的枪锁机构。

史密斯－韦森M&P战术型手枪

格洛克的强力竞争者

2004年，在与格洛克争夺手枪霸主地位的竞争中，史密斯－韦森公司花费大量的人力、物力，倾心研究和试验新型自动手枪，期望能够在美国军用、警用，以及民用等市场中抢占较大份额。与此同时，美国军方也正在寻求一款新型军用手枪，用来替换配装已久的伯莱塔92F手枪。

在设计M&P手枪之前，史密斯－韦森公司就深入军方、警方、民间，以及竞技射手的群体中，展开大规模调研工作。随着调研工作不断推进，史密斯－韦森公司发现无论哪种手枪的使用者对于新型手枪的需求都惊人一致：多数人希望新型手枪结构简单并在射击时容易操控，扳机必须设计在射手握持手枪时容易扣动的位置，扳机力也要可调并始终保持一致。

装在战术枪套中的史密斯－韦森M&P手枪

此外，由于美国执法部门有大量女性执法人员，相比男性，女性手形较小，所以握把尺寸的大小也是设计的重要的一环，这直接关系到能否让手形参差的射手握持舒适。出人意料的是，多数人并没有提出安装外部手动保险的需求，原因是许多执法人员在拔枪后会忘记解除手动保险而直接进入射击状态。

根据调研结果，史密斯－韦森公司提出设计概念：新型手枪必须采用聚合物套筒座、不锈钢发射机座，以及平滑固体枪机；弹匣释放钮可左右互换，空仓挂机解脱杆能够双侧操作；必须使用适应各种手形的握把或可更换的握把背板；枪管轴线与手枪握把夹角度数应按传统保持在108°；以及新型手枪的设计要有助于降低武器的可感后坐等等。这些特点都被放置于优先考虑的地位。

　　就这样，2005年，史密斯－韦森M&P手枪应运而生。

特战队员在比赛中使用史密斯－韦森M&P手枪

美国

主要参数

- ■枪口口径：9毫米
- ■全枪长度：183毫米
- ■空枪质量：0.64千克
- ■供弹方式：弹匣
- ■弹匣容量：16发
- ■射击模式：半自动

史密斯－韦森 SD手枪

史密斯－韦森SD手枪是美国史密斯－韦森公司于近年间推出的一款大量使用聚合物材料的自动装填手枪，"SD"即"Self Defense"的缩写，译为"自我防卫"，主要面向警用和民用市场销售。

史密斯－韦森SD手枪采用平移式击针击发机构。该枪共有两种口径，分别发射9毫米×19毫米帕拉贝鲁姆手枪弹和.40史密斯－韦森手枪弹。9毫米口径手枪被命名为"SD9手枪"，而.40史密斯－韦森口径手枪则被命名为"SD40手枪"，两种口径手枪外形、尺寸完全相同。

史密斯－韦森SD9手枪

史密斯－韦森SD40手枪

史密斯－韦森SD手枪的保险机构由扳机保险和击针保险组成，无手动保险机构。从外形上看，该枪的扳机分为两段，并铰接在一起，当射手扣压扳机时，扳机的下半部分会先向后移动约6毫米的行程，此时扳机保险解除，上半部分扳机才可以向后运动，并击发枪弹。这样的扳机保险机构虽与格洛克手枪相似，但该扳机扣压时更加平滑，扳机力为33牛顿。

史密斯－韦森SD手枪的第二重保险——击针保险机构位于该枪套筒内部，击针保险在枪弹和击针之间起到阻隔作用，可有效防止枪支因掉落或撞击时击针解脱而引发意外走火事故。而射手想要解除击针保险也非常方便，只要扣动扳机即可使击针顺利击打枪弹底火，并击发枪弹。总体而言，史密斯－韦森SD手枪有着较高的安全性，射手可在膛内有弹的情况下携行，如遇突发状况，可直接拔枪速射，非常适合执法机关以及民间个人防卫使用。

为保证枪支整体强度，史密斯－韦森SD手枪的套筒由不锈钢材料制成。套筒前端斜面呈梯形，使射手可以非常方便地将手枪插入枪套内。套筒座顶端的大型抛壳窗延伸至套筒左右两端，在套筒右侧抛壳窗后端有一个较长的外露式抽壳钩，这种设计确保了抽壳、抛壳的可靠性。

史密斯－韦森SD手枪与该枪的备用弹匣

史密斯-韦森SD手枪的套筒座采用聚合物材料制成，因此枪支整体质量较轻，便于携带。该枪的套筒座两侧均设有手指槽，其位于扳机护圈上方，这样方便射手在据枪时将食指放在扳机护圈外，从而减少因"金手指"而引发的意外走火事故。手指槽后方为分解销钉，分解销钉的后方为空仓解脱杆，该枪的空仓解脱杆周围有一圈明显的凸起，这些凸起可防止空仓挂机解脱杆被意外触碰。

史密斯-韦森SD手枪的握把倾角度数为18°，握把前后两端设有菱形防滑纹，而握把左右两侧采用雷达波形防滑设计。在据枪时，射手的拇指和食指的握持部位都有凹陷，可在舒适握持的同时，有效提高射击精度。除此之外，史密斯-韦森SD手枪的弹匣解脱钮后端有一个条状三角形凸起，以方便射手使用拇指定位并按下弹匣解脱钮。贴心的细节设计使该枪有着良好的人机工效。

史密斯-韦森SD手枪采用钢制双排弹匣进行供弹，弹匣侧面有6个圆形观测孔，以方便射手随时观察余弹数量。SD9手枪弹匣容量16发，SD40手枪弹匣容量14发。而根据美国部分地方法律关于"民用手枪弹匣容量不得超过10发"的规定，史密斯-韦森SD手枪也配有容量为10发的弹匣。

史密斯-韦森SD手枪的机械瞄具由准星和缺口式照门组成，通过鸠尾槽安装于套筒顶部。该枪的准星和照门后端共有3个白色氚光管，以方便射手在光照不良的环境中瞄准。

史密斯-韦森SD手枪的研发背景

近年来，史密斯-韦森公司推出的聚合物材质半自动手枪主要为西格玛系列手枪与M&P系列手枪。其中，西格玛系列手枪主要销往民用市场，而M&P系列手枪则主要销往军用或警用市场。M&P系列手枪虽拥有多种尺寸型号及可更换握把护板，以此来适应不同的使用者，但实际操作却过于复杂。因此，史密斯-韦森公司决定设计一款简单、适应多数人手形，并可以面向多种市场销售的半自动手枪。

在市场需求的作用下，史密斯-韦森SD手枪应运而生。

史密斯-韦森SD手枪的快拔枪套

美国

主要参数

- 枪口口径：9毫米
- 弹匣容量：15发
- 空枪质量：0.87千克
- 射击模式：半自动
- 供弹方式：弹匣

勃朗宁
BDM手枪

勃朗宁BDM手枪是由FN公司美国分公司于1991年设计并生产的自动装填手枪，该枪名称中的"BDM"即"Browning Double Mode"的缩写，可译为"勃朗宁双模式"。

勃朗宁BDM手枪是一支击锤击发式手枪，采用击锤外露式设计。由于外形与FN大威力手枪相似，该枪通常被归类到FN大威力手枪中，不过两款枪的设计实际上差异很大。

勃朗宁BDM手枪最大的特点是能够快速转换击发模式。该枪共有两种击发模式，即纯双动模式和传统单/双动模式。其转换的方式也非常简单：击发模式转换旋钮位于套筒左侧防滑纹前方，只需旋转它就能改变击发模式。旋钮旁边字母标记"R"代表纯双动模式，字母标记"P"代表传统单/双动模式。

转换击发方式的旋钮

勃朗宁BDM手枪的手动保险还可作为待击解脱杆使用。假如击锤处于待击状态，拨动手动保险杆不仅可以开启保险，还可以释放击锤，这使射手可以在膛内有弹的情况下安全携行，降低造成意外走火的风险。

空仓挂机状态的勃朗宁BDM手枪

勃朗宁BDM手枪的套筒和套筒座均采用轻型合金钢制成。这在增强了枪支强度的同时，还减轻了枪支整体质量。

勃朗宁BDM手枪发射9毫米×19毫米帕拉贝鲁姆手枪弹，使用双排弹匣进行供弹，弹匣容量15发，弹匣顶部被设计为倾斜角形，以方便射手快速装填弹药。

勃朗宁BDM手枪的双排单进弹匣，与9毫米帕拉贝鲁姆手枪弹

勃朗宁BDM手枪的机械瞄具为三点式，由准星和缺口式照门组成，照门外侧有护耳，以方便射手快速瞄准。

勃朗宁BDM手枪的表面被处理为磨砂黑。后来，FN公司美国分公司于1997年推出了表面镀铬的型号，同年推出的还有BDM射击比赛型手枪，它被用于进行竞技射击比赛，该型与标准型相差无几，改动在于将照门改为可调式，并将握把材质更换为橡胶，以使射手在比赛时握持更加舒适。

勃朗宁BDM手枪抛壳窗特写

勃朗宁BDM手枪的使用情况

勃朗宁BDM手枪只在北美市场销售，当BDM手枪推向市场后，首批客户之一就是美国联邦调查局（FBI）。在使用中，FBI探员发现该枪会出现部件断裂的情况，因此这批产品被FN公司美国分公司立即召回，在经过强化后再次上市。而此时FBI更加青睐于.40史密斯-韦森口径的手枪，并不再订购BDM手枪，因此该枪只能在北美民用市场销售，并于1998年停产。

世界轻武器档案
手枪篇

主要参数
（标准型）

- ■枪口口径：10 毫米
- ■全枪长度：222 毫米
- ■空枪质量：1.1 千克
- ■供弹方式：弹匣
- ■弹匣容量：11 发
- ■射击模式：半自动

布伦10手枪

BREN TEN

83SM01515

布伦10手枪是美国多诺斯－迪克逊公司于1982年推出的一款自动装填手枪，该枪英文全称为"Bren Ten"，由托马斯·多诺斯、迈克尔·迪克逊，以及杰夫·库珀设计。

布伦10手枪是一款采用枪管短后坐式自动工作原理、勃朗宁闭锁机构、击锤击发式结构的手枪。单/双动扳机使该枪可以在单动或双动的模式下击发。布伦10手枪的整体设计参考捷克CZ-75手枪：放大了尺寸并改变口径，内部结构原理也与CZ-75手枪

基本相同，并进行了略微改进。

布伦10手枪的保险机构由手动保险和自动击针保险组成。手动保险杆位

套筒前端刻有"BREN TEN"，译为"布伦10"

于枪身左侧握把上方，可以使枪支开启或解除保险。此外，手动保险杆还兼作待击解脱杆使用。假如拨动手动保险杆时击锤正处于待击状态，那么在枪支进入保险状态的同时，击锤也解除待击状态并复位。而该枪的自动击针保险在扣动扳机后才会解除，可防止枪支因掉落或撞击而引发的意外走火事故，使用方便，操作可靠。

四种美国主流手枪弹，从左至右分别为：9毫米×19毫米帕拉贝鲁姆弹、.40史密斯－韦森手枪弹、10毫米AUTO手枪弹、.45柯尔特自动手枪弹

布伦10手枪发射10毫米AUTO手枪弹，使用可拆卸式弹匣进行供弹，弹匣容量11发。除了10毫米口径，该枪还配有.45柯尔特口径和.22LR口径的转换套件。.45柯尔特口径弹匣容量10发，.22LR口径弹匣容量13发。由于存在多种口径和手枪尺寸，该枪共有十多种不同的型号，而最先推出的10毫米口径则被称为"标准型"。

标准型布伦10手枪

布伦10手枪的衍生型号与研发历史

布伦10MP手枪

布伦10MP手枪是多诺斯－迪克逊公司针对军队和执法机构推出的型号，表面经烤蓝处理。"MP"即"Military Police"的缩写，译为"军警"。

布伦10"杰夫·库珀"纪念型手枪

布伦10"杰夫·库珀"纪念型手枪是为了纪念现代枪械射击术之父杰夫·库珀而推出的，手枪上刻有"杰夫·库珀"的英文。该枪在1984年曾被卖到每支2000美元。

布伦10"杰夫·库珀"纪念型手枪

布伦10竞赛型手枪

布伦10竞赛型手枪发射.45柯尔特自动手枪弹，主要用于射击竞技比赛。

布伦10紧凑型手枪

与标准型相比，布伦10紧凑型手枪被缩短了套筒和枪管的长度，不过其套筒座与标准型的相同，其紧凑型又被称为"特种部队型"。该型号手枪全枪长197毫米，空枪质量0.94千克，发射10毫米AUTO手枪弹，弹匣容量11发。

此外，布伦10紧凑型手枪还根据

枪支表面处理方式的不同分为L型和D型。其中，L型表面作镀铬处理，而D型表面则经烤蓝处理。

布伦10袖珍型手枪

布伦10袖珍型手枪比其他型号的布伦10手枪尺寸都要小，全枪长仅有175毫米，空枪质量0.79千克，发射10毫米AUTO手枪弹，弹匣容量8发。

由于布伦10袖珍型手枪并未量产，因此它仅存于世的只有少量样枪。

布伦10手枪的研发历史

1979年，托马斯·多诺斯和迈克尔·迪克逊决定研制一种新型手枪弹和新型自动装填手枪，他们希望这种全新设计的大威力半自动手枪能成为M1911手枪那样的经典之作。为此，他们向枪械专家杰夫·库珀寻求建议，由于杰夫·库珀也在进行类似的研究，因此双方开始合作，由多诺斯和迪克逊负责研制、生产与销售，杰夫·库珀则提供概念性设计和技术咨询。1981年，多诺斯－迪克逊企业公司在加利福尼亚州注册成立。

1982年，布伦10手枪问世，与之同时问世的还有10毫米AUTO手枪弹。由于多诺斯和迪克逊急于回收资金，因此在布伦10手枪未经严格测试的情况下，工厂就开始接受订单。为降低成本，该枪的弹匣由意大利工厂代工，由于采用全手工生产和装配，因此生产速度较慢。

好景不长，代工开始不久意大利海关开始禁止武器类物资被出口至美国民用市场，这种情况导致布伦10手枪的第一批客户在这以后的两年内都无法买到备用弹匣，为此其他客户也逐渐取消了订单。1986年，多诺斯－迪克逊企业公司申请破产，在此期间，布伦10手枪的总产量不超过1500支。

美国

鲁格P85手枪

主要参数

■枪口口径：9毫米	■供弹方式：弹匣
■全枪长度：200毫米	■弹匣容量：15发
■空枪质量：0.91千克	■射击模式：半自动

鲁格P85手枪是美国鲁格公司于1987年推出的一款自动装填手枪。该枪实用性强，曾参加20世纪80年代美军手枪选型试验。

鲁格P85手枪采用枪管短后坐式自动工作原理，双动击发扳机机构。由于该枪是一款击锤击发式手枪，因此其采用较为传统的击锤外露式设计。

鲁格P85手枪采用手动保险机构，手动保险杆位于套筒后端，并且左右两侧各有一个，这使习惯左手持枪的射手也可以方便使用。转动手动

鲁格P85手枪的衍生型号

保险杆即可锁定击针和击锤，使枪支进入保险状态。

鲁格P85手枪的主要零部件均由金属制成：该枪的枪管由不锈钢锻造而成，枪管长114毫米，套筒使用铬钼钢制成，套筒座则由铝合金制成，其表面采用黑色亚光工艺。

鲁格P85手枪发射9毫米×19毫米帕拉贝鲁姆手枪弹，使用可拆卸式弹匣进行供弹，弹匣容量15发。该枪弹匣一侧开有圆形观测孔，以方便射手观察弹匣余弹数量。

鲁格P85手枪的机械瞄具由片状准星和缺口式照门组成。该枪的照门可调风偏。此外，该枪的准星和照门后端都涂有白色荧光点，以方便射手在光照条件不良的环境中瞄准、射击。

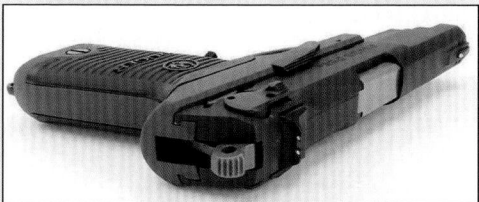

鲁格P89手枪

鲁格P89手枪是鲁格P85手枪的改进型，由鲁格公司于1991年推出，其外形尺寸与鲁格P85手枪无差异，且同样发射9毫米×19毫米帕拉贝鲁姆手枪弹。二者不同的是：鲁格P85手枪只有一种单/双动扳机型号，而鲁格P89手枪则根据扳机机构的不同分为P89DA、P89DC、P89DAO三种型号。

鲁格P89DA型手枪与P85手枪相同，也采用传统单/双动扳机机构，并设有手动保险；鲁格P89DC手枪采用单/双动扳机机构，无手动保险，且加长了扳机行程，并在击发装置内增设保险阻铁；而鲁格P89DAO则采用纯双动扳机机构，未设置手动保险。

世界轻武器档案 手枪篇

鲁格P90手枪

鲁格P90手枪于1992年推出，该枪全枪长200毫米，空枪质量0.98千克，发射.45柯尔特自动手枪弹，使用单排弹匣进行供弹，弹匣容量7发。

鲁格P91手枪

鲁格P91手枪与P90手枪在同一年推出，发射.40史密斯－韦森手枪弹，使用可拆卸式弹匣进行供弹，弹匣容量11发。此外，该枪全枪长200毫米，空枪质量0.9千克。

鲁格P93手枪

鲁格P93手枪于1993年推出，外形尺寸比鲁格P90手枪和鲁格P91手枪有所缩小，全枪长184毫米，空枪质量0.87千克，发射9毫米×19毫米帕拉贝鲁姆手枪弹，弹匣容量10发。

鲁格P95手枪

鲁格P95手枪于1996年推出，该枪的套筒座采用聚合物材料制成，不再使用铝合金套筒座，这个改进有效减少了枪支质量和制造成本。

鲁格P95手枪全枪长184毫米，空枪质量0.77千克，发射9毫米×19毫米帕拉贝鲁姆手枪弹，并配有10发或15发弹匣。

美国"鲁格"手枪
与德国"卢格"手枪

美国"鲁格"手枪泛指由美国斯特姆－鲁格股份有限公司研发制造的手枪。公司英文全称"Sturm,Ruger&Company,Inc"，由亚历山大·斯特姆和比尔·鲁格于1949年创建，既生产长管枪械，也生产手枪。该公司推出的多款手枪产品有着简单、可靠、性价比高等特点。

而德国"卢格"手枪即第一次世界大战与第二次世界大战德军的制式手枪——卢格P08手枪，该枪英文全称"Luger P08"，得名于该枪的设计师乔治·卢格。

综上所述，由于美国"鲁格"和德国"卢格"都采用音译方式翻译而成，其英文单词分别为"Ruger"和"Luger"。在我国，为了方便在书面用语中区分两者，多数译者会使用"鲁格"对应美国"Ruger"；使用"卢格"对应德国"Luger"，以便区分，避免混淆。

鲁格P345手枪

主要参数

- 枪口口径：11.43 毫米
- 初速：241 米 / 秒
- 全枪长度：193 毫米
- 空枪质量：0.83 千克
- 供弹方式：弹匣
- 弹匣容量：8 发
- 射击模式：半自动

鲁格P345手枪是美国鲁格公司于2004年推出的一款自动装填手枪，该枪性能可靠，有着较高的性价比。

鲁格P345手枪采用枪管短后坐式自动工作原理，枪管偏移式闭锁机构。与P85手枪凸耳依靠铰链连接不同，该枪的闭锁凸耳外形独特，枪管后下部的凸耳带有凹槽，与复进簧导杆后端的凸耳相互啮合，以此完成枪机开闭锁过程中的枪管偏移动作。相比铰链连接，凸耳啮合结构更具有可靠性，在射击上万发枪弹后也不易松动。

鲁格P345手枪的保险机构由手动保险、无弹匣保险和击针保险销组成。该枪的手动保险位于套筒后方，

其形状扁平，且套筒左右两侧均设有一个手动保险杆，以方便习惯左手持枪的射手操作。向上拨动手动保险杆，使手动保险杆与套筒平行，可开启保险，使枪支进入保险状态，以方便在膛内有弹的情况下携行；而向下拨动手动保险杆可解除保险，当保险解除，在膛内有弹的情况下扣压扳机即可击发。

在条件允许的情况下，许多经验丰富的射手都会在弹匣最后一发子弹进入枪膛后更换弹匣，如此一来便可省略解脱空仓挂机的步骤，扣动扳机即可直接击发。但更换弹匣时膛内有弹容易走火，无弹匣保险正是为了应对这种情况而设计的：当鲁格P345手枪未插入弹匣时，枪支进入保险状态，无法击发；插入弹匣，保险随即解除，扣压扳机即可正常击发。

鲁格P345手枪的套筒上方设有膛内有弹指示器：在枪弹进入弹膛后，

膛内有弹指示器会凸出套筒表面约2.8毫米，使射手可通过观察或触摸来判断膛内是否有弹。

鲁格P345手枪左视图

鲁格P345手枪的套筒座采用聚合物材料制成，握把与枪管轴线的夹角呈105°，握把形状设计符合人体工程学，使大部分射手都可以舒适握持。此外，该枪的套筒座前端下方还整合了一条战术导轨，以方便射手安装激光指示器或战术灯等战术附件，有效提高了鲁格P345手枪的扩展性。

鲁格P345手枪发射.45柯尔特自动手枪弹，使用弹匣进行供弹，弹匣容量8发。该枪的弹匣解脱钮为按压式，外露部分为圆形，使用方便，操作可靠。

鲁格P345手枪的机械瞄具由片状准星和方形缺口式照门组成，其准星和照门通过燕尾槽安装于套筒顶部。

鲁格LCP
迷你手枪

主要参数

- ■枪口口径：9毫米
- ■初速：276米/秒
- ■全枪长度：131毫米
- ■空枪质量：0.27千克
- ■供弹方式：弹匣
- ■弹匣容量：6发
- ■射击模式：半自动

　　鲁格LCP迷你手枪是美国鲁格公司于2008年推出的一款袖珍型半自动手枪，该枪外形小，质量轻，非常适合隐蔽携行。

　　鲁格LCP迷你手枪采用枪管短后坐式自动工作原理，枪管偏移式闭锁机构。该枪结构简单，零部件数量少，因此质量较轻，便于携带，而无外露击锤则直接降低了射手在快速出枪时造成钩挂的可能性。

鲁格LCP迷你手枪的细节特写

　　鲁格LCP迷你手枪的套筒由钢质材料制成，套筒表面采用烤蓝工艺，有效提升套筒表面的抗腐蚀能力。该枪的枪管长70毫米，枪管靠近枪口处被设计成类似沙漏的形状，有助于在闭锁状态时将枪管与套筒锁紧在一起。另外，该枪的复进簧采用了较为少见的双弹簧设计，分为内外两层套在复进簧导杆上。

　　鲁格LCP迷你手枪套筒座则由高强度玻璃纤维填充尼龙模铸成型，套筒座后部为一个半径较大的圆弧曲面，使套筒处于一个足够高的位置。这种设计是考虑到许多外形较小的

　　迷你手枪由于套筒高度过低，射击时套筒自动后坐，并在复进时总会出现"打手"的现象。而该枪套筒较高，因此射手进行射击时，持枪的手不会干涉套筒的后坐与复进，从而有效避免被套筒"打手"。

　　此外，鲁格LCP迷你手枪的握把上方还设计有一个手动挂机卡榫，向后拉

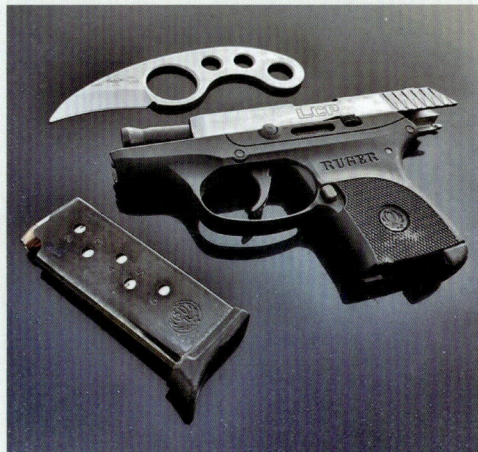

空仓挂机状态的鲁格LCP迷你手枪

动套筒并上推手动挂机卡榫，可使套筒固定在后方位置，方便射手观察套筒内部。假如想要使固定的套筒复进也非常简单，只要向后拉动套筒，挂机卡榫在弹簧力的作用下自动向下复位，而套筒也会在复进簧的作用下复进。当然，由于该枪的挂机卡榫是手动装置，因此在发射完最后一颗子弹后，并不会将套筒固定在后方位置。

自定义套筒座的鲁格LCP迷你手枪

鲁格LCP迷你手枪发射.380柯尔特自动手枪弹，该弹种也被称为"9毫米勃朗宁手枪短弹"，由于弹壳长17毫米，因此又被称为"9毫米×17毫米勃朗宁手枪弹"，以此来与弹头直径为9毫米，弹壳长19毫米的帕拉贝鲁姆手枪弹作区分。该枪使用单排弹匣进行供弹，弹匣容量6发，弹匣侧面开有圆形观测孔，方便射手观察余弹数量。

鲁格LCP迷你手枪的机械瞄具由准星和照门组成，准星位于套筒顶部前端，而照门则装在套筒顶部尾端的一个方形缺口中，外形小巧而圆润。

鲁格LCP迷你手枪的实际使用

鲁格LCP迷你手枪的射击测试选用了包括雷明顿和温彻斯特在内等多家公司的全金属被甲弹、空尖弹，以及无铅易碎弹等多种子弹，测试靶位分别为6米和23米。测试结果显示：该枪作为一支自卫手枪，近距离射击精度令人满意。

总体而言，鲁格LCP迷你手枪质量很轻，非常适合隐藏在手包或踝部枪套内。只不过，过于小巧的瞄具也为瞄准带来了麻烦，在射击稍远距离的靶位时，弹着点散布较大。当然，这对于一支主要用于近身防卫的手枪来说，也并不算是什么重大缺陷。

粉红色套筒座的鲁格LCP迷你手枪深受女性客户的喜爱

夜鹰**T3**手枪

主要参数

■枪口口径：11.43毫米	■供弹方式：弹匣
■全枪长度：200毫米	■弹匣容量：8发
■空枪质量：1.06千克	■射击模式：半自动

夜鹰T3手枪是美国夜鹰公司研制并生产的自动装填手枪，主要作为警察执法或民间个人防卫使用，其原型枪为柯尔特M1911手枪。

作为柯尔特M1911手枪的衍生型号，夜鹰T3手枪的内部结构与柯尔特M1911手枪相似，同样采用枪管短后坐式自动工作原理，枪管偏移式闭锁机构，回转式击锤。它是一款标准的击锤击发式手枪。

银白色和黑色的夜鹰T3手枪

夜鹰T3手枪的保险机构由手动保险和握把保险组成。手动保险杆位于枪身左侧握把上方，向上拨动可开启保险，使枪支进入保险状态，便于在膛内有弹的情况下携行。需要射击时可向下拨动解除保险，使枪支进入待击状态，将扳机扣压至击发位即可击发。

夜鹰T3手枪的握把保险位于握把后端凸出于平面的部分。当手掌握住握把时，握把保险会被压入握把内，从而使枪支解锁并可以正常使用；手掌松开时，即可重新锁定枪支。设计握把保险的目的在于降低枪支因跌落或撞击造成的意外走火的概率。

夜鹰T3手枪的金属零部件采用Perma-Kote表面涂层，这是一种浅黑色的陶瓷基材料，其可有效保护金属零部件表面，即使在盐水中浸泡5000小时也不会被腐蚀。除此之外，这种涂料还兼有自润滑功能。夜鹰T3手枪的防腐蚀涂料厚度是其他手枪的4倍，这也直接增加了它的制造成本。

夜鹰T3手枪与柯尔特M1911手枪相比，缩短了套筒和枪管长度，枪口与套筒锁套基本平齐并略微内缩于套

筒。该枪的抛壳窗设计得较大，可拉动套筒通过抛壳窗观察复进簧等其他内部零件。此外，夜鹰T3手枪的空仓挂机解脱杆比柯尔特M1911手枪的稍宽，使射手在戴着手套的情况下也能够轻松操作。该枪击锤的外露部分采用镂空式设计，扳机为铝制，扳机力约15牛顿，并可以通过调节螺钉来调整扳机行程。

夜鹰GRP手枪，GRP即"全球反应手枪（Global Response Pistol）"，执法人员定制型号，可安装多种战术挂件

夜鹰T3手枪的握把前端和后端都刻有水平防滑纹，握把护片防滑纹呈锯齿状，这种防滑纹的防滑性能很出色，但长时间握持也有可能会让射手觉得有些硌手，舒适程度一般。

夜鹰T3手枪发射.45柯尔特自动手枪弹，使用单排弹匣进行供弹，弹匣容量8发，弹匣侧面设有观测孔，以方便射手随时观察余弹数量。

夜鹰T3手枪采用传统机械瞄具，瞄具由片状准星和缺口式照门组成，准星和照门后端设有氚光点，以方便射手在夜晚或光照条件不良的环境中瞄准。与众不同的是：多数手枪照门后端都有两个氚光点，而夜鹰T3手枪照门却只有一个氚光点，位于照门缺口的正下方。

夜鹰T3手枪准星特写

夜鹰T3手枪的射击测试

夜鹰T3手枪曾在美国加利福尼亚州的英赛特（Insight）靶场进行射击测试。在测试中，该枪发射了14种不同的.45柯尔特自动手枪弹，射击距离为25码（约23米），5发枪弹散布直径为51~59毫米，足以满足警用需求。

随后射手使用夜鹰T3手枪在距靶10码（约9.1米）距离上射击，10发枪弹的弹着点分布于10环或接近10环的位置上。此外，该枪在连续射击的过程中各零部件运动平稳可靠，未出现任何故障。

夜鹰T3手枪照门特写，后端只有一个氚光点

主要参数

- 枪口口径：11.43 毫米
- 初速：253 米 / 秒
- 全枪长度：221 毫米
- 空枪质量：1.08 千克
- 供弹方式：弹匣
- 弹匣容量：7 发
- 射击模式：半自动

金伯TLE II 手枪

采用不锈钢套筒和套筒座的金伯TLE II手枪

金伯TLE II手枪是1997年美国金伯公司在柯尔特M1911手枪的基础上成功改进的一款变形枪，"TLE"是"Tactical Law Enforcement"的缩写，译为"战术执法"。

柯尔特M1911手枪可以说是一代经典枪型，世界上许多公司都争相对该枪进行仿制和改进，金伯公司也不例外。1996年金伯公司推出了金伯M1911手枪，该枪具有外形时尚、结实耐用，以及相对便宜的价格等诸多优点，使该枪一上市就广受好评。

金伯TLE II手枪与原版M1911手枪的外形和尺寸基本相同，同样采用枪管短后坐式自动原理以及枪管偏移式闭锁机构。该枪的手动保险机构、空仓挂机解脱杆、机械瞄具、阻铁等零部件均采用金属粉末成型制造工艺，不仅与切割加工成型的零部件有同等精度，还提高了强度，更不易损坏。

金伯TLE II手枪的保险机构由手动保险、握把保险，以及Mark II击针保险系统组成。手动保险机构位于套筒左侧下方靠近握把处，射手可用握枪手的拇指进行操作。将手动保险钮向上推可锁定击锤、套筒和阻铁，使枪支处于保险状态；将手动保险钮向下压，可解除保险。

空仓挂机状态的金伯TLE II手枪

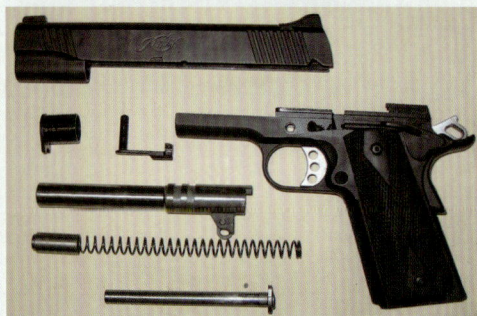

不完全分解状态的金伯TLE II手枪

金伯TLE II手枪握把保险与柯尔特M1911A1手枪的相同，位于握把后部上端。在持枪时紧握握把，即可将握把保险压入握把内，握把保险机构内的突榫推动套筒内的击针解脱杆向上，顶起击针解脱杆使针平稳地解脱，就此握把保险解除，此时才可击发。

Mark II击针保险系统实际上是由击针、击针锁定销和解脱杆组成，并与握把保险联动。

金伯TLE II手枪的扳机为板式结构，侧面开有三个小孔，与运动手枪类似，外观更加现代化。机械瞄具由矩形准星和带斜坡的矩形缺口式照门组成，准星和照门分别安装在套筒顶部的燕尾槽内，准星和照门后端都设有荧光点，使射手在夜间也可以快速瞄准。此外，该枪的套筒座也与M1911A1手枪的相同，可安装休·费尔公司的610R战术灯。

加装了战术灯的金伯TLE II手枪

金伯TLE II手枪的握把与套筒座呈一整体，握把护片采用黑色方格防滑纹的橡胶材料制成，弹匣槽口部有精致的倒角，这种设计有效地提高了射手更换弹匣的速度，使火力持续性得到保证。

沙色涂装的金伯TLE II手枪被命名为"沙漠勇士"

洛杉矶市特警（LAPD SWAT）的青睐

20世纪60年代，面对洛杉矶日益严重的枪械犯罪问题，洛杉矶警方（LAPD）在海军陆战队的协助下，建立了第一支特警队，并命名为"SWAT"，全称"Special Weapons And Tactics"，译为"特殊武器与战术"。

洛杉矶特警（LAPD SWAT）的金伯TLE II手枪配用至今

成立之初，由于洛杉矶市警方经费不足，特警队员们只能使用发射.38特种手枪弹的转轮手枪，这种手枪弹停止作用较低，难以有效制止犯罪。鉴于美军1926年就开始装备柯尔特M1911A1手枪，特警队员们强烈要求也装备该枪，所以经正式的审批手续，将警局装备处库存的柯尔特M1911和M1911A1手枪配发给了部分队员。虽然.45柯尔特自动手枪弹的停止作用明显优于.38特种手枪弹，但这些库存的柯尔特M1911系列手枪不仅有老化问题，而且一些零件还不通用，在保养维修上存在很大的困难，要求枪支迭代的呼声日益增高。

2002年初，洛杉矶警局采购新的M1911手枪的文件终于正式下达，当时美国多个厂家生产的M1911手枪参与竞标，经选型试验，最终选中金伯公司的TLE II手枪。

金伯SOLO手枪

主要参数

- 枪口口径：9毫米
- 全枪长度：139毫米
- 空枪质量：0.48千克
- 供弹方式：弹匣
- 弹匣容量：6发
- 射击模式：半自动

金伯SOLO手枪是美国金伯公司推出的一款袖珍型半自动手枪，首次亮相于2011年的美国拉斯维加斯国际射击、狩猎和户外用品展览会。由于此前金伯公司的产品多为仿制柯尔特M1911系列手枪，因此该枪的推出让人耳目一新。

金伯SOLO手枪是一款击针击发式手枪，弃用了柯尔特M1911系列手枪的击锤击发方式。使用平移式击针击发的手枪有着零部件数量少、结构简单、便于维护等优点。金伯SOLO手枪空枪质量不到0.5千克，外形也十分小巧，因此该枪非常适合需要隐蔽携行的人员使用。

金伯SOLO手枪有着小巧的尺寸

金伯SOLO手枪设有手动保险机构。手动保险位于枪身两侧的套筒防滑纹下端，在开启手动保险时，手动保险会发出清脆的"咔咔"声，以此提醒射手支正处于保险状态。该枪的手动保险杆较为紧固，需要较大的力量才能转动，这样可以有效避免手动保险被意外打开的情况发生。

金伯SOLO手枪的抽壳钩还可兼作膛内有弹指示器，当然，射手也可以通过观察套筒后端上方的观察孔来判断枪膛内是否有子弹。

金伯SOLO手枪采用了轻便的铝质枪身，以及聚合物材料制成的握把护片，人机工效非常好。当射手握持金伯SOLO手枪时，中指和无名指能紧贴在握把上，同时小拇指也能够紧密地贴合在握把底部，这样确保了手枪在击发时握持的牢固性，使射手能够更好地控制枪口上跳，从而提高射击精度。

金伯SOLO手枪采用可拆卸式弹匣

过燕尾槽被安装固定在套筒顶部，它们后端均设有氚光管，这使射手能够在光线昏暗的环境中进行瞄准。

进行供弹，它的不锈钢弹匣可容纳6发子弹，弹匣侧面开有圆形观测孔，以方便射手随时观察弹匣内余弹数量。除此之外，该枪左右两侧均设有弹匣解脱钮，为了避免因误操作弹匣解脱钮而发生弹匣掉落的事故，金伯SOLO手枪的弹匣解脱钮被设计得较为紧固，需要按压到位才会释放弹匣。

金伯SOLO手枪的衍生型号

金伯SOLO Stainless手枪

金伯SOLO Stainless手枪的套筒座采用轻型铝合金材料，而为保证强度，套筒和枪管均使用不锈钢材料制成。

金伯SOLO CDP（LG）手枪

金伯SOLO CDP（LG）手枪的握把护片为红色，它的右侧握把护片与激光指示器为一体式设计，以方便射手快速瞄准目标。

金伯SOLO Carry DC手枪

金伯SOLO Carry DC手枪的表面涂有润滑功能的类钻石涂层。

金伯SOLO Carry DC（LG）手枪

金伯SOLO Carry DC（LG）手枪的表面同样涂有润滑功能的类钻石涂层，红外线激光指示器与右侧握把护片为一体式设计。

金伯SOLO手枪、枪套与备用弹匣

金伯SOLO手枪的机械瞄具由片状准星和缺口式照门组成，准星和照门通

为满足客户的自定义需求，金伯公司也推出了多种改装配件

自动手枪

MAB D手枪

主要参数

- ■枪口口径：7.65 毫米
- ■初速：213 米／秒
- ■全枪长度：176 毫米
- ■空枪质量：0.73 千克
- ■供弹方式：弹匣
- ■弹匣容量：9 发
- ■射击模式：半自动

MAB D手枪是法国巴荣纳自动武器制造公司于1921年制造生产的一款自动装填手枪，主要装备于法国警方。

MAB D手枪采用自由枪机式自动工作原理，惯性闭锁方式。枪管长103毫米，枪管内有6条右旋膛线，复进簧被直接安装在枪管上。枪管除了发射枪弹外还兼作复进簧导杆使用，这种设计有效节省了套筒内部空间，减轻了整枪质量，适合将枪藏在衣袋内，隐蔽携行。

MAB D手枪发射7.65毫米×17毫米自动手枪弹，使用可拆卸式弹匣进行供弹，弹匣容量9发。弹匣解脱钮位于枪身左侧、扳机护圈后方，按动弹匣解脱钮即可退下弹匣，使用方便，操作可靠。

MAB D手枪采用传统机械瞄具，依靠三角形准星和缺口式照门瞄准。

MAB D手枪外形整体光滑，并采用无外露击锤式设计，因此在出枪时不易钩挂衣物，适合射手快速出枪。

此外，MAB D手枪还可以通过更换枪管来发射9毫米×17毫米勃朗宁短弹。

MAB D手枪的使用情况

虽说MAB D手枪一开始是为法国警方设计的，但在第二次世界大战中仍有少量生产；第二次世界大战结束后，MAB D手枪曾一度装备法国军队。除此之外，由于该枪做工精良，操作可靠，在美国等国家的民用枪械市场上也非常受欢迎。

主要参数

- 枪口口径：9毫米
- 初速：350米/秒
- 全枪长度：203毫米
- 空枪质量：1.1千克
- 供弹方式：弹匣
- 弹匣容量：15发
- 射击模式：半自动

MAB PA-15手枪

MAB PA-15手枪

MAB PA-15手枪是法国巴荣纳自动武器制造公司于20世纪60年代推出的一款自动装填手枪。

MAB PA-15手枪采用气体延迟反冲式工作原理，并依靠枪管凸榫在套筒内凸轮路径上回转的闭锁机构完成开闭锁动作。该枪枪管内部有6条右旋膛线，枪管上设有两个凸榫，分别位于弹膛的上方和下方。下方的凸榫与一个被固定在枪身上的凹槽相互啮合，并受到复进簧牵引，因此下方凸榫可以旋转但不能前后移动；上方的凸榫啮合在套筒内壁的轨道凹槽中，在这个特殊形状轨道的作用下，套筒在后坐时会将枪管旋转35°。枪弹被击发后，枪管会因枪弹穿过弹膛所产生的扭力而停止回转，然后当弹膛压力达到安全值，套筒会受到气体反冲，挤压复进簧。在完成抽壳、抛壳，以及压倒击锤的动作后，套筒在复进簧的作用下复进，并推弹入膛，枪管回转，完成闭锁。

MAB PA-15手枪设有手动保险机构，手动保险柄位于枪身左侧，握把护片的右上方，向上扳动手动保险柄可开启保险，向下扳动手动保险柄即可解除保险。

MAB PA-15手枪发射9毫米×19毫米帕拉贝鲁姆手枪弹，采用可拆卸式双排弹匣进行供弹，弹匣容量15发。退弹时，将枪口对准安全方向，按动枪身握把左侧的弹匣解脱钮即可退出弹匣，拉动套筒可使弹膛内的枪弹抛出，释放套筒并扣动扳机使击锤复位。

MAB PA-15手枪采用传统机械瞄具，机械瞄具由准星和缺口式照门组成。

比利时

伯格曼系列手枪

弹匣前置的手枪虽较为少见，但赫赫有名的"驳壳枪"——毛瑟C96手枪采用的就是这种布局。而另外一款采用弹匣前置布局的手枪却鲜为人知，它就是伯格曼系列手枪。

伯格曼系列手枪采用枪管与枪身一体化的设计，发射9毫米×23毫米大威力手枪弹，性能可靠，火力强大。

其实伯格曼系列手枪最初型号是由德国伯格曼公司设计生产的伯格曼M1892手枪，经屡次改进，又设计出了M1894、M1896、M1897等型号手枪。1903年，伯格曼公司更名为V.C.锡灵格公司，并对之前的伯格曼

系列手枪进行了简化，设计了伯格曼M1903手枪，该枪曾参加西班牙军用制式手枪选型试验，并成功被西班牙军方采用，因此V.C.锡灵格公司也获得了3000支伯格曼M1903手枪的订单。然而，此时的V.C.锡灵格公司正

处于被海因里希·克里格霍夫公司收购的混乱状态中，克里格霍夫公司认为西班牙军队的订货量太少，不值得重新开启生产线，便将特许生产权授予比利时安申·埃斯布里施蒙·派帕公司。

伯格曼M1910手枪

西班牙军队装备了伯格曼M1903手枪后，派帕公司又根据西班牙军队的要求对伯格曼M1903手枪的布局进行了改进，并于1908年推出伯格曼-贝亚德M1908手枪，枪支型号命名中的"贝亚德"是派帕公司的半自动手枪商标。

伯格曼-贝亚德M1910/21手枪

伯格曼-贝亚德M1903手枪除了被西班牙军队采用作为军用制式手枪外，1910年还通过丹麦军方的测试，成为丹麦军方的军用制式手枪，丹麦军方将该枪重新命名为"伯格曼-贝亚德M1910手枪"，枪身左侧刻有伯格曼专利的特许生产标志和派帕公司的全称。

1914年，第一次世界大战爆发，德军攻占比利时，派帕公司被迫停产，而对丹麦军队供应的伯格曼-贝亚德M1910手枪也因此中断。1921年，丹麦开始自行生产M1910手枪，作为军方的补充制式手枪，并把它命名为"伯格曼-贝亚德M1910/21手枪"。

空仓挂机状态的伯格曼-贝亚德M1910/21手枪

相比其他型号的伯格曼手枪，伯格曼-贝亚德M1910/21手枪的内部结构及外形都有一些改动。首先，枪机后部增设使击锤部分嵌入的凹槽，并重新设计了抽壳钩；其次，该枪的木质握把护板要比伯格曼-贝亚德M1910手枪更大一些，几乎到达握把顶端，使握持更为舒适；最后，枪身左侧上方刻有"M1910/21"，因此可通过枪身铭文以区别于其他型号手枪。

伯格曼-贝亚德M1910/21手枪右视图

FN M1900手枪

主要参数

- 枪口口径：7.65毫米
- 初速：290米/秒
- 全枪长度：162毫米
- 空枪质量：0.68千克
- 供弹方式：弹匣
- 弹匣容量：7发
- 射击模式：半自动

FN M1900手枪由美国著名枪械设计师约翰·摩西·勃朗宁于1896年设计。1900年，该枪由比利时FN公司（赫斯塔尔国营兵工厂）进行大规模生产。

FN M1900手枪主要零件由套筒、枪管、套筒组件和枪机组件构成，枪管是简单的圆柱状造型。

空仓挂机状态的FN M1900手枪

作为世界上第一支使用套筒的自动手枪，FN M1900手枪的套筒结构与现代自动手枪具有显著区别。现代自动手枪通常采用枪管在上，复进簧在下的套筒结构，而M1900手枪恰恰相反。因为设计时间较早，该枪采用复进簧与复进簧导杆在上，枪管在下的结构，在今天来看这种布局非常怪异。

而这种怪异布局的优点在于：枪管轴线最大限度地降低，几乎与射手虎口同高，在开枪射击时，后坐力几乎均作用在持枪手的虎口上；再加上FN M1900手枪的枪机质量相对较大，重心在虎口的正上方，与套筒的共同作用，基本抵消了射击时的枪口上跳，使手枪命中率更高。通常，使用手枪时靠人体本能动作获得的射击精度被称作"指向性"，而良好的指向性对于手枪来说极为可贵。

FN M1900手枪的击发方式为击针式击发，无击锤机构，简单耐用。因没有外露的击锤，就不容易钩挂衣物，适合快速出枪，这使射手在突然遇敌时更容易抢占先机。不过，与其他击针式手枪不同，FN M1900手枪的击针没有击针簧，而是通过一个杠杆利用复进簧的推力来推动击针，这在自动手枪的大家族中可以说是非常罕见的设计。

FN M1900手枪在装上实弹弹匣后，向后拉动套筒，会使套筒上部复进簧内的复进簧导杆一起向后运动压缩复进簧产生弹力，击针则被阻铁卡住，套筒释放，子弹上膛。因击针被阻铁固定，此时复进簧导杆依旧位于后方位置，复进簧保持在压缩状态。扣压扳机至击发状态时阻铁会释放击针，击针直接在复进簧回弹作用下向前撞击子弹底火，使子弹击发。由于复进簧较为粗大，弹力较强，致使击针的击发力量也较强，击发可靠性良好，所以，FN M1900手枪在使用中极少出现击发无力的故障。

FN M1900手枪的内部构造图

FN M1900手枪击针的杠杆还有一个作用，就是用来判断枪支是否处于待击状态。当手枪处于非待击状态（未上膛）时，杠杆后端突出部翘起，恰好遮挡住照门后面，使射手的瞄准视野被遮挡，借此得知手枪还没有上膛；而在上膛后处于待击状态时，杠杆被击针向后拉，后端突出部不再遮挡照门，射手便可得知手枪处于待击状态，扣下扳机即可将子弹击发。

此外，除了观察照门前的杠杆后端突出部，也可以从枪口处观察复进簧导杆位置来判断手枪的状态。在非待击状态时，套筒前方可以看到复进簧导杆头部；而当处于待击状态时，复进簧导杆后缩，套筒前方看不到导杆头部，并露出复进簧管的圆孔。

FN M1900手枪的手动保险杆设在套筒座左侧靠后的位置，当保险杆被拨向上方位置时，下方露出"SUF"字样，表示手枪处于保险状态，这时无法拉动套筒，扳机被锁定；当保险杆处于下方位置时，其上方露出"FEU"字样，表示保险解除，即可拉动套筒上膛和扣动扳机击发枪弹。

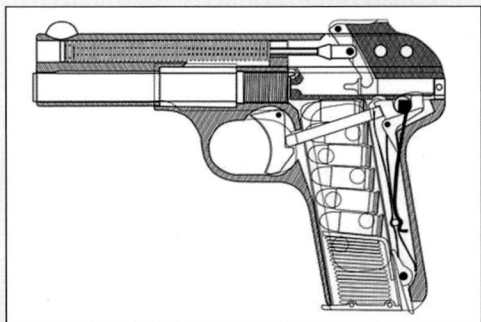

FN HERSTAL

比利时

FN M1903手枪

世界轻武器档案 手枪篇

主要参数

- ■枪口口径：9 毫米
- ■供弹方式：弹匣
- ■初速：318 米/秒
- ■弹匣容量：7 发
- ■全枪长度：205 毫米
- ■射击模式：半自动
- ■空枪质量：0.93 千克

M1903手枪是约翰·摩西·勃朗宁于1902年设计的一款半自动手枪，1903年，比利时FN公司和美国柯尔特公司正式生产该枪。

FN M1903手枪是在FN M1900手枪的基础上改进而成的，采用单动扳机结构，击锤内置式设计，复进簧和复进簧导杆位于枪管下方。该枪的手动保险位于套筒座左侧后方，在开启保险后会锁定滑架，无法拉动套筒并扣动扳机。

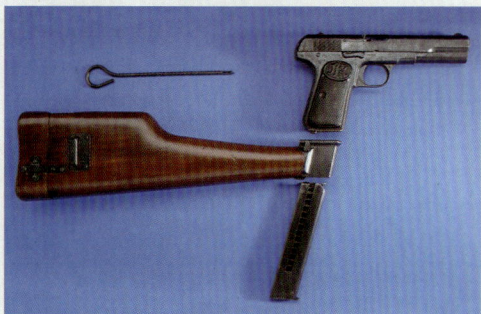

FN公司生产的M1903手枪的军用型于握把底部装有枪带环，可挂装枪纲，以防止近战中枪支被抢夺以及

驳接了木质枪盒作为枪托的FN M1903手枪

进行战术动作时枪支掉落，此外，军用型还可以安装枪托，让射手抵肩射击，提高命中率。

FN M1903手枪的内部构造图

FN M1903手枪一经推出，便被当时的瑞典、土耳其、巴拉圭、爱沙尼亚等国家的军队或警察作为制式手枪采用，而该枪的设计也影响着其后推出的手枪，譬如柯尔特M1911、托卡列夫TT30/33等手枪。

"马牌撸子"

除了比利时FN公司生产过M1903手枪，美国柯尔特（COLT）公司也生产过该型号手枪，设计者都为勃朗宁本人，而柯尔特公司生产的这款M1903手枪，有一个许多中国人都耳熟能详的绰号——"马牌撸子"。

1903年，柯尔特公司获得了M1903手枪的生产权，该枪发射7.65毫米×17毫米勃朗宁自动手枪弹，枪管被缩短了32毫米，全枪长也被缩短了32毫米，弹匣容量为8发。

柯尔特M1903手枪与弹匣

柯尔特M1903手枪进入中国时，当时大多数国人对"COLT"四个字母的含义知之甚少，但柯尔特的厂标"叼着长矛的小马"大家却很熟悉，再加上该枪使用套筒，所以被称为"马牌撸子"。

"马牌撸子"——柯尔特公司生产的M1903手枪

二战期间，柯尔特M1903手枪被美军作为美军将官的标准配枪使用，如巴顿、布莱德利等许多美国将领，哪怕他们在外界亮相时都常常挎着转轮手枪，甚至拿着卡宾枪或步枪，但他们贴身自卫的枪械依旧是柯尔特M1903手枪。

比利时

FN M1906
袖珍手枪

主要参数

- ■ 枪口口径：6.35 毫米
- ■ 全枪长度：114 毫米
- ■ 空枪质量：0.35 千克
- ■ 供弹方式：弹匣
- ■ 弹匣容量：6 发
- ■ 射击模式：半自动

　　1904年，约翰·摩西·勃朗宁以M1903手枪为基础，设计出一款袖珍型手枪，该枪于1906年由比利时FN公司正式生产，因此被命名为"FN M1906袖珍手枪"。

　　FN M1906袖珍手枪沿用了M1903手枪的一些设计，采用自由枪机式自动工作原理，惯性闭锁机构，并在枪管下方增设三个肋状闭锁凸榫，这种结构能使枪管与套筒座相扣合。该枪分解也非常方便，将套筒向后拉动到位，使手动保险杆卡入套筒左侧前部

缺口，然后枪管向右（抛壳窗方向）旋转90°，使凸榫释放，左手握住套

筒并拔下保险。将套筒前推并取下，再将枪管转回原位，使枪管尾端向下脱离抱弹槽，向后即可抽出枪管。

除此之外，FN M1906袖珍手枪的击针还可作为抛壳挺使用，当子弹被击发后，套筒后坐到一定位置时，击针先停止运动，并与抽壳钩相配合，将弹壳向右后方抛出。

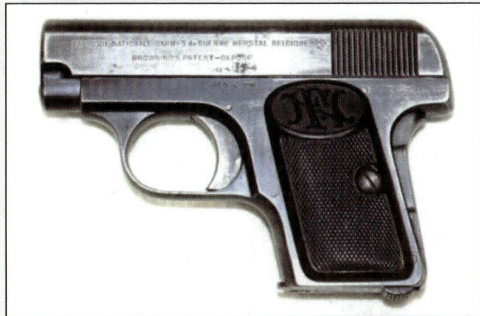

FN M1906袖珍手枪与弹匣，弹匣侧壁开有圆孔，方便射手观察余弹数量

换弹匣时不会走火。

FN M1906袖珍手枪发射.25柯尔特自动手枪弹，该弹规格为6.35毫米×15.5毫米，使用单排弹匣进行供弹，弹匣容量6发，弹匣解脱钮并不像多数自动装填手枪那样设在握把侧面，而是设在握把底部后方，向后推动即可将弹匣退出。虽然可避免弹匣因射手无意触碰弹匣解脱钮而意外脱落，但也无法进行快速单手换弹，从而降低了该枪的火力持续性。

FN M1906袖珍手枪外形平滑，没有突出的棱角，扳机采用平板状设计，固定缺口式照门及准星全部隐藏在套筒顶部的长槽内，因此快速出枪时不易造成钩挂的状况。此外，该枪的尺寸也较小，全长仅114毫米，短于多数成年男性的手掌长度，把枪握在手中其不易被察觉。该枪的宽度约

FN M1906袖珍手枪的保险机构由手动保险、握把保险和无弹匣保险组成，可在膛内有弹的情况下安全携行。手动保险杆位于套筒左侧后方，将其拨入套筒后方缺口处即可使枪支进入保险状态；握把保险位于手枪握把后方，射手在握持时，需要正确握持并将握把保险挤压到位，扣动扳机才能释放击针，否则击针一直处于锁定状态，这样有效防止枪支因跌落或撞击造成走火事故；无弹匣保险，在未安装弹匣时可锁定扳机，使射手在膛内有弹的情况下

FN M1906工艺手枪

为25毫米，体积稍大于一包香烟，方便射手隐蔽携行，在紧急情况下可在衣袋内直接射击。当然，由于该枪质量较轻，空枪质量只有0.35千克，装上一个实弹匣也不过0.4千克，因此非常受女性的欢迎。

风靡全球的礼品枪

FN M1906袖珍手枪的问世并非一帆风顺，1904年，约翰·摩西·勃朗宁在柯尔特M1903手枪（即"马牌撸子"）的基础上设计出一款袖珍手枪，并推销给美国柯尔特公司，但由于柯尔特公司高层认为该枪的机构过于复杂，因此并未采纳。勃朗宁又将该枪推销给比利时FN公司，FN公司非常喜欢这支袖珍手枪的设计，便答应合作。于是，勃朗宁在原型枪的基础上加以改进，FN公司于1906年将FN M1906袖珍手枪推向市场。

FN M1906袖珍手枪出色的设计引得众多厂家和枪械设计师争相模仿，据统计，仅德国、捷克、西班牙等国的仿制品就多达670余种。当然，这些仿制品都可以通过外形、套筒铭文，以及握把外的厂标来区分。

为迎合客户需求，FN公司还专门加工并出售礼品型手枪，例如将枪身表面镀上名贵的金属并刻上精美的花纹，握把护板采用象牙、玳瑁、珍珠母等材料取代通常的胶木，这样改装后，与其说是武器，不如说是一件艺术品。为表彰勃朗宁的功绩，1914年1月，比利时国王阿尔伯特一世在授予他十字骑士勋章的同时，还赠予他一支镶金的M1906礼品手枪。

FN公司在推出FN M1906袖珍手枪后，美国柯尔特公司如坐针毡，起先他们拒绝了勃朗宁的设计，现在又主动跑去要求生产这款袖珍手枪。当然，最终勃朗宁还是将专利卖给了柯尔特公司，柯尔特公司于1908年推出柯尔特M1908口袋型手枪。从1908年量产到1948年停产，柯尔特M1908口袋型手枪共生产410006支。

柯尔特M1908口袋型手枪

比利时

主要参数

- ■枪口口径: 7.65毫米、9毫米
- ■供弹方式: 弹匣
- ■弹匣容量: 7发 (7.65毫米)、6发 (9毫米)
- ■初速: 295米/秒
- ■全枪长度: 152毫米
- ■射击模式: 半自动
- ■空枪质量: 0.58千克

FN M1910手枪

　　FN M1910手枪是美国枪械设计师约翰·摩西·勃朗宁的代表作之一，该枪具有外形小巧、工艺精致、构造简单和动作可靠等优点，因而备受各国青睐。

　　1908年，勃朗宁设计出一种全新的手枪弹，该型号手枪弹是基于7.65毫米×17毫米手枪弹改造而成的9毫米×17毫米手枪弹，被称为"9毫米勃朗宁手枪短弹"，也可称为".380柯尔特自动手枪弹"。与9毫米×19毫米帕拉贝鲁姆手枪弹相比，9毫米勃朗宁手枪短弹后坐力小、质量轻、威力适中，非常适合军队与警察使用，进而赢得了广泛的市场。

　　勃朗宁认为，市场上缺乏一款威力介于军用和民用手枪之间，质量和体积适当的半自动手枪，来作为军官、警察和自卫用枪，在这种背景下，FN M1910手枪横空出世。

FN M1910手枪采用自由枪机式自动工作原理，后坐力小，无外露击锤，依靠平移式击针击发，不易钩挂衣物，便于射手将手枪隐藏在衣袋内并快速出枪。复进簧采用中置布局，设计新颖，通俗来讲就是"直接将复进簧套在了枪管上"。枪管可发射枪弹，同时又起到了复进簧导杆的作用，从而在整枪的结构上省去了一个复进簧的直径高度，使得其外形更加小巧。

FN M1910手枪所使用的机械瞄具并非常见的照门和准星，而是在套筒顶部开了一道前后贯通的竖向凹槽，而凹槽内部的前段有一个小巧的准星。凹槽的设计用意实际上是将照门的缺口拉长作为照准槽，起到引导射手构成三点一线的作用，并使射手可快速瞄准，提高了手枪的指向性。此外，由于没有突出的照门和准星，再加上无击锤式设计，外形圆滑，使得射手在出枪时不会因发生钩挂而错失战机。

从外观看，FN M1910手枪除了"苗条"的枪身，最大的特点就是套筒口部的横截面从"8"字形变为"O"字形，套筒口部的枪口套也变为一个圆形的套环。为了在分解和组合的过程中不至于打滑，枪口套的前缘特地加了一圈滚花，兼具了观赏性与实用性，正是因为枪口套上有这样一圈滚花，使得该枪在外观上有了一个非常经典的特征，所以，在中国，该枪又被称为"花口撸子"。

用于收藏的工艺型FN M1910手枪

主要参数

- 枪口口径：9毫米
- 初速：350 米 / 秒
- 全枪长度：197 毫米
- 空枪质量：1 千克
- 供弹方式：弹匣
- 弹匣容量：13 发
- 射击模式：半自动

FN 9毫米
大威力手枪

自动手枪

FN 9毫米大威力手枪是由著名枪械设计师约翰·摩西·勃朗宁于1925年设计，1935年在比利时FN公司生产的一款半自动军用手枪，该枪又被称为"勃朗宁HP手枪"，曾被多个国家的军警装备，其改进型手枪亦被使用至今。

FN 9毫米大威力手枪最具创新意义的一点是采用双排弹匣供弹，弹匣可装13发9毫米×19毫米鲁格手枪弹，再加上枪膛内的1发，总共可发射14发子弹。在当时，该枪的装弹量是同时代军用手枪的2倍左右，而9毫米鲁格手枪弹又有着初速高、停止作用效果好等优点，所以该枪被称为"大威力手枪"。

FN 9毫米大威力手枪与该枪使用的双排弹匣

　　该枪握把设计符合人体工程学，握持舒适，指向性良好，使射手在使用时无须仔细瞄准，只要迅速出枪指向目标并击发，命中目标的概率非常高。

　　FN 9毫米大威力手枪由套筒、枪管、套筒座、弹匣和扳机以及扳机组件组成，采用枪管短后坐式工作原理，枪管偏移式闭锁机构。该枪的闭锁系统采用凸耳式结构，凸耳位于枪管弹膛下方，而手枪底把上装有一个与枪管配合的开闭锁凸起零件。位于弹膛上方的枪管表面设有两道半环状的闭锁突起，用于卡在套筒内部抛壳窗前方的两道闭锁槽内，进而形成闭锁状态。在击发时或拉动套筒处于待击状态时，枪管与套筒共同向后方行程约4.7毫米，然后弹膛下方的凸耳与开闭锁凸耳的开锁斜面相互作用，使

　　枪管后部逐渐下降，直至枪管上的凸耳脱离套筒内的闭锁槽，从而使枪机开锁，这时套筒继续后坐抽出弹膛中的空弹壳并抛出。

用于收藏的工艺型FN 9毫米大威力手枪

　　当套筒后坐到底后，套筒在复进簧的作用下会自动向前运动，并将弹匣中的子弹推入膛室，继而推动枪管向前方运动。而弹膛下方的凸耳与开闭锁凸耳的闭锁斜面相互作用，使枪管尾部逐渐抬起，并使枪管上的闭锁凸起进入套筒上方的闭锁槽内，随后套筒和枪管共同完成自由行程，底把上的闭锁突起抵在枪管下方突起的闭锁支撑面上，完成枪机闭锁。

　　FN 9毫米大威力手枪采用回转

式击锤击发方式，并设有手动保险机构。作为一支单动击发手枪，该枪的扳机无法与击锤进行联动，第一发子弹射击前必须扳下击锤进入待击状态，子弹上膛后携行时必须开启保险。

分解状态的FN 9毫米大威力手枪

最初，比利时FN公司生产的9毫米大威力手枪共有两种型号：一种是装有固定瞄具的普通型，而另一种则装有可调式表尺，配木质枪套。该枪套可安装在握把后方的枪托结合槽中作为枪托使用，可有效提高射击精度。二战期间，枪托式枪套停产，所以此后生产的9毫米大威力手枪也取消了握把后方的枪托结合槽。

FN公司于1950年推出9毫米大威力手枪的第一款改进型，被称为

"Mark I型"，底把采用质量较轻的铝合金，而在枪身上只有FN公司的标志，并未标有勃朗宁的标志，这种型号在今天较为罕见。

FN 9毫米大威力MK II手枪抛壳窗后端长条形组件即外露抽壳钩

FN 9毫米大威力Mark II手枪于1980年推出，该型号提升了手枪的人机工效，套筒座后端左右两侧均设有手动保险钮，将抽壳钩改用外露式设计。

FN 9毫米大威力Mark III型手枪

FN 9毫米Mark III型手枪于1988年推出，是在Mark II型的原有基础上改进而成的，增设了击针保险，握把护板改用聚合物材料。

FN 9毫米大威力Mark I型手枪

迷彩涂装的FN 9毫米Mark III型手枪

风靡至今的 FN 9毫米大威力手枪

FN 9毫米大威力手枪于1935年被比利时军队采用作为军用制式手枪，此后，丹麦、荷兰、罗马尼亚等一些欧洲国家也陆续开始装备该枪。据统计，在第一次世界大战爆发前，FN公司共生产35000支9毫米大威力手枪。

此外，9毫米大威力手枪还是为数不多被二战双方同时生产和使用的武器。比利时沦陷后，FN公司被德军接收，整个二战期间共为德军生产30万支9毫米大威力手枪，并被德军命名为"P640（b）手枪"，用于补充战争损耗。而加拿大英格利斯兵工厂在比利时陷落后继续生产9毫米大威力手枪，供加拿大、英国、澳大利亚、爱尔兰、印度等英联邦国家军队使用。

直至今天，9毫米大威力手枪的改进型号仍被英国、加拿大、澳大利亚、比利时、阿根廷、爱尔兰等国家的军队或警察使用，这足以证明该枪的优秀。

手持FN 9毫米大威力手枪的士兵

主要参数

- 枪口口径：9 毫米
- 初速：350 米/秒
- 全枪长度：200 毫米
- 空枪质量：0.92 千克
- 供弹方式：弹匣
- 弹匣容量：14 发
- 射击模式：半自动

FN BDA手枪

自动手枪

FABRIQUE NATIONALE HERSTAL

20世纪70年代，双动击发自动手枪日渐流行，由于比利时FN公司的9毫米大威力手枪的设计时间较早，只是单动击发手枪，因此FN公司决定将这款大威力手枪改进成一款双动击发手枪。

1983年，FN公司推出第一款双动击发手枪。很快，该枪被销往美国市场，被称为"Browning Double Action"，简称"BDA"，译为"勃朗宁双动手枪"；它在欧洲市场则被称为"Hi-Power Double Action"，简称"HP-DA"，译为"大威力双动手枪"。

FN BDA手枪采用枪管短后坐式自动工作原理，枪管偏移式闭锁机构，单/双动击发机构。这使该枪能在单动和双动两种状态下被击发。

分解状态的FN BDA手枪

在保险机构方面，相比FN 9毫米大威力手枪，BDA手枪取消了手动保险机构，采用待击解脱杆和击锤自动击针保险。击锤待击解脱杆位于握把上方套筒座左右两侧，以方便持枪习惯不同的射手操作，人机工效良好；而自动击针保险可锁定击针，只有在扳机被扣压一定行程后，才会解除锁定，这种设计可有效防止枪支因碰撞或掉落而造成意外走火，使用更加安全、方便。

FN BDA手枪左右两侧均设有击锤待击解脱杆

此外，与FN 9毫米大威力手枪相比，BDA手枪缩小了击锤尺寸，且改变了扳机护圈的形状并加大了扳机护圈的尺寸，以便射手戴手套操作，同时使双手持枪更具舒适感。

FN BDA手枪发射北约标准型9毫米×19毫米帕拉贝鲁姆手枪弹，采用双排弹匣进行供弹，弹匣容量14发，瞄准基线长190毫米，拥有较强的火力持续性和较高的射击精度。

1990年，FN公司采用全新的生产工艺与扳机设计改进了BDA手枪，其最明显的变化就是将击锤待击解脱杆形状改为更容易控制的三角形杠杆。

FN BDA手枪的衍生型号

FN公司在推出BDA手枪的标准型（标准型同时也被称为"BDA-9S"）后，在该枪的基础上相继推出BDA中型和紧凑型手枪，中型被命名为"BDA-9M"，而紧凑型被命名为"BDA-9C"。

BDA-9M手枪

BDA-9M手枪采用标准尺寸套筒座，缩短了套筒和枪管的长度，配用14发标准弹匣，这更加适合射手快速出枪。该枪全枪长178毫米，枪管长96毫米，空枪质量0.87千克，与标准型手枪口径相同，发射9毫米×19毫米帕拉贝鲁姆手枪弹。

BDA-9C手枪

BDA-9C手枪是该系列手枪的紧凑型手枪，主要特点是：缩短了枪管、套筒长度，并缩小了套筒座整体尺寸，同时弹匣容量也被缩减至7发，这更加适合隐蔽携行。该型号手枪全枪长173毫米，枪管长96毫米，空枪质量0.76千克，与其他两种型号手枪口径相同，均发射9毫米×19毫米帕拉贝鲁姆手枪弹。

主要参数

- 枪口口径：5.7 毫米
- 供弹方式：弹匣
- 初速：650 米／秒
- 弹匣容量：20 发
- 全枪长度：208 毫米
- 射击模式：半自动
- 空枪质量：0.62 千克

FN 57手枪

　　2000年，FN公司研制生产出一款小口径自动手枪，因使用口径5.7毫米的子弹，所以被定型为"FN 57手枪"，全称"FN Five-seveN"。它使用5.7毫米×28毫米SS190型穿甲弹，与FN P90冲锋枪使用的弹药相同。

　　FN 57手枪采用半自由枪机式自动工作原理，虽无外露击锤，但该枪依旧是一款击锤击发式手枪，回转式击锤位于套筒内部，这种设计使枪支表面光滑，快速出枪时不易造成钩挂。

　　材质用料方面是FN 57手枪的一大特色，该枪大量使用工程塑料，套筒采用钢和塑料复合结构，支架采用

FN 57手枪的内藏式击锤

优质钢材冲压而成，击针室用固定销固定在支架上，外表覆以高强度工程塑料，并做磷化处理。而其他手枪通常只有在弹匣、套筒座，以及其他非主要受力部件上使用工程塑料，原因是套筒的运动速度过快，需要承受猛烈的撞击，所以它们的套筒无一例外都采用优质钢材作为材料。

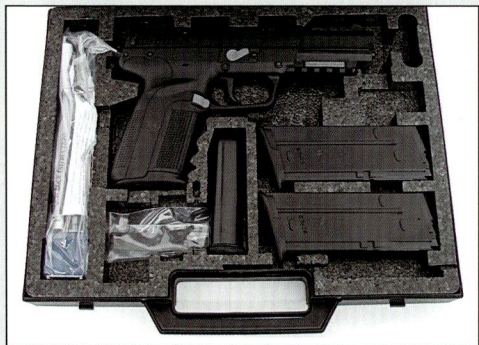

FN 57手枪具有质量轻、体积小、弹匣容量大，以及后坐力小的优点，采用枪机延迟后坐原理、回转式击锤击发机构，以及非刚性闭锁机构。弹匣采用双排双进方式供弹，每个弹匣可容纳20发5.7毫米SS190型枪弹，穿甲能力强，携弹量大，因而它是一把理想的个人防卫武器。

能力差并且后坐冲量过大的北约制式9毫米×19毫米帕拉贝鲁姆手枪弹。

SS90 5.7毫米普通弹能在命中目标后产生翻滚并且不破碎，该型号枪弹的停止作用是9毫米手枪弹的3倍，而后坐冲量却只有9毫米手枪弹的三分之一。

1993年，FN公司以SS90 5.7毫米普通弹为基础，改进而成一种新型弹药，改进方面为：弹头减短2.7毫米，并将原本的塑料弹头改为质量较重的钢、铅复合结构弹头。改进后枪弹穿甲能力有所提高，枪弹改进型被命名为"SS190型5.7毫米穿甲弹"，用于装备执法部门和军队。

FN 57手枪发射的SS190型枪弹的枪口初速达到650米/秒，而P90冲锋枪发射的SS190型枪弹

P90冲锋枪使用的5.7毫米×28毫米枪弹

初速高达716米/秒，可轻松穿透美军凯夫拉头盔以及5级防护能力的防弹插板，侵彻力非常强。

手枪弹中的佼佼者
——SS190型穿甲弹

20世纪80年代中期，FN公司研制出SS90 5.7毫米普通弹，配用于同时期研制的P90冲锋枪。而FN公司研究该型号枪弹的目的除了用于满足未来空降部队、特种部队，以及后勤人员对自卫武器的需求，还要替代穿甲

自
动
手
枪

主要参数

- ■ 枪口口径：9 毫米
- ■ 全枪长度：188 毫米
- ■ 空枪质量：0.7 千克
- ■ 弹匣容量：16 发

FN FNP系列手枪

2003年，FN公司推出了一系列采用聚合物套筒座的自动手枪，该型号手枪被定名为"FN FNP手枪"，并有多个口径及型号。

在基本结构上，FN FNP系列手枪采用枪管短后坐式自动工作原理，以及西格－绍尔公司简化改进后的勃朗宁闭锁机构，即由枪管后膛的闭锁块与套筒上的大型抛壳窗扣合闭锁。这种设计不仅使生产更为方便，还提升了枪械的可靠性，同时也更方便射手进行维护。该枪的套筒座由高强度聚合物制成，并在套筒座前端下方增设通用规格的皮卡汀尼导轨，在它上面可安装市面上大多数战术配件，如激光指示器、战术灯等，以适合多种场合使用。

加装战术挂件的FN FNP-9手枪

FN FNP系列手枪的击发机构由扳机和击锤组成。该机构是一个独立的模块化组件，用销子固定在聚合物套筒座内，安装和拆卸都非常容易，这方便射手进行维护或更换。击发机构组件也有多种类型供射手选择，如传统的单／双动型（SA／DA）和单动型（SAO），以及近年来流行起来的纯双动型（DAO）。

采用沙色套筒座的FN FNP-9手枪

无论哪个型号的FNP手枪都设有内置击针保险机构，当不把扳机扣至击发位置时，击针就会被阻挡，不能打击枪弹底火，所以击锤即使处于待击位置时，手枪不慎跌落也不会发生走火的意外事故。此外，一些型号还设有弹匣保险，当手枪未安装弹匣时，即使膛内有弹，也无法击发。其中传统的单/双动型的FNP手枪有两种类型，一种有手动保险和待击解脱柄，另一种只设有待击解脱柄；而单动型只设有手动保险，纯双动型手枪未设有手动保险。所有型号的FNP手枪都采用外置击锤设计，但纯双动型取消了击锤尾顶，更加适合快速反应。

FN FNP-45手枪

FN FNP系列手枪共有四种口径，分别发射9毫米×19毫米帕拉贝鲁姆手枪弹、.40史密斯－韦森手枪弹、.45柯尔特自动手枪弹，2008年2月其又增加一种新口径手枪，发射.357西格手枪弹，不同口径对应不同名称：FNP-9、FNP-40、FNP-45和FNP-357，铭文被刻在枪套筒前端左侧。

FNP系列手枪的机械瞄具由缺口式照门和准星组成。照门和准星后方均设有荧光点，以方便射手在昏暗环境中射击。该系列手枪弹匣的标准容量为14至16发（FNP-9手枪为16发、FNP-40手枪为14发，其余手枪为15发）。不过，另外也有10发弹匣以适

应某些国家或地区法律对民用枪支的限制，比如加拿大或美国的一些州。

FNP系列手枪的改进型号
——FNX手枪系列

FNX-9手枪

据FN美国分公司宣称，FNP系列手枪是枪械市场上唯一一款套筒座全部采用聚合物材料的半自动手枪，设有协助完成更换套筒座的导轨，就算手枪因多次射击造成零件损耗，也依旧能够重组，从而延长全枪的使用寿命。但是，由于FNP系列手枪中规中矩，所以其被推出后至今也没有受到消费者的青睐。经改进，新型号的FNX系列手枪于2011年初推向市场。

FNX-9手枪细节特写

在内部结构上，FNX手枪与FNP手枪基本相同，也采用枪管短后坐式自动工作原理，枪管偏移式闭锁机构。

FNX-45战术型手枪与该枪的备用弹匣

在外观方面，FNX系列手枪可选择不锈钢或聚合物套筒，底把依旧采用高强度聚合物制造，外形精致。套筒设计非常人性化，前部和后部均设有防滑纹，以方便不同上膛习惯的射手操作。为防止套筒边缘的棱角划伤射手，套筒边缘都做了圆滑处理，使用安全。

FNX系列手枪左右两侧均设有弹匣解脱钮、手动保险以及空仓挂机解脱杆，以方便不同射击习惯的射手使用。

在刚推向市场时，FNX系列手枪只有发射9毫米×19毫米帕拉贝鲁姆手枪弹的FNX-9和发射.40史密斯-韦森手枪弹的FNX-40两种型号手枪。2012年，为进一步扩大美国民用市场，FN美国分公司推出了发射.45柯尔特自动手枪弹的FNX-45手枪，它与FNX-9手枪和FNX-40手枪相同，也设有全尺寸型、紧凑型和战术型，以供用户选择。

为了满足北美枪械爱好者在枪械个性化方面的需求，FNX系列手枪的

全尺寸型和紧凑型都可选用亚光黑色或亚光银色的套筒，战术型则可以选择沙色或亚光黑色处理的套筒及套筒座。此外，FNX战术型手枪还可以在套筒上安装小型红点反射式瞄具，并可在枪口安装消音器，适合特种兵在潜入作战时使用。

FNX-45战术型手枪

FNX-9手枪

FNX-40手枪的多角度特写

自动手枪

世界轻武器档案

手枪篇

西格P210手枪

主要参数

- 枪口口径：9 毫米
- 初速：335 米 / 秒
- 全枪长度：215 毫米
- 空枪质量：0.9 千克
- 供弹方式：弹匣
- 弹匣容量：8 发
- 射击模式：半自动

A 104234

A 104234

西格P210手枪由瑞士西格公司于1938年开始研制，1946年研制成功。该枪有着做工精美、安全可靠的优点，其精度在手枪中首屈一指，还具备结实耐用的特点，可谓手枪中的"豪杰"。

西格P210手枪采用勃朗宁枪管短后坐式自动工作原理，但并未采用勃朗宁式枪管环。西格公司认为枪管环耐久性不足，进而设计出"肾脏形"枪管固定块来代替枪管环。经实验，"肾脏形"枪管固定块的耐久性确实优于勃朗宁式枪管环。

西格P210手枪共设有两道保险机构，分别为手动保险和弹匣保险。手动保险可锁定扳机，而另外一个用途就是：假设射手压下击锤后决定不射击，复原击锤时不慎脱手，手动保险可使击锤停在一半的位置，使枪支不

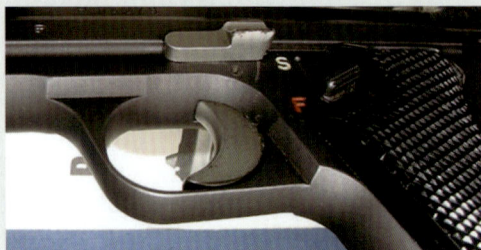

西格P210手枪的手动保险机构

至于意外走火。弹匣保险机构保证弹匣被取出后即使枪膛内有子弹也无法击发手枪，从而避免了射手在取出弹匣后忽视膛室内有子弹而造成的走火伤人事故，提升了使用安全性。

西格P210手枪的套筒和套筒座均由金属材料制成。不同于传统自动手枪套筒在套筒座轨道外侧滑动，该枪的套筒在套筒座轨道内侧滑动，这一设计保证套筒滑动状态非常平稳，左右松动极小。此外，滑动轨道贯穿整个套筒座，长度达到164毫米，多数手枪的滑轨只占套筒座很小的一部分，通常不会超过二分之一，所以像西格P210手枪这样的设计非常罕见。

空仓挂机状态的西格P210手枪

此外，该枪的零部件均由金属经手工切削加工而成，严丝合缝，加工精度极高，想要在该枪的零部件或表面的加工中寻找瑕疵，几乎是一件不可能完成的事情。到目前为止，作为商业机密没有任何资料能表明该枪所使用的是何种钢材。

西格P210手枪的瞄具采用传统机械瞄具，由片状准星和可调整方形缺口式照门构成，照门可调整风偏，用于弹道修正，以帮助射手进行精度射击。

西格P210手枪发射9毫米×19毫米帕拉贝鲁姆手枪弹，弹匣容量8发，采用单排弹匣供弹，握把大小适中，这使手形较小的射手也可以舒适握持，使射击更为稳定。同时，该枪还可以通过更换枪管、套筒、复进簧后发射7.65毫米×17毫米手枪弹与.22LR弹。

除此之外，西格P210手枪还有其他多种型号。

西格P210手枪的衍生型号

西格P210-1型手枪

西格P210-1型手枪为普通商业版，可发射9毫米×19毫米手枪弹、

7.65毫米×17毫米手枪弹及.22LR弹共三种手枪弹，固定缺口式照门，握把护片为木质，枪身经过烤蓝处理。发射9毫米×19毫米帕拉贝鲁姆手枪弹的西格P210-1型手枪在1949年装配丹麦军方作为其制式自动手枪，并被丹麦军方命名为"M49手枪"。

西格P210-2型手枪

西格P210-2型手枪于1950年生产，被瑞士陆军装备，只能发射9毫米×19毫米帕拉贝鲁姆手枪弹，固定缺口式照门，复合材料制的握把，枪身经磷酸盐保护膜防锈处理。

西格P210-2型手枪

西格P210-3型手枪

西格P210-3型手枪在P210-2型手枪的基础上增设装填指示器，枪身经烤蓝处理，被瑞士警方采用作为制式手枪。

西格P210-4型手枪

西格P210-4型手枪在20世纪90年代被当时的西德警备队采用，发射9毫米×19毫米帕拉贝鲁姆手枪弹，有装填指示器，省略了枪纲环。

西格P210-5型手枪

该型号为运动型手枪，有150毫米和180毫米的加长枪管，为提高稳定性而使用重型套筒座，并采用胡桃木材质握把，可调式机械瞄具，枪身进行了磨砂处理。

西格P210-5型手枪

西格P210-6型手枪

西格P210-6型手枪是20世纪50年代初登场的运动手枪，采用120毫米枪管，是西格P210-2型手枪的改进型，可发射9毫米×19毫米和7.65毫米×17毫米两种手枪弹。

西格P210-6型手枪的套筒铭文

西格P210-7型手枪

西格P210-7型手枪发射.22LR弹，可自由更换塑料材质或木质的握把护片，后期改用特制击锤。

西格P210-8型手枪

西格P210-8型手枪为高级运动型手枪，只能发射9毫米×19毫米手枪弹，采用木质握把护片，可调式照门和扳机，并加宽手动保险钮。它是可在50米的距离上以25毫米为单位调整命中误差的高精度型号手枪。

主要参数

- ■枪口口径：9 毫米
- ■初速：345 米／秒
- ■全枪长度：198 毫米
- ■空枪质量：0.75 千克
- ■供弹方式：弹匣
- ■弹匣容量：9 发
- ■射击模式：半自动

西格-绍尔 P220手枪

西格-绍尔P220手枪由西格-绍尔公司于1975年研制生产，该枪操作可靠、性能优良，在军用、警用，以及民间市场都非常受欢迎。

西格-绍尔P220手枪采用枪管短后坐式自动工作原理，并将勃朗宁发明的延迟后坐闭锁方式成功简化，只需套筒和抛壳口直接与弹膛外部的闭锁块配合即可完成闭锁，无须专门增设闭锁凸耳和闭锁沟槽来配合。弹膛内的子弹在被击发后，套筒与枪管共同后坐，弹膛下方的凸耳会沿着底把上的开闭锁凸榫顶面后移，经过约3毫米的自由行程，凸耳内部的开锁斜面与开/闭锁凸榫的斜面相互作用，使枪管尾部下降离开套筒，完成开锁。当枪管尾端被套筒座上的突起所阻而停止后坐时，套筒继续后坐，完成抽壳、抛壳、压倒击锤等动作，然后套筒在复进簧的作用下再次复进，推弹入膛，进而带动枪管向前。在枪管凸耳内的闭锁斜面和套筒座中的开/闭锁凸榫的共同作用下，枪管尾部上抬卡入套筒内壁的闭锁槽中，完成闭锁。

闭锁完成后，枪管与套筒会共同向前行进3毫米，复进到位。在西格-绍尔P220手枪之后，这种简单的闭锁方式变得非常流行，其中，格洛克系列手枪采用的就是这种闭锁方式。

分解状态的西格-绍尔P220手枪

西格-绍尔P220手枪采用单/双动击发结构，当击锤处于待击状态时为单动击发，扳机力为16牛顿，扳机行程为4毫米；而当击锤处于非待击状态时可直接扣压扳机使用双动击发，扳机力为44牛顿，扳机行程为13毫米。

空仓挂机状态的西格-绍尔P220手枪

西格-绍尔P220手枪在扣压扳机后，扳机连杆在运动至一定行程后才可以使击针保险卡锁解锁，否则击针始终被保险卡锁锁住。所以，无论击锤是否被扳起，西格-绍尔P220手枪都可以被安全携带。该枪自动保险机构可靠，所以未增设手动保险，只使

用待击解脱柄，虽然该项设计不是西格-绍尔首创，但在西格-绍尔P220手枪出现之前非常罕见。射手将实弹匣插入握把，拉动套筒上膛，即可使该枪处于待击状态。而假如不立刻进行射击的话，应压下位于套筒左侧的待击解脱柄，使枪机内的阻铁上抬脱离击锤，击锤在弹簧力的作用下向前回转，保险卡槽随即被阻铁卡入，此时，击锤与击针还相隔一段距离，使射手可安全携带。该枪的击针在通常情况下是被锁住的，即使手枪不慎跌落也不会意外走火，当射手突遇紧急状况时，随时都可以拔枪以双动模式击发膛内子弹，而不会因需要，先解除保险而错失先机。

加装了战术导轨的西格-绍尔P220手枪

西格-绍尔P220手枪的套筒座采用铝合金制成，可有效减轻手枪质

量，表面做亚黑色阳极化抛光处理，套筒的上盖由一块2毫米的钢板冲压而成，再通过电焊把整个枪口部接上，经回火后钻孔，再用机器做深加工。该枪的弹匣、击锤、扳机扣均为铸件，而分解钮、待击解脱钮，以及空仓挂机杆均为钢材冲压而成，该枪枪管使用优质钢材冷锻生产，复进簧则是由缠绕钢丝制成，枪机机体用一根钢销固定在套筒尾部。该枪所有钢制零部件表面均使用磷酸盐或黑色氧化处理，由于表面防锈处理较为简单，所以平时要靠勤加维护来避免枪支生锈，这种缺点实际上已经成了西格-绍尔系列手枪的通病。

西格-绍尔P220手枪与该枪配备的单排弹匣

这种弹匣解脱钮位于握把底端的西格-绍尔P220手枪较为少见

西格-绍尔P220手枪的空仓挂机解脱杆位于套筒左侧，塑料质握把护片的正上方。当弹匣内的子弹全部发射完毕，套筒随惯性进行最后一次后坐时，弹匣托弹板就会顶起空仓挂机解脱杆，使其卡入套筒左侧的缺口。当射手重新插入实弹匣后，压下空仓挂机解脱杆或将套筒稍向后拉并放回，使弹匣内第一发子弹上膛的同时将套筒复进，即可解除空仓挂机状态。

西格-绍尔P220手枪的分解杆位于枪身左侧、扳机护圈的正上方。分解时，先取下弹匣，检查枪膛内和进弹口是否确实无弹，然后向后拉动套筒，直到套筒左侧缺口对准分解杆，转动分解杆，自套筒座前端取下套筒组件，即可从套筒中分解出枪管和复进簧。

如果更换枪管和套筒，还可以发射.45柯尔特自动手枪弹和7.65毫米×17毫米手枪弹。发射.45柯尔特自动手枪弹的P220手枪弹匣容量为7发，发射7.65毫米×17毫米手枪弹的P220手枪弹匣容量为9发。

其实在一开始，西格-绍尔P220手枪是为了替代西格P210手枪而设计，这是因为瑞士军队装备的西格P210手枪不仅产量低而且价格昂贵，所以瑞士军方希望西格公司能研制出性能优秀且价格更便宜的新型手枪，用于替代在瑞士军队中服役的西格

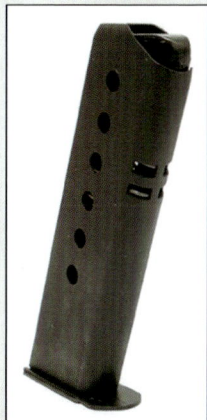

西格-绍尔P220手枪弹匣

P210手枪。但由于西格公司的轻武器部门规模都较小，为了能在手枪的设计和生产上更进一步，西格公司与德国绍尔公司合作研制了这款新型手枪，因此，西格－绍尔P220手枪便应运而生。发射9毫米手枪弹的西格－绍尔P220手枪于1975年被正式装备瑞士军队，瑞士军方将其重新命名为"M75手枪"，此外，法国、美国、丹麦，以及日本也曾采购该枪。

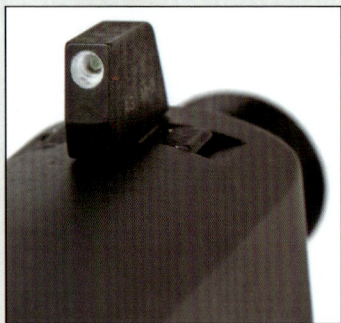

西格-绍尔P220手枪的改进型号P225手枪

西格-绍尔P225手枪是西格-绍尔公司按照德国警方的要求，在西格-绍尔P220手枪的基础上于1978年研制而成的紧凑型半自动手枪。

西格-绍尔P225手枪与西格P210手枪的整体机构基本相同，外形尺寸略有缩小，全枪长180毫米，发射9毫米×19毫米帕拉贝鲁姆手枪弹，采用单排弹匣进行供弹，弹匣容量8发，空枪质量0.74千克。

西格-绍尔P220手枪在生产后不久，德国警方决定采用统一标准的警用制式辅助武器。警方规定，这种手枪必须发射9毫米×19毫米手枪弹，保险机构必须能够避免意外走火，并且手枪全高不得超过130毫米，全长必须为180毫米。

当时西格-绍尔公司和瓦尔特公司以及HK公司分别提供了满足该项指标的样枪：西格-绍尔P225、瓦尔特P5，以及HK P7。由于当时的德国各州都可以自行采购警用手枪，所以西格-绍尔P225和瓦尔特P5两款手枪都被采用，直到最后德国警方也没有选出单一型号的警用手枪，但由于西格-绍尔P225手枪结构简单并且价格相对便宜，因此得到的订单最多。

对于一款发射9毫米子弹的紧凑型手枪来说，全枪长度的缩短必然导致复进簧也要随之一起缩短。为了保证符合弹药要求的张力，缩短型的复进簧就不得不比普通复进簧更硬一些，但质地更硬的复进簧韧性较差，在发射几百发子弹之后就会出现弹性不足或其他问题，导致其无法正常工作。

为了解决这个问题，HK P7手枪采用气体延迟开闭锁方式，瓦尔特P5手枪使用两根复进簧，这两种方式虽都可以解决问题，但这样生产成本过高。而西格-绍尔公司通过采用缠绕成麻花状的复进簧的办法使其张力提高，这样不但缩短了复进簧尺寸，还延长了其使用寿命，并将成本降低在可控范围之内。

西格-绍尔 P226手枪

主要参数

- 枪口口径：9毫米
- 供弹方式：弹匣
- 初速：350米/秒
- 弹匣容量：15发
- 全枪长度：196毫米
- 射击模式：半自动
- 空枪质量：0.87千克

西格-绍尔P226手枪是由西格-绍尔公司研制生产的一款军用型全尺寸半自动手枪，最早的原型枪于1980年生产。

西格-绍尔P226手枪的早期型号实际上只是把P220手枪改为双排弹匣供弹，并将弹匣容量扩充至15发。除弹匣外，另一个改动则是将弹匣解脱钮改为可双侧使用的设计，如果射手习惯左手握枪，便可将弹匣解脱钮安装在握把右侧，使换弹匣更加方便。

西格-绍尔P226手枪抛壳窗特写

不锈钢材质的西格-绍尔P226手枪

与西格-绍尔P220手枪一样，西格-绍尔P226手枪的自动工作原理为枪管短后坐式，闭锁方式为简化后的延迟后坐闭锁，即只需抛壳口和套筒直接与弹膛外部的闭锁块配合就能实现闭锁，而不需要专门增设闭锁凸耳以及配套的闭锁沟槽。此外，西格-绍尔P226手枪的开锁引导面比西格-绍尔P220手枪的稍长，使西格-绍尔P226手枪开锁时枪管偏移的时间比西格-绍尔P220手枪稍长一些，因此西格-绍尔P226手枪的射击精度更高。

西格-绍尔P226海军型手枪，型号铭文后还刻有一个铁锚，美国海军将其命名为"MK25手枪"

西格-绍尔P226手枪标准型发射9毫米×19毫米帕拉贝鲁姆手枪弹，1996年以前生产的西格-绍尔P226手枪的套筒均使用碳钢材质并使用冲压

焊接技术而成，比较沉重；1996年开始应美国得克萨斯州安全部门的要求，西格-绍尔公司又推出发射.40史密斯-韦森手枪弹和.357西格手枪弹的西格-绍尔P226手枪。为了使手枪套筒能承受住两种新口径带来的较大的压力，同时降低后坐速度，西格-绍尔P226手枪开始使用不锈钢制套筒，生产模式转变为数控铣削加工，采用单块式铣削不锈钢材料经磨砂处理而成。

西格-绍尔P226手枪右视图

但由于西格-绍尔P226手枪在设计时并没有考虑使用.40史密斯-韦森和.357西格手枪弹，因此使用这两种手枪弹的西格-绍尔P226手枪无论射击手感还是精度都不太理想。直至现在，标准型的西格-绍尔P226手枪依旧使用经黑色阳极氧化处理的新型不锈钢套筒。

西格-绍尔P226手枪原本是为了参与20世纪80年代美军新型制式手枪的选拔而设计的，在这次极为严苛的选拔中，西格-绍尔P226手枪依靠优良的性能脱颖而出，只是价格比竞争对手——伯莱塔92F手枪更贵，所以最终落败。

西格-绍尔P226手枪继承了P225手枪的麻花状复进簧设计

9毫米西格-绍尔P226手枪弹匣，双排单进，容弹量15发

而此后几年，西格-绍尔P226手枪也很不走运，每逢西格-绍尔公司携该枪参加西方军队的武器招标，也总会遇到伯莱塔手枪参与竞争，虽然西格-绍尔P226手枪每次都在性能上名列前茅，但还是会败给伯莱塔手枪低廉的价格。

尽管西格-绍尔P226手枪因为价格问题惜败于伯莱塔92F手枪，但其良好的性能反而受到了美军特种作战单位与美国执法机构的青睐，海军的海豹突击队最先采用西格-绍尔P226手枪作为辅助武器使用，并重新命名为"MK 25手枪"。另外，在美国，联邦调查局（FBI）、美国缉毒局（DEA）、美国国家税务局（IRS）、美国能源部（USDE）等联邦机构，以及多个州的警察局或特警队也采用了西格-绍尔P226手枪作为制式手枪。

此外，不包括P228手枪和P229手枪，西格-绍尔P226手枪共有多达18种衍生型号，应用广泛。

加装了战术挂件的西格-绍尔P226手枪

使用MK 25手枪的海豹突击队队员

与P226手枪基本相同，全枪长180毫米，发射9毫米×19毫米帕拉贝鲁姆手枪弹，使用双排弹匣进行供弹，弹匣容量13发，空枪质量0.83千克。

西格-绍尔P228手枪的内部构造图

此外，西格-绍尔P228手枪的握把设计更加符合人体工程学，将P226手枪握把护片上的方格防滑纹改为防滑凸点，使射手在握持时更加舒适。

经试验，美军在1992年4月正式为飞行机组人员、装甲车组人员、情报人员、宪兵、将官等所有认为伯莱塔92F手枪握把尺寸过大的军事人员配发西格-绍尔P228手枪，并重新命名为"M11紧凑型手枪"。除此之外，美国秘密特勤局、外交安全局、联邦调查局、缉毒局等执法机构也大量采用西格-绍尔P228紧凑型半自动手枪。

西格-绍尔P226手枪的衍生型号

西格-绍尔P228手枪

西格-绍尔P228手枪

P228手枪是西格-绍尔公司于1988年推向市场的一款紧凑型半自动手枪，就像P225手枪是P220手枪的紧凑型一样，P228手枪为P226手枪的紧凑型。

西格-绍尔P228手枪在P226手枪的基础上缩小了尺寸，内部结构

西格-绍尔P229手枪

由于西格-绍尔P228手枪只能发射9毫米手枪弹，无法像西格-绍尔P220手枪那样更换不同口径的枪管，为了让采用双排弹匣设计的西格-绍尔系列手枪可以靠更多不同口径来满足市场需求，西格-绍尔公司美国分公司于1990年开始研制西格-

西格-绍尔P229手枪

采用木质握把护片的西格-绍尔P229手枪

绍尔P229系列手枪，1992年正式推向市场。

西格-绍尔P229手枪同样作为P226手枪的紧凑版，其外形尺寸及内部结构与西格-绍尔P228手枪基本一致，主要区别为套筒的设计，以及西格-绍尔P229手枪可发射三种不同口径的枪弹。除了发射9毫米×19毫米帕拉贝鲁姆手枪弹，该枪还可通过更换套筒、复进簧及枪管发射.40史密斯-韦森手枪弹和.357西格手枪弹。发射9毫米手枪弹的P229手枪弹匣容弹量为13发，发射.40和.357手枪弹的P229手枪弹匣容量12发。

匣设计。

.357西格手枪弹由美国西格分公司开发，这种手枪弹其实就是将.40史密斯-韦森手枪弹的弹壳改为瓶颈形，并装入一个9.53毫米的弹头，这样设计让该枪弹在9毫米的口径上增大了弹头尺寸与发射药用量，使.357西格手枪弹兼具了.40史密斯-韦森手枪弹的小体积的优点，以及大于9毫米帕拉贝鲁姆手枪弹的杀伤力。

美中不足的是，无论是.357西格手枪弹还是.40史密斯-韦森手枪弹，在击发时所产生的压力都要比9毫米帕拉贝鲁姆弹大得多，并增加了套筒后坐的速度和后坐力。原有的碳钢冲压

空仓挂机状态的西格-绍尔P229手枪

在当时，美国许多执法机构都在使用发射.40史密斯-韦森手枪弹的半自动手枪，因为.40史密斯-韦森手枪弹比9毫米手枪弹停止作用更强，并且体积要比.45手枪弹小，更适合双排弹

供收藏用的西格-绍尔P229手枪

套筒无法承受这样的后坐强度，因此西格-绍尔美国分公司将套筒材质改为不锈钢，生产工艺也由原来的冲压成型升级为机压成型。

西格-绍尔P229手枪结构紧凑并且杀伤力强，还完美地继承了西格-绍尔系列手枪做工精良、握持舒适、射击精度高等特点，被美国执法机构以及特工人员青睐。

西格-绍尔 P239手枪

主要参数

- 枪口口径：9毫米
- 供弹方式：弹匣
- 全枪长度：173毫米
- 弹匣容量：8发
- 空枪质量：0.78千克
- 射击模式：半自动

西格-绍尔P239手枪是西格-绍尔公司研发生产的一款紧凑型半自动手枪，该枪被命名为"Personal-sized"，译为"个人尺寸手枪"，主要用于个人防卫。

西格-绍尔P239手枪的内部结构与西格-绍尔P229手枪基本相同，也采用枪管短后坐式自动工作原理，双动扳机，以及击锤击发机构。此外，该枪的击锤为半隐藏式，降低了射手在快速出枪时钩挂衣物的概率。

西格-绍尔P239手枪设有待击解脱杆，可解脱处于待击状态的击锤。

西格-绍尔P239手枪右视图

该枪的待击解脱杆位于握把上方位置，而握把上方共有两个控制钮，前端控制钮为待击解脱杆，而后端控制钮为空仓挂机解脱杆。西格－绍尔P239手枪无手动保险，但待击解脱杆可以让射手在膛内有弹的情况下安全携行，在遇到突发状况时，只需扣动扳机即可击发。不过，在击锤未被压倒的情况下，所发射的第一发枪弹为双动模式，需较长的扳机行程及较大的扳机力，这些都可能会对射击精度造成一定影响。

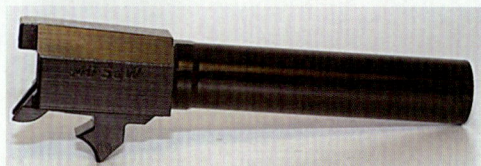

与.40史密斯－韦森手枪弹配套的西格－绍尔P239手枪的枪管

西格－绍尔P239手枪发射9毫米×19毫米帕拉贝鲁姆手枪弹，使用可拆卸式单排弹匣进行供弹，弹匣容量8发。除此之外，该枪还有两种口径，分别发射.40史密斯－韦森手枪弹和.357西格手枪弹。

西格－绍尔P239手枪采用常规三点式瞄具，射手可通过片状准星和矩形缺口式照门瞄准。

总体而言，西格－绍尔P239手枪除缩小了尺寸以外，其做工和内部结构都与西格－绍尔P229手枪基本相同。实际

使用.40史密斯－韦森手枪弹和.357西格手枪弹的西格－绍尔P239手枪配用/发通用弹匣进行供弹

上西格－绍尔P239手枪是一款接近袖珍手枪尺寸的紧凑型手枪，虽然其尺寸比袖珍手枪要大一些，但该枪所发射枪弹的侵彻力和停止作用都要强过市面上绝大多数袖珍手枪。

左为使用外接螺纹加长枪管的9毫米西格－绍尔P239手枪，可安装消音器，右为发射.357西格手枪弹的西格－绍尔P239手枪

西格－绍尔P239手枪的使用

西格－绍尔公司推出的西格－绍尔P239手枪主要面向美国市场销售，该枪尺寸接近袖珍手枪，但所发射枪弹的侵彻力和停止作用又与战斗手枪相差无几，因此，西格－绍尔P239手枪非常适合便衣警察、特工或其他需要隐蔽携带手枪的安保人员使用。

当然，西格－绍尔P239手枪并没有辜负西格－绍尔公司的期望，它由于尺寸紧凑，并且适合隐蔽携行，因此在美国市场很受欢迎。

瑞士

主要参数

- 手枪口径：9毫米
- 全枪长度：168毫米
- 空枪质量：0.46千克
- 供弹方式：弹匣
- 弹匣容量：7发
- 射击模式：半自动

西格－绍尔 P230手枪

西格－绍尔P230手枪是由西格－绍尔公司于1977年开始推出的一款自卫手枪。西格－绍尔P230手枪从性能到结构都与西格－绍尔P220手枪不同。

西格－绍尔P230手枪的空仓挂机状态

西格－绍尔P230手枪采用自由枪机式自动工作原理，枪管为固定式设计，复进簧直接绕在枪管上，不仅简化了结构，还为套筒和套筒座节省了空间。该枪的保险机构由西格手枪常用的自动击针保险和待击解脱柄组成，无手动保险。

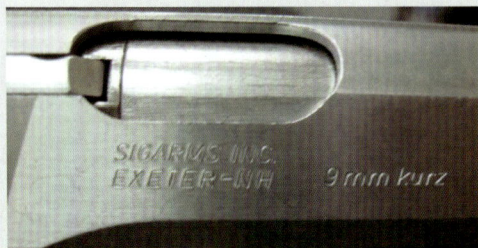

9毫米西格－绍尔P230手枪抛壳窗特写，套筒铭文标有"9mm"

西格－绍尔P230手枪最初的型号发射7.65毫米×17毫米手枪弹，20世纪80年代，由于9毫米短弹更受欢迎，因此西格－绍尔公司推出发射9毫米×17毫米自动手枪弹的P230手枪。由于该枪的定位是小型防卫手枪，所以无论哪个版本的西格－绍尔P230手枪，都采用单排弹匣设计。

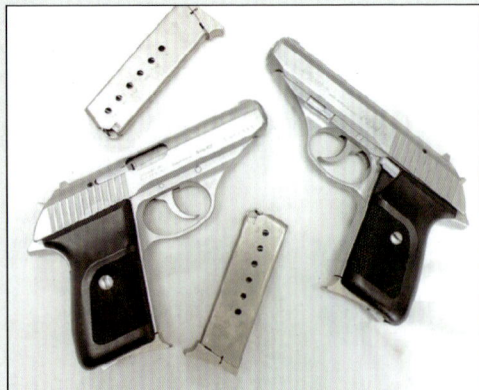

西格－绍尔P230手枪与备用弹匣

西格－绍尔P230手枪做工精致，套筒座采用铝合金材料制作，并做阳极化处理。套筒分为烤蓝钢和不锈钢两种型号，与烤蓝钢比较，采用不锈钢套筒的质量相对较重。

西格-绍尔P230手枪的细节图

拆下套筒的西格-绍尔P230手枪

西格-绍尔P230手枪最大的特色在于该枪小巧的尺寸以及平滑的外观，因此非常适合隐蔽携带。在瑞士与美国，一些警察除了会随身佩带制式手枪外，还会再佩带一支西格-绍尔P230手枪作为备用自卫武器。1994年，日本警视厅决定采用西格-绍尔P230为新一代警用手枪，总数达到十万支，并直接从德国进口。

西格-绍尔P232手枪

西格-绍尔P232手枪

1996年，西格-绍尔公司在西格-绍尔P230手枪的基础上改进推出了西格-绍尔P232手枪。与西格-绍尔P230手枪相比，西格-绍尔P232手枪握把形状更加符合人体工程学，这使射手握持更加舒适，进而提升射击精度。

西格-绍尔P232手枪的机械瞄具由可调缺口式照门和片状准星组成，准星和照门后侧均涂有白色荧光点，以方便射手在夜间环境瞄准。

与西格-绍尔P230手枪相同，西格-绍尔P232手枪外表同样也没有任何突出零件，因此非常便于快速出枪。再加上该枪整体厚度小，便于隐蔽携带，因此即便是在衣物较为单薄的夏季，也可以轻松携带。

用于收藏的工艺型西格-绍尔P232手枪

自动手枪

瑞士

世界轻武器档案 手枪篇

主要参数

- 枪口口径：10.16 毫米
- 全枪长度：190 毫米
- 空枪质量：0.86 千克
- 供弹方式：弹匣
- 弹匣容量：12 发
- 射击模式：半自动

西格普罗
系列手枪

1985年以后，采用聚合物套筒座的格洛克系列手枪占据了世界军警用手枪市场的半壁江山，从而促进了聚合物套筒座手枪的发展。1998年，瑞士西格（SIG）轻武器分部推出了该公司第一款聚合物套筒座手枪SP2340，并以"Sig Pro"为商标进入市场，音译为"西格普罗"，简称"SP"。

西格普罗系列手枪继承了西格–绍尔P220系列手枪的特点，采用枪管短后坐式自动工作原理和枪管偏移式闭锁机构，枪管弹膛下方的椭圆孔与西格P210手枪相同。在套筒进行后坐时，空仓挂机轴与枪管后端椭圆孔的开锁斜面相互作用，使枪管尾端向下倾斜，枪管与套筒脱离，实现开锁。套筒复进时，空仓挂机轴与椭圆孔的闭锁斜面相互作用，使枪管尾端上抬，闭锁凸榫进入套筒的闭锁槽，实现闭锁。

除了工作原理与闭锁方式，西格普罗系列手枪也沿用西格–绍尔P220系列手枪的保险机构，保险装置由滑动式自动击针保险卡锁、待击解脱柄、击锤保险卡槽组成，无手动保险。滑动式自动击针保险卡锁只有在扳机被扣动一段行程后才会解锁，否则会始终锁定击针，即使手枪不慎坠地也不会造成意外走火。待击解脱柄位于枪身左侧握把上方、空仓挂机解脱杆下面，安全释放击锤的同时，击锤保险卡槽被阻铁卡入，使击锤无法与击针后端接触，从而提高带弹携行的安全性。

相比西格–绍尔公司以往的产品，西格普罗系列手枪不仅改进了用料材质，还很好地提升了人机效应。西格普罗系列手枪采用模块化设计，模块式击发机构使该枪可在传统的单/双动击发和纯双动击发两种模式中任意选

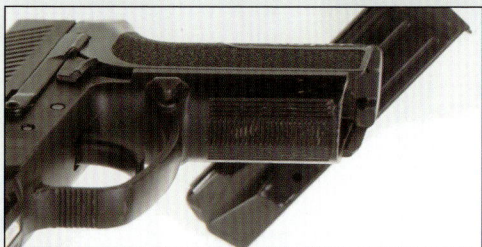

1998年推出的SP2340手枪共有两种口径，分别发射.40史密斯-韦森手枪弹和.357西格手枪弹。为进一步扩大警用市场，西格公司于1999年推出SP2009手枪，发射9毫米×19毫米帕拉贝鲁姆手枪弹，除口径不同外，其他内部结构均与SP2340手枪相同。

择，这样不仅使用起来更加人性化，维修起来也更加便利。握把模块化设计可使握把随意更换为不同尺寸的模块，而且该枪的握把后部都装有可更换握把套，射手可通过更换握把套来改变握把的大小。握把套分为塑料质细身握把套和橡胶质背面呈方形的大型握把套两种，无须工具即可更换。

不同于西格-绍尔P220系列手枪采用的金属套筒座，西格普罗系列手枪的套筒座与握把是一体的，由聚合物材料制成。皮卡汀尼导轨位于套筒座前端下方，以方便射手安装战术灯或激光指示器等战术挂件。

西格普罗系列手枪的套筒由不锈钢材料经切削加工制成，表面经黑色亚光处理，结构比西格-绍尔P220系列手枪的钢制冲压套筒更为牢固，同时防锈性也得以增强。矩形缺口式照门和片状准星嵌装在套筒顶部，照门较宽，瞄准基线长达150毫米，准星和照门两侧背面共嵌有三个氚光管，以便射手在夜间瞄准目标。

SP2340手枪内部构造图

安装在SP2009上的击发机构

西格-绍尔SP2022手枪的问世与使用

西格-绍尔SP2022手枪

2000年，西格公司的轻武器分部转让给德国绍尔公司，经交涉，绍尔公司获得"SIG"的商标使用权。

2002年，为参加法国政府执法机构（警察与国家宪兵队）手枪选型试验，绍尔公司以SP2009手枪为基础进

行改进，并根据法国政府在招标中提出的手枪使用期限至少20年的要求，设计出SP2022手枪，最终该枪被法国政府执法机构采用并获得大量订单。

西格普罗系列手枪的两种击发机构：左为纯双动，右为传统单/双动并设有待击解脱杆

SP2022手枪全枪长187毫米，空枪质量0.8千克，发射9毫米×19毫米帕拉贝鲁姆手枪弹，弹匣容量15发，无论外观还是内部结构，该枪都与SP2009手枪十分相似。

2005年1月，美国陆军坦克、机动车辆与军械司令部决定采用SP2022手枪作为制式手枪，因此，SP2022手枪成为继西格-绍尔P228手枪（美国陆军制式名称为"M11手枪"）之后的美军制式手枪。

西格-绍尔
P250手枪

西格-绍尔P250手枪是西格-绍尔公司于2004年推出的一款采用聚合物材料套筒座的半自动手枪，于2004年首次亮相。不同于西格-绍尔公司以往先推出全尺寸型手枪后推出其紧凑型的惯例，最先推出的是西格-绍尔P250手枪的紧凑型，而西格-绍尔P250手枪全尺寸型以及更加短小的袖珍型于2009年才被推出。

西格-绍尔P250手枪采用枪管短后坐式工作原理，枪管偏移式闭锁机构，纯双动击发机构，扳机行程约3毫米，隐藏式击锤设计，套筒后部平滑，适合隐蔽携行以及快速出枪。该

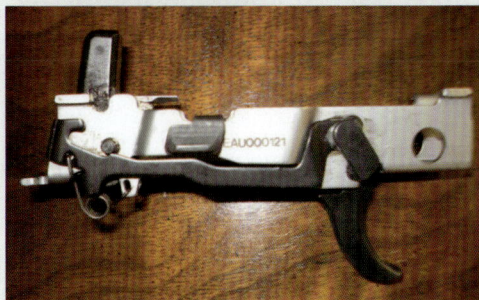

模块化的扳机组

枪套筒座采用聚合物材料制成，虽然看上去较为厚重，但实际上质量非常轻，充分发挥了聚合物材料手枪所特有的优点，如成本低、质量轻、使用寿命长，以及温度适应范围广等等。

西格-绍尔P250的手枪握把左右两侧以及前后两面均设有机压成型的防滑凸点，并且左右两侧都有拇指槽，这更加符合人体工程学，与西格-绍尔公司之前的产品相比，该枪握持更加舒适。

弹匣解脱钮位于握把与扳机护圈交接处，不同于多数手枪采用圆形弹匣解脱钮的设计，西格-绍尔P250手枪的弹匣解脱钮为经圆滑处理的三角形。该枪的机械瞄具由矩形准星和斜坡缺口式照门组成，为方便夜间快速瞄准，准星和照门后方均增设荧光点。此外，套筒座前部下方还有一条皮卡汀尼导轨，射手可根据不同的作战环境选择安装战术灯、激光指示器等战术配件。

在拆解西格-绍尔P250手枪时，首先要向后拉动套筒，使该枪处于空

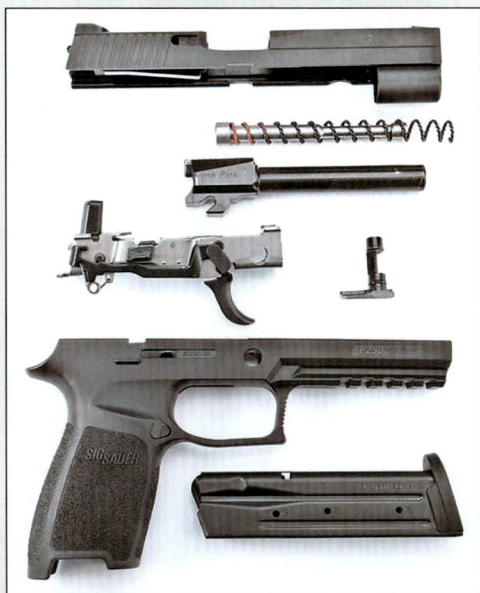

西格-绍尔P250手枪采用内藏式击锤设计

分解状态的西格-绍尔P250手枪

仓挂机的状态，然后将分解杆顺时针旋转90°，再向前推动套筒使其脱离套筒座。此时将分解杆取下，轻扣扳机，向后顶起击锤，抓住套筒滑轨并向上用力，就可以将发射机组件从套筒座上取出，整个分解过程仅需要二十多秒。发射机组件由击锤、扳机、分解杆、抛壳顶杆，以及套筒滑轨组成，在发射机组件被取出之后，西格-绍尔P250手枪基本就被分解完毕，这种设计方便射手维护及根据需要更换发射机组件。

此外，西格-绍尔P250手枪发射机组件和支撑套筒滑动的金属滑轨都采用一体化设计，可以整体脱离套筒座，因此，射手便可以根据个人手形或用途将整个套筒座模块进行更换，使握持更加舒适。

可更换套筒座的设计满足了用户的个性化需求

与大多数手枪的序列号被刻在套筒座上不同，西格-绍尔P250手枪的序列号被刻在发射机模块的侧面，所以说西格-绍尔P250手枪最重要的部分并非套筒座，而是发射机模块。

除了使用9毫米×19毫米帕拉贝鲁姆手枪弹，西格-绍尔P250手枪还可发射.40史密斯-韦森手枪弹、.357西格手枪弹，以及.45柯尔特自动手枪弹。

采用迷彩套筒座的西格-绍尔P250手枪

西格-绍尔P250袖珍型手枪

2009年推出的西格-绍尔P250全尺寸型手枪

主要参数

- ■枪口口径：9毫米
- ■全枪长度：140毫米
- ■空枪质量：0.58千克
- ■供弹方式：弹匣
- ■弹匣容量：6发、8发
- ■射击模式：半自动

西格-绍尔
P290袖珍手枪

西格-绍尔P290袖珍手枪是西格-绍尔公司于2010年推出的一款袖珍型自动装填手枪。该枪质量轻，尺寸小，非常适合隐蔽携带。

西格-绍尔P290袖珍手枪采用枪管短后坐式自动工作原理，枪管偏移式闭锁机构。由于扳机为纯双动结构，因此击锤无扳手，只有一小段击锤凸出套筒底端表面，所以无法手动将其扳动至待击状态，只能通过扣压扳机压倒击锤。击锤回转打击击针尾端，使击针前冲击打弹膛内子弹的底火，进而使子弹被击发。

此外，西格-绍尔P290袖珍手枪采用双复进簧设计，枪管下方的复进

簧导杆上套有一大一小两根复进簧。双复进簧的设计保证了套筒复进时的弹簧力，并且可有效缓冲由枪弹击发所产生的后坐力，这样在提升了枪支可靠性的同时，也提高了该枪的人机工效。

西格-绍尔P290袖珍手枪的枪管设计非常特别，枪管前端为一个喇叭状的凸起，毕竟9毫米帕拉贝鲁姆弹对于袖珍手枪而言会产生较大的动能，如此设计的目的在于使枪管和套筒后坐时能够更好地配合，不易出现故障。

西格-绍尔P290袖珍手枪的套筒沿用西格-绍尔P220系列手枪的设计，采用不锈钢制成，套筒前端的形状近似于方形，后端两侧有5条倾斜的防滑纹，以方便射手拉动套筒。该枪套筒右侧抛壳窗有一条较长的外露式抽壳钩，这能有效确保抽壳动作的可靠性。此外，西格-绍尔P290袖珍手枪的套筒有黑色和银色两种，射手可

根据喜好来自由选择。从外形上看，西格-绍尔P290袖珍手枪的棱角都经过圆润处理，无明显棱角。虽然该枪是一款袖珍手枪，但扳机护圈却是全尺寸型的，这样的设计保证了射手在扣压扳机时没有障碍。扳机护圈内部下方还有一个圆弧形凸起，在持枪时可帮助射手定位手指。此外，西格-绍尔P290袖珍手枪并未设计战术导轨，而只配有一个激光指示器，可安装在套筒座前部下方预留的安装孔上。

西格-绍尔P290袖珍手枪握把两侧的护板可以更换，射手可选择聚合物材料或木质握把护板。握把护板和握把前后两端的表面都带有塑压成型的防滑颗粒，这使握持更加舒适。

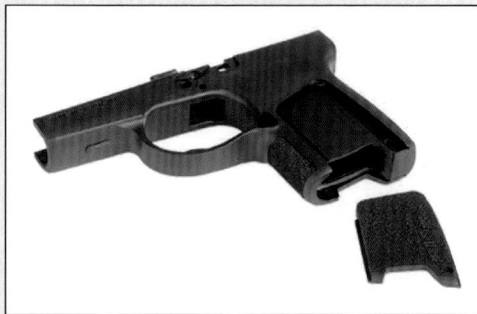

西格-绍尔P290袖珍手枪的握把护板可更换

西格-绍尔P290袖珍手枪发射9毫米×19毫米帕拉贝鲁姆手枪弹，使用单排弹匣进行供弹，弹匣容量6发，弹匣底部带有与握把配合的凸起，弹匣两侧各设有5个观测孔，以方便射手观察余弹数量。除了标准的6发弹匣，该枪还配有一款弹容量为8发的加长弹匣，其底部带有一个较大的弹匣底托，在插入8发加长弹匣后，弹匣底托与手枪握把完美衔接，这样的设计相当于加长了手枪握把，以适合手形较

自动手枪

大的射手使用。

西格-绍尔P290袖珍手枪的三点式瞄具采用全尺寸型的片状准星和缺口式照门，准星和照门后端均设有氚光管，以使射手在光照条件不良的环境中也能够精确瞄准。

隐藏式击锤特写

西格-绍尔P290袖珍手枪的个性化改装

各大知名枪械制造公司所推出的袖珍手枪通常发射.22LR弹、7.65毫米×17毫米手枪弹，以及9毫米×17毫米手枪弹等多种威力较小的手枪弹，而能够发射9毫米×19毫米帕拉贝鲁姆手枪弹的袖珍手枪非常少见。

女性用户使用西格-绍尔P290袖珍手枪

西格-绍尔公司想要填补这一空白，为此，西格-绍尔P290袖珍手枪就应运而生。

为了进一步满足客户对枪械个性化的需求，西格-绍尔公司还推出了沙色、棕色、白色、紫色、红色，以及粉色等彩色握把护板，这些彩色握把护板十分迎合女性用户群体对于彩色手枪的需求。因此，质量轻、外形小，又可以自定义握把护板颜色的西格-绍尔P290手枪，深受女性用户的喜爱。

西格-绍尔P290 RS手枪于2012年推出，用以替代老型号的西格-绍尔P290手枪，增设了重新待击功能（Restrike Capability）

分解状态的西格-绍尔P290 RS手枪

西格-绍尔 P320 手枪

主要参数

- 枪口口径：9毫米
- 全枪长度：203毫米
- 空枪质量：0.83千克
- 供弹方式：弹匣
- 弹匣容量：17发
- 射击模式：半自动

P320手枪是西格-绍尔公司在2014年的户外射击狩猎用品展上首度公开的一款自动装填手枪，是西格-绍尔公司在近年间推出的最新型的手枪产品，主要面向军警，以及北美民用市场进行销售。

由于西格-绍尔P320手枪是一款在西格-绍尔P250手枪基础上衍生的手枪，因此与西格-绍尔P250手枪有着较为相似的外形。西格-绍尔P320手枪沿用了P250手枪的套筒座及模块化的扳机组设计，但击发结构的设计却与西格-绍尔P250手枪有着本质上的不同——西格-绍尔P250手枪采用回转式击锤击发结构，而西格-绍尔P320手枪

则采用平移式击针击发结构，因此这两种枪型的套筒也各不相同。

西格-绍尔P320手枪与大多数平移式击针手枪一样，没有设计手动保

西格-绍尔P320手枪的沙色套筒座与扳机组

险，设有自动击针保险（如格洛克系列手枪）。扣动扳机时，当扳机向后运动一段距离后，自动击针保险就会解除，继续扣动扳机即可击发。

西格-绍尔P320手枪具有多种型号，分别为全尺寸型、携带型（使用紧凑型短套筒和全尺寸型长握把）、紧凑型以及半紧凑型（大小介于紧凑型与袖珍手枪之间）。任何一种枪型都配有三种不同尺寸的套筒座，分别为S号、M号、L号，再加上沿用了P250手枪

模块化扳机组的设计，射手可按照个人需求进行选择与更换。

以西格-绍尔P320手枪全尺寸型为例，该枪发射9毫米×19毫米帕拉贝鲁姆手枪弹，使用弹匣进行供弹，弹匣容量17发。此后，西格-绍尔公司又为该枪增加了三种口径，分别为.45、.40以及.357西格口径，分别发射.45柯尔特自动手枪弹、.40史密斯-韦森自动手枪弹以及.357西格手枪弹，这三种口径型号的弹匣容量分别为10发、14发、14发。

西格-绍尔P320紧凑型手枪

西格-绍尔P320手枪的三点式机械瞄具由片状准星和缺口式照门组成，使用方便，操作可靠。

如果说2014年的户外射击狩猎用品展上的西格-绍尔P320手枪只是"惊鸿一瞥"，那在之后美军的"模

块化手枪系统（Modular Handgun System，简称MHS）"竞标中可谓迎来"高光时刻"。

美军MHS项目主要是为了替换掉老旧的M9手枪，该项目于2011年由美国陆军主导，到了2015年初才正式开始进行。从2016年底到2017年初，一共有12家枪械制造厂商向美军提供了14款样枪参与竞争，其中包括伯莱塔M9A3、伯莱塔APX、格洛克19 MHS、HK VP9、FN509，以及西格-绍尔P320等手枪。

西格-绍尔P320手枪的另一"劲敌"，格洛克19 MHS手枪

手枪胜出，在经过了试装备后，成为美军新一代制式手枪。

美军所采用的西格-绍尔P320手枪分为两种型号，分别为标准型M17，以及紧凑型M18。M17型用于替换此前的M9手枪（伯莱塔92F手枪），M18型则用于替换M11手枪（西格-绍尔P228手枪）。

参与MHS项目的西格-绍尔P320手枪，与原版西格-绍尔P320手枪相比，套筒座右上方增加了手动保险

为了保证使用安全，美军的MHS选型项目要求手枪都要具备手动保险功能，所以西格-绍尔参选的P320手枪额外加装了手动保险。当然，像一些本没有手动保险的手枪，比如格洛克19MHS手枪，为了参选也加装了手动保险。

经过同台竞技，西格-绍尔P320手枪与格洛克19 MHS手枪成为最有希望胜出的两种枪型。最后，由于格洛克19 MHS手枪并不是真正的模块化设计，且分解时需扣动扳机释放击针，因此败下阵来，西格-绍尔P320

定型后的M17手枪（左）与M18手枪（右）

2018年之后，西格-绍尔公司开始向民间市场投放与美军制式规格相同的P320手枪，并将其命名为"P320-M17"与"P320-M18"。军用版与民用版的主要区别在于套筒上所铭刻的铭文，军用版套筒铭文为"SIG SAUER M17（或18）"，民用版的套筒铭文则为"SIG SAUER P320 M17（或18）"。

对于美军在MHS项目中对手枪需

因此，北美民间的使用者也开始对P320手枪进行各种试验，以测试该枪是否可靠。

虽然西格－绍尔P320手枪设计了自动击针保险，扳机扣动一段行程才能使保险解除。但经北美民间的枪械使用者试验发现，只要P320手枪的套筒后端受到一定程度的撞击，就会引起扳机移动，打开击针保险，释放击针，击发膛内枪弹，造成走火事故。

虽然出现事故的不是美军试装的XM17手枪，但这也让此前有采购西格－绍尔P320手枪的军警单位如临大敌，纷纷追加跌落测试不说，一些单位譬如达拉斯警局更是在2017年8月宣布召回已经配发的西格－绍尔P320手枪。

而面对如此故障与质疑，西格－绍尔公司开始紧急公关，并于同年8月宣布这个问题已得到解决，除了改进防跌落保险，还提高了跌落试验的标准。

依靠紧急公关与迅速改进，西格－绍尔公司顺利通过了这一危机。2018年1月，美国陆军宣布XM17手枪正式定型，并将其更名为"M17"。

要具备手动保险的要求，许多业内外人士都表示并不理解，毕竟枪械制造商总是将自动击针保险与防跌落保险宣传得过于可靠。然而，绝对可靠的枪械，是不存在的。

西格－绍尔P320手枪在竞标美军MHS选型项目中获胜后，进入美军并试装，此时的编号为"XM17"。试装进行没多久的时候，P320手枪就被曝出存在因跌落而走火的事故。

伯莱塔 M1934手枪

主要参数

- 枪口口径：9毫米
- 初速：259米/秒
- 全枪长度：152毫米
- 空枪质量：0.66千克
- 供弹方式：弹匣
- 弹匣容量：7发
- 射击模式：半自动

P.BERETTA·CAL.9 CORTO-M?1934-BREVET
GARDONE' V.T. 1942 XX

　　伯莱塔M1934手枪是意大利皮埃特罗·伯莱塔有限公司于1934年研发生产的一款自动装填手枪，第二次世界大战期间，该枪被广泛装备意大利陆军。

　　伯莱塔M1934手枪采用单动式扳机机构，整体外形小巧，结构简单，动作可靠。该枪有许多"一个零件两用"的设计，比如复进簧直接套在枪管上，使枪管也可作为复进簧导杆使用，极大地节省了套筒的内部空间。扣动扳机时，扳机连杆向后方运动，阻铁连接器以螺钉为支点逆时针转动。由于阻铁的凸柱进入阻铁连接器的上部开槽，这时阻铁沿逆时针方向转动，偏离击锤的缺口，当击锤落下，打击击针，击针撞击枪弹底火，便可击发枪弹。枪弹被击发产生的火药燃气推动套筒后坐，此时阻铁与扳机连杆脱离，套筒继续后坐完成抽壳、抛壳，以及压倒击锤等动作后，在复进簧的作用下复进，推弹入膛，当复进到位后完成闭锁。

伯莱塔M1934手枪的保险机构为手动保险，手动保险杆位于套筒座左侧，该装置兼作套筒止动器。当手动保险杆位于前方的"S"位置时，枪支处于保险状态并锁定扳机，但不会锁定阻铁和击针；当手动保险杆被拨动到后方的"F"位置时，枪支便处于待击状态，在膛内有弹并击锤已被压倒的情况下，扣动扳机即可击发。

伯莱塔M1934手枪发射9毫米×17毫米手枪弹，使用可更换式弹匣进行供弹，弹匣容量7发，该枪弹匣两侧设有较大的观测孔，以方便射手观察余弹数量。当弹匣中最后一发枪弹被击发后，弹匣托弹板会向后抬起卡住套筒，阻止套筒向前复进，从而提醒射手弹匣内枪弹已耗尽。拔出弹匣后套筒向前复进闭锁，由于复进簧的弹簧力通过套筒作用于托弹板，因此拔弹匣时会感到有明显的阻力。

此外，该枪的弹匣卡榫位于握把底部后方，在今天看来这样的设计非常缺乏人性化，使射手不能快速换弹。但在当时，这样的设计非常流行，多种手枪都采用弹匣卡榫位于握把底部的设计。

伯莱塔M1934手枪的安全性测试

只能锁定扳机的保险机构，因为过于简单，让人们对伯莱塔M1934手枪的安全性产生过怀疑，因此，对于该枪的安全性测试势在必行。

试验时，射手将取出弹头和发射药的空弹壳装入枪膛，从离松木板约1米的高度让该枪枪口朝下跌落并撞击松木板，结果击针的惯性略大于击针簧阻力，使击针撞击弹壳底火，但未能击发。因底火表面的撞击痕迹只有用放大镜才能看到，这让一部分人开始认可伯莱塔M1934手枪。

而另外一部分人依旧认为该枪的保险设计存在安全隐患，毕竟1米的高度并不算高，在手枪射击时手枪基本都与射手肩部平齐，这个高度基本都超过1米。在1米处跌落，击针尚且会撞击枪弹底火，虽动能不足以使枪弹击发，那么在更高的位置上跌落，是否就会击发造成走火事故？再者说，测试一支武器的安全性须经过多次试验并进行统计分析，仅一次试验并不能说明该枪是安全的，也不能充分证明该枪即使不慎掉落也不会造成意外走火事故。

伯莱塔 M1951手枪

主要参数

- ■枪口口径：9毫米
- ■初速：350米/秒
- ■全枪长度：203.2毫米
- ■空枪质量：0.87千克
- ■供弹方式：弹匣
- ■弹匣容量：8发
- ■射击模式：半自动

伯莱塔M1951手枪是意大利皮埃特罗·伯莱塔有限公司于1951年生产的自动手枪，同年作为制式手枪装备意大利军队。此外，以色列军队、埃及军队，以及尼日利亚警察也装备该枪。

伯莱塔M1951手枪的瞄准装置采用片状准星以及缺口式照门，可调风偏。发射9毫米×19毫米帕拉贝鲁姆手枪弹，采用单排式弹匣设计。该枪发射机构为单动击发，必须扳下击锤，使整枪处于待击状态后才可击发。

伯莱塔M1951手枪采用枪管短后坐式自动工作原理，枪管下方的凸起内装有摆动式闭锁卡铁和开锁顶杆。在扣动扳机，弹药被击发后，套筒和枪管先共同后坐13毫米，随后，开锁顶杆在套筒座的作用下向前撞击闭锁卡铁，使其下摆实现开锁。此时枪管下摆与套筒分离并停止后坐，而套筒继续后坐，完成抽壳、抛壳、压倒击锤等动作。

伯莱塔M1951手枪最大的特色是套筒上方有一段很长的切口，从切口部分中可看见枪管，这样的设计是防止在射击时退壳不良而造成故障的发生。此外，该枪的弹匣释放钮和手动保险钮都位于整枪握把后方，皆为按钮式。上面的按钮为手动保险，下面为弹匣释放钮。这种设计的缺陷在于，假如使用者不熟悉这种手枪的结构，很有可能不知道保险是否开启或解除。此外，弹匣释放钮位于握把下方，更换弹匣时无法单手操作，人机工效较差。

伯莱塔枪械制造公司

伯莱塔公司全称"皮埃特罗·伯莱塔有限公司"，是世界上最古老的枪械生产企业之一，伯莱塔家族于16世纪初期开始生产轻武器，因产品质量上乘而被意大利等多个欧洲国家委托制造枪械。伯莱塔公司标志中3支带环的箭代表的寓意分别为：容易瞄准，弹道平直，命中目标。

伯莱塔公司标志

意大利

主要参数

■ 枪口口径：9毫米　　■ 供弹方式：弹匣
■ 初速：375米/秒　　■ 弹匣容量：15发
■ 全枪长度：217毫米　■ 射击模式：半自动
■ 空枪质量：0.95千克

伯莱塔
92系列手枪

伯莱塔92系列手枪由伯莱塔公司于1970年开始设计，1975年公布于世，该枪是以伯莱塔M1951手枪为基础研制而成的新型军用手枪，具有安全性强、可靠性高，以及弹匣容量大等优点。

伯莱塔92手枪与该枪的弹匣

伯莱塔92手枪最大的特点是底把用航空铝材制成，套筒为钢制，早期握把护板为木质，后换为聚合物材料。该枪套筒依旧采用开顶式设计，这种套筒设计比不开顶的质量更轻，同时也减少了卡壳的可能性，抛壳口为180°，更便于射手向自己内侧倾斜拉动套筒排除卡弹故障。

伯莱塔92手枪采用枪管短程后坐式自动工作原理，双动击发机构。枪弹被击发后，枪管和套筒会先共同后坐一段距离，然后闭锁卡榫在开锁杆的作用下向下摆动，使枪管和套筒分离，实现枪机开锁。此时枪管停止后坐，套筒继续后坐，完成抽壳、抛壳，以及压倒击锤等一系列动作。

伯莱塔92手枪的保险机构为手动保险机构，该机构位于套筒后部，并设有待击解脱装置，使用时将击针偏离击锤头部，释放击锤，并使扳机杆同阻铁脱离。假如武器处于待击状态，保险机构可使击锤解脱待击状态；假如击锤突发意外动作，也不会击发膛室内的子弹。此外，该枪的抽壳钩兼具膛内有弹的提示功能，当膛室内有子弹时，拉壳钩会在侧面突出并显示出红色的视觉标记，提醒射手此时枪膛内有子弹。

有趣的是，最先装备伯莱塔92手枪的国家并不是意大利，而是巴西。

伯莱塔92手枪的衍生型号与使用

伯莱塔92S手枪

1976年，伯莱塔公司根据意大利警方的要求在伯莱塔92手枪的基础上增设了防跌落保险，这种保险可以使该枪意外掉落时不会因为震动而击发造成走火事故，更为安全可靠。这种改进型被称为"伯莱塔92S手枪"，该枪被意大利警方采用作为制式手枪，后来又被意大利宪兵装备，成为意大利军队的新型制式手枪。

伯莱塔92系列手枪的弹匣为双排单进式结构

伯莱塔92S-1手枪

伯莱塔92S-1手枪为92S手枪的改进版，1979年应美国空军的要求而改进，该型号在伯莱塔92S手枪的基础上将弹匣解脱钮改装在扳机护圈与握把相交的位置上，两侧均设有弹匣解脱钮，更加适合习惯用左手射击的射手使用。为防止射手握持过久手心出汗打滑，握把上增加了防滑纹。此外，伯莱塔92S-1手枪增大了机械瞄具，更方便射手快速瞄准。

伯莱塔92SB手枪

1980年，美军对于手枪的选择开始了更为苛刻的试验，伯莱塔公司以92S-1手枪为基础，增设击针保险机构，改进制成伯莱塔92SB手枪，并将该改进型手枪交给美国军方参加测试。伯莱塔92SB手枪上的击针保险装置能始终卡住击针，避免意外走火，只有在扳机被扣压一段行程后击针保险才会解除，并释放击针，因此安全性能显著提高，不过依旧未被美军采用。

空仓挂机状态的伯莱塔92F手枪

伯莱塔92F手枪

1983年，美军开始新一轮制式手枪试验，伯莱塔公司根据以往参加试验的经验，在伯莱塔92SB手枪的基础上进行改进，推出了伯莱塔92SB-F型

手枪。其主要改动为：将枪管内膛镀铬，枪管表面做黑色磨砂效果处理，增加套筒阻挡装置。为了让士兵能在加装消音器时双手稳定持枪，在扳机护圈前端增设防滑纹并改为内凹的形状，人机工效提升显著。伯莱塔公司认为"92SB-F"的名称过长，所以将该枪命名为"伯莱塔92F手枪"。

M9手枪

1985年，伯莱塔92F手枪在美军第一次手枪换代选型试验中被选中，并被美军正式命名为"M9手枪"，广泛装备美国陆军、海军、空军、海军陆战队等军事单位共约50万支。

M9系列手枪的最新型号——M9A3手枪

1991年，正值海湾战争之际，当时参战美军尉官以上的军官，包括海湾战争美军总司令施瓦茨科普夫将军，随身携带的都是M9手枪，并广泛装备特战队员、飞行员、坦克驾驶员

等快速反应兵种或技术兵种的士兵。

不过，M9手枪在阿富汗、伊拉克战场上高频率使用让该枪出现了弹匣弹簧力不足的故障，在手枪弹匣压满15发子弹后，因托弹弹簧压缩到底后弹力变弱，

加装了皮卡汀尼导轨的伯莱塔92G手枪，可安装战术灯和激光指示器

直接导致第一发子弹在拉动套筒上膛后无法进入膛室。该故障在实战中非常致命，需要装弹时少压1至2发子弹才能有效避免，所以，绝大多数的美军士兵在使用M9手枪时，弹匣中只安装13发子弹。

可加装消音器的M9手枪，由于早期消音器较大，挡住了瞄准视线，因此消音器上加装了准星和照门

伯莱塔92FS手枪

伯莱塔公司最初提交的M9手枪通常会出现套筒断裂的问题，因此根据美军的要求，伯莱塔公司为M9手枪增设套筒阻挡装置。此后伯莱塔公司将这一装置增设至伯莱塔92F手枪

上，推出了伯莱塔92FS手枪。

1989年，法国国家宪兵以宪兵型92FS作为制式手枪，该型号又称"伯莱塔92G手枪"。

伯莱塔92G手枪

伯莱塔公司于2004年推出草绿色的92FS OD手枪

意大利

主要参数

■枪口口径：9毫米　　■供弹方式：弹匣
■初速：375米／秒　　■弹匣容量：20发
■全枪长度：240毫米　■射击模式：半自动、
■空枪质量：1.17千克　　　　　三发点射

伯莱塔 93R冲锋手枪

　　伯莱塔93R冲锋手枪由伯莱塔公司于1975年设计，1979年正式正产，字母"R"取自意大利文"Raffica"的第一个字母，该词译为"点射"。该枪以伯莱塔92手枪为基础改进而成，在整体结构和外观造型上与伯莱塔92手枪大同小异。

　　伯莱塔93R冲锋手枪射击模式分为半自动和三发点射两种，快慢机柄设置在枪身左侧，由拇指操作。向上扳动为单发射击（半自动），在快慢机柄前面以一个白色圆点表示；向下扳动为三发点射，以三个白色圆点表示。当射手将快慢机柄设定在三发点射位置上时，扣压扳机即可发射三发

子弹。该枪的理论射速为每分钟1100发，但必须注意的是，在打完一个完整的三发点射前，射手必须始终扣压扳机，否则只能打出一至两发点射。

空仓挂机状态的伯莱塔93R冲锋手枪

　　射速过高必然会带来不易控制、枪口上跳严重、射击精度差等致命缺

点。为此，伯莱塔公司为伯莱塔93R冲锋手枪设计了三种解决方案。

方；当需要进行三发点射全自动射击时只需把小握把向下翻转45°，由另外一只手握住即可。

伯莱塔93R冲锋手枪与该枪配用的折叠枪托

首先，在握把底部装有一个折叠式金属枪托，使射手可以进行抵肩射击，以增强射击精度。

展开枪托和小握把的伯莱塔93R冲锋手枪

其次，在扳机护圈前方增加了一个折叠式小握把，当使用枪套携带时，可将握把收起，平贴在套筒座前

最后，伯莱塔公司将93R冲锋手枪的枪管加长至156毫米，在枪口上部的左右两侧各加开3个排气孔，在射手进行射击时，火药燃气从这6个排气孔排出，使枪口产生了一个向下的反作用力，从而解决了射击时枪口上跳的问题。

伯莱塔93R套筒铭文特写

伯莱塔93R冲锋手枪的小握把与枪托的使用姿式

主要参数

- ■枪口口径：9毫米
- ■初速：360米/秒
- ■全枪长度：168毫米
- ■空枪质量：0.73千克
- ■供弹方式：弹匣
- ■弹匣容量：12发
- ■射击模式：半自动

伯莱塔 9000s手枪

伯莱塔9000s手枪是意大利伯莱塔公司在2002年推出的一款紧凑型自动装填手枪，主要用途为民用自卫手枪。

伯莱塔9000s手枪沿用伯莱塔系列手枪特有的开顶式套筒设计，这种设计除了减轻枪支本身的质量，还方便射手处理供弹故障。

伯莱塔9000s手枪发射9毫米×19毫米帕拉贝鲁姆手枪弹，使用可拆卸式弹匣进行供弹，弹匣容量12发。此外，伯莱塔公司还推出了另外一种口径的9000s手枪，发射.40史密斯－韦森

伯莱塔9000s手枪左右两侧均有手动保险操作杆

手枪弹，弹匣容量10发。

伯莱塔9000s手枪的套筒座采用高分子聚合物材料，该枪是伯莱塔公司所生产的第一支大量使用聚合物材料的手枪，且做工精良，材质上乘。

除此之外，伯莱塔9000s手枪还是世界上发射9毫米帕拉贝鲁姆手枪弹的手枪中尺寸较小的一款，只有成年人手掌大小，因此，该枪非常容易装在口袋中或者藏匿在各种位置，特别适合射手隐蔽携行。当然，小巧的尺寸和中规中矩的威力除了被男性当作辅助武器使用以外，也获得了女性用户的青睐。

为了照顾到不同手形的射手，伯莱塔9000s手枪的弹匣底部设有一个可调节的手指托，可根据手形伸长与缩短，使用方便，操作可靠。

毁誉参半的伯莱塔9000s手枪

伯莱塔9000s手枪有着很多优点，并在上市后短暂流行，尤其是在意大利安保公司和一些欧美国家的民用市场上，都风靡过一段时间。但经过实际使用，一些使用者也发现该枪具有比较明显的缺陷。

例如伯莱塔9000s手枪握把过厚，从而使一些手形较小的射手并不能舒适握持；再加上枪支整体的平衡性不佳，进而直接影响到射击精度。因为这些缺陷，该枪的市场交易量迅速下降，伯莱塔公司也不得不在2006年停止生产该枪。

伯莱塔9000s手枪在电影作品中也有亮相，2002年，由史蒂文·斯皮尔伯格执导，汤姆·克鲁斯主演的电影《少数派报告》中就有该枪的特写镜头，由此可见，也有一些人十分钟爱这款手枪。或许，戏剧与枪械有着同一性，"一千个读者就有一千个哈姆雷特"——这句话同时也适用于枪械的挑选与使用。毕竟，每个对枪械感兴趣的人，心中都有一支最好的枪，对于每一支枪的使用体验，也因人而异。

意大利

世界轻武器档案 手枪篇

伯莱塔Px4 "风暴" 手枪

主要参数
- 枪口口径：9毫米
- 全枪长度：192毫米
- 空枪质量：0.79千克
- 供弹方式：弹匣
- 弹匣容量：17发
- 射击模式：半自动

伯莱塔Px4 "风暴" 手枪是伯莱塔公司于2005年推出的一款半自动手枪，其性能可靠、操作简单、设计独特，在美国民间广受欢迎。

自伯莱塔92F手枪成为美军的制式手枪以后，伯莱塔公司所设计生产的各型号手枪均未摆脱92系列手枪的影响，在紧凑型号的研发以及对于工程塑料的使用方面大大落后于其他枪械制造公司。20世纪80年代后期，奥地利格洛克公司率先推出大量使用工程塑料的格洛克17手枪，在枪械市场上广受好评。

出于对市场需求的考虑，伯莱塔Px4 "风暴" 手枪被进行了大胆改进，其采用枪管回转式闭锁系统，摒弃了92系列手枪的卡铁摆动式闭锁方式。相较后者，枪管回转式闭锁系统对于枪械的射击精度有显著提高。

伯莱塔Px4 "风暴" 手枪的套筒

座采用玻璃纤维强化的工程塑料加工而成，耐高温，防腐性也非常出色。套筒的加工材料与套筒座一致，并且在顶部两侧设有两道斜面，用于减轻整枪质量。此外，扳机护圈前方的套筒座部分还设有一道20毫米宽的皮卡汀尼导轨，用于安装战术灯、激光指示器等战术挂件，这使该枪可适应不同的作战环境。

不完全分解状态的伯莱塔Px4"风暴"手枪

伯莱塔公司考虑到使用者手掌大小不一的问题，在设计伯莱塔Px4"风暴"手枪时采用模块化握把设计，射手

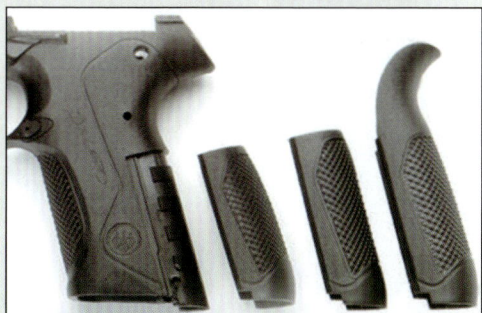

伯莱塔Px4"风暴"手枪三种不同尺寸的握把背板

可根据手掌的大小选择不同尺寸的握把背板，以使握持更加舒适。

空仓挂机状态的伯莱塔Px4"风暴"手枪

伯莱塔Px4"风暴"手枪的枪管轴线位置较低，所以枪口上跳并不严重。当射手双手持枪射击时，塑料套筒座特有的柔性再加上舒适的握持，有利于让射手在射击时保持稳定，再加上枪体易控制，使得射手在使用该枪时可以对处于快速移动的目标进行跟踪速射。

为进一步提高人机工效，伯莱塔Px4"风暴"手枪采用可互换式弹匣卡榫以及可双向操作的手动保险。射手可根据自己的习惯来随意选择操作方向，为防止扳动手动保险时打滑，手动保险表面设有防滑槽。此外，该枪还配套设计出了不同尺寸和形状的弹匣卡榫，供使用者选择，非常人性化。

伯莱塔Px4"风暴"手枪套筒前端特写

伯莱塔Px4"风暴"手枪细节特写

伯莱塔Px4"风暴"手枪的击发机构也采用模块化设计，不需要特殊工具即可进行分解和维护，只要零部件没有损坏，掌握一定维护技巧的射手都可以独自进行分解和维护，以应对紧急状态。

伯莱塔Px4"风暴"手枪机械瞄具后端设有荧光点

伯莱塔Px4"风暴"手枪的机械瞄具由缺口式照门和片状准星组成，且可更换，照门两侧和准星后侧的荧光点均涂有"超级磷"，只要吸收微弱的光，就能连续发光半小时，使射手在黑暗环境中也能快速做出反应。

此外，伯莱塔Px4"风暴"手枪

共有四种型号，特点如下：

C型：纯双动型，比其他双动型号的扳机行程更短，扳机力也更轻；

D型：纯双动型，无手动保险和待击解脱杆；

F型：单/双动型，设有手动保险和待击解脱杆；

G型：单/双动型，设有待击解脱杆，但没有手动保险机构。

伯莱塔Px4"风暴"手枪的内部构造图

自动手枪

伯莱塔 90two手枪

主要参数

- 枪口口径：9 毫米
- 供弹方式：弹匣
- 初速：381 米/秒
- 弹匣容量：17 发
- 全枪长度：216 毫米
- 射击模式：半自动
- 空枪质量：0.92 千克

伯莱塔90two手枪是意大利伯莱塔公司于2006年研发生产的全尺寸型自动装填手枪。该枪是一款继承了伯莱塔92FS手枪部分设计元素的新型伯莱塔手枪。

伯莱塔90two手枪的内部结构与伯莱塔92FS手枪基本相同，也采用枪管短后坐式自动工作原理，枪管偏移式闭锁机构，回转式外露击锤，只是对一些细节做出改进。例如伯莱塔公司在该枪的套筒座内部增设了一个蓝色缓冲垫，位于套筒座内侧与套筒撞击的部位，向前方凸出约2毫米，该缓冲垫有利于缓和因枪弹击发产生的后坐力，有效提高射击精度。

伯莱塔90two手枪沿用伯莱塔系列手枪特有的开顶式套筒设计，枪支

的外形与线条更加前卫，并有效提升了该枪的人机工效。例如：伯莱塔公司考虑到射手掏枪和收枪的动作，一改伯莱塔92FS手枪的方形扳机护圈设计，采用了带有弧度的扳机护圈。

皮卡汀尼导轨特写

分解状态的伯莱塔90two手枪

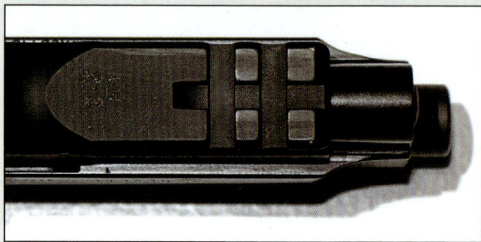

伯莱塔90two手枪的皮卡汀尼导轨护套

从外形上看，伯莱塔90two手枪的套筒座似乎是采用聚合材料加工而成的，其实并非如此。该枪的套筒座使用计算机数控技术加工金属件，并在金属表面覆盖聚合物材料，使得伯莱塔90two手枪在具有现代感的外形的同时，还拥有金属套筒座手枪的质量感，因此射击时重心较稳，使射手可以更好地控制枪口上跳。

伯莱塔90two手枪的握把采用一体成型的筒状握把，外形圆润，无明显棱角。此外，对该枪只需进行简单操作，就可以更换不同尺寸和形状的握把，让手形大小不一的使用者都能做到舒适握持，有效提升了伯莱塔90two手枪使用的舒适性和搭配的个性化。

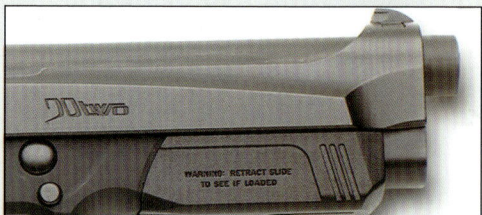

伯莱塔90two手枪皮卡汀尼导轨护套上的铭文

为增强扩展性，在伯莱塔90two手枪的扳机护圈前方设置一条皮卡汀尼导轨，用于安装战术灯或激光指示器等战术附件。此外，该枪的战术导轨上还安装有导轨护套，其目的在于防止枪支受到意外撞击时导轨破损，并能隐藏导轨部件。有趣的是，伯莱塔90two手枪的导轨上面刻有提醒射手在使用之前确认

空仓挂机状态的伯莱塔90two手枪

膛内是否有弹的铭文，而装上导轨护套的话这一行铭文会被遮挡。由于伯莱塔公司对于枪械使用的安全性高度重视，因此又在导轨护套上刻上了一串相同的文字，用以提醒射手在使用时注意安全。

伯莱塔90two手枪发射9毫米×19毫米帕拉贝鲁姆手枪弹，使用双排弹匣进行供弹，弹匣容量17发，该枪也被称为"基础型"。除此之外，该枪还有另外一个口径版本，发射.40史密斯-韦森手枪弹，弹匣容量12发。

伯莱塔的象征
与90two手枪

伯莱塔公司所设计生产的手枪其最大的特点就是采用了开顶式套筒的设计，这种大型抛壳窗使该枪的枪管几乎暴露无遗，即使对于枪械了解并不多的人，对于这种匠心独具的设计也印象深刻。

伯莱塔92FS手枪的成功，也提高了伯莱塔公司的知名度，但同时也给该公司的后续产品造成局限性，难以突破原有设计。

为打破这一僵局，伯莱塔公司曾推出9000s手枪，该枪在销售初期曾引起美国洛杉矶警局的兴趣，并对该枪进行试射。可结果却让人大跌眼镜，几乎所有试射伯莱塔9000s手枪的警员都表示，这并不是他们所期待的伯莱塔手枪。

后来伯莱塔公司又推出采用常规套筒设计的Px4"风暴"手枪，该枪摒弃了开顶式套筒，套筒座由玻璃纤维增强塑料加工而成，但依旧有客户对这把枪存有怀疑，他们认为，只有采用开顶式套筒的伯莱塔92FS手枪才是真正的伯莱塔手枪。

正因此，伯莱塔90two手枪问世。

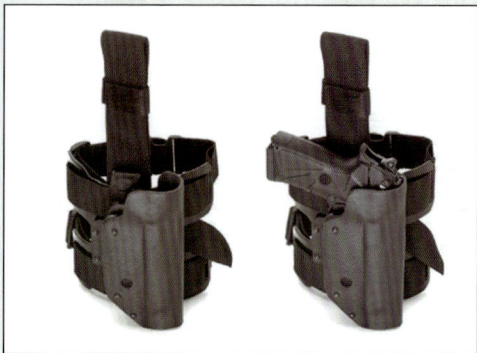

伯莱塔90two手枪的腿部快枪套

奥地利

主要参数

■枪口口径：9 毫米	■供弹方式：弹仓
■初速：341 米 / 秒	■弹仓容量：8 发
■全枪长度：216 毫米	■射击模式：半自动
■空枪质量：1.2 千克	

斯太尔 M1912手枪

斯太尔M1912手枪是奥地利斯太尔公司于1912年推出的一款自动装填手枪，曾应用于第一次世界大战和第二次世界大战。

斯太尔M1912手枪采用枪管后坐式工作原理和枪管旋转式闭锁机构，枪管中部设有螺旋状凸起，套筒座上也设有与之相对应的螺旋槽。在膛室内的子弹被击发后，套筒与枪管共同后坐，在枪管螺旋凸起与套筒座螺旋槽的配合作用下，枪管绕自身轴线进行旋转，枪管上的闭锁凸榫从套筒上相应的闭锁凹槽中滑出，完成枪机开锁动作。而此时套筒继续后坐，并完成抽壳、抛壳、压倒击锤等动作。在复进簧的作用下，套筒推动枪管复进并推弹入膛，在枪管螺旋状凸起与套筒座螺旋槽的相互作用下，枪管绕自身轴线反向旋转，枪管上的闭锁凸榫进入套筒的闭锁凹槽中，枪机完成闭锁，手枪进入待击状态。

空仓挂机状态的斯太尔M1912手枪

斯太尔M1912手枪为击锤击发式手枪，该枪的击发结构也较为特别。绝大多数的击锤击发手枪无论推式扳机还是拉式扳机，一般都有一个阻铁零件，阻铁用于卡住击锤，在扣动扳机时，扳机推杆或拉杆带动阻铁转动，使阻铁和击锤上的待击卡槽脱离，这时击锤在击锤簧的作用下转动打击击针，击发膛内子弹。而斯太尔M1912手枪并未设置单独的阻铁，而是在片簧上直接加工出卡齿，待击时用卡齿直接卡住击锤待击卡槽。当射手扣下扳机后，扳机拉杆拉动片簧，片簧上的卡齿与击锤待击卡槽脱离分开，击锤转动打击击针，击针撞击膛室内子弹的底火，击发子弹。也就是说，该枪的片簧一物两用，既是"阻铁"，也是"阻铁簧"，代替了阻铁和阻铁簧的作用。

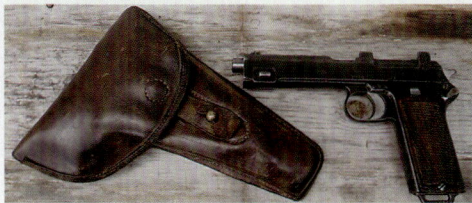
斯太尔M1912手枪与枪套

斯太尔M1912手枪发射奥匈帝国特有的9毫米×23毫米手枪弹，采用固定式弹仓供弹，弹仓容量8发。在装弹时，需要将套筒拉到后方位置，使套筒上的抛壳窗对准弹仓顶端才可装弹，该枪可以使用桥夹直接压入8发子弹，也可以将子弹逐发压进弹仓。此外，该枪还设有空仓挂机功能，当弹仓内的子弹全部击发后，托弹板会将套筒卡在后方位置，以方便射手快速装填子弹——但即使如此，这种固定弹仓式的换弹速度也远低于采用可拆卸式弹匣的手枪。

斯太尔M1912手枪与该枪发射的9毫米×23毫米手枪弹

为了方便射手在不使用手枪时将弹仓内的子弹退出，该枪的握把左侧上方设有阻弹器，将套筒拉到后方位置。按下阻弹器，弹仓内的子弹就会在托弹板弹簧的作用下弹出；如果不按下阻弹器，即使套筒被拉到后方，子弹仍会被卡在弹仓内。

斯太尔M1912手枪的装弹方式

斯太尔M1912手枪分为军用型和民用型两种，其区别在于军用型的斯太尔M1912手枪的准星是一个独立的零件，安装在套筒前方的准星座内，而民用型的准星与套筒为一体式设计。

完全分解状态的斯太尔M1912手枪

丰富的服役经历

斯太尔M1912手枪由捷克著名枪械设计师伽列·科恩卡设计。1897年，他开始着手进行自动装填手枪的设计，并与另外一位枪械设计师罗恩共同研制出罗恩-斯太尔M1907手枪，装备于奥匈帝国的骑兵部队。该枪发射8毫米罗恩-斯太尔手枪弹，是世界上最早列装的自动装填手枪之

自动手枪

斯太尔M1912手枪右视图

斯太尔M1912手枪扳机特写

一，斯太尔兵工厂和布达佩斯轻武器制造厂均批量生产过该枪。第一次世界大战结束后，罗思-斯太尔M1907手枪又作为战争赔偿成为意大利军队的装备，并被意大利军队一直使用到1941年。

然而在罗思-斯太尔M1907手枪列装不久就暴露出一些设计上的缺陷，主要问题集中在结构和使用方法过于复杂。因此，科恩卡又在该枪原有的自动方式和闭锁机构的基础上，于1911年研制出一支新型手枪以及发射停止作用更好的9毫米×23毫米手枪弹，并命名为"斯太尔M1911手枪"。

但斯太尔M1911手枪在刚推出时并未引起军方的兴趣，因此斯太尔公司只能将该枪作为民用型号生产。1912年，该枪被奥匈帝国军方采用作为制式手枪，军用型被命名为"斯太尔M1912手枪"。

在列装奥匈帝国军队后不久，斯太尔M1912手枪又引起其他国家的关注。如罗马尼亚军队于1913年开始订购该枪，1914年智利军队也采购该枪用作制式手枪。第一次世界大战期间，巴伐利亚军方也注意到了斯太尔M1912手枪的可靠性和威力，并于

1916年与斯太尔公司签下一万支该枪的订单。

第一次世界大战结束后，斯太尔M1912手枪继续在奥地利、匈牙利、罗马尼亚、智利、波兰，以及南斯拉夫军队中服役，并经历了第二次世界大战的洗礼。1938年，奥地利被德国吞并，该枪又成为德国警察机构的制式武器。由于德国当时的手枪弹为9毫米×19毫米帕拉贝鲁姆手枪弹，因此在1940年，德国当局决定对6万支斯太尔M1912手枪进行改造，更换新枪管，用以发射9毫米×19毫米帕拉贝鲁姆手枪弹。改造后的型号将原先的生产批号磨平，又在套筒上铭刻"08"的标记，标明只能发射9毫米×19毫米帕拉贝鲁姆手枪弹，并被第二次世界大战时期的德军重新命名为"P12（8）型手枪"。

斯太尔GB手枪

主要参数

- 枪口口径：9毫米
- 初速：361米/秒
- 全枪长度：215毫米
- 空枪质量：0.95千克
- 供弹方式：弹匣
- 弹匣容量：18发
- 射击模式：半自动

斯太尔GB手枪是奥地利斯太尔公司于20世纪70年代推出的一款军、警用战斗手枪，并成功被奥地利军队采用作为制式手枪。

斯太尔GB手枪采用半自由枪机式自动原理，以及特殊的气体延迟后坐开闭锁机构，这种开闭锁机构的设计方式为：在枪管气环的左右两侧均设有两个对称的气孔，套筒前段设有枪口帽，枪口帽套在枪管上的气孔外部，并形成环形气室。枪弹被击发后，产生的火药燃气中，一部分经气孔进入环形气室内，并作用于枪口帽前端，以此降低套筒的后坐速度，进而起到延迟套筒后坐的作用。

斯太尔GB手枪采用双动式扳机机构，设有击锤待击解脱杆。击锤待击解脱杆位于枪身左侧套筒后方，向下拨动待击解脱杆即可使击锤解除待击，并增加扳机行程；再次射击时该枪即处于双动状态，所需的扳机力更大，扳机行程也更长。

斯太尔GB手枪附件中配有两个擦拭毛刷，分别为铜质和钢质，假如枪管内膛污垢较多需要分解该枪进行清理维护时，可在分解后将擦拭杆和毛刷连接起来组成一根完整的通条，然后使用钢质毛刷清除掉大块污垢，再更换铜质毛刷仔细擦拭枪管内膛。

斯太尔GB手枪发射9毫米×19毫米帕拉贝鲁姆手枪弹，使用双排双进弹匣进行供弹，弹匣容量高达18发，弹匣左右两侧均设有6发、12发、18发观察孔，以方便射手观察弹匣余弹数量。此外，该枪还设有空仓挂机机构，空仓挂机解脱杆位于枪身左侧扳机正上方，射手可通过持枪手的拇指操作空仓挂机解脱杆，使用方便，操作可靠。

斯太尔GB手枪的机械瞄具由片状准星和方形缺口式照门组成，准星和照门后端都涂有荧光点，便于射手在光照条件不良的环境中进行瞄准。

斯太尔GB手枪的落选

斯太尔GB手枪是斯太尔Pi18手枪的改进型，1983年，斯太尔GB手枪与伯莱塔M92F手枪、西格-绍尔P226手枪、瓦尔特P88手枪、勃朗宁FN-DA手枪，以及HK P7M13手枪一同参加美国陆军的制式手枪选型试验。最终，伯莱塔92F手枪被美国陆军采用作为制式手枪并服役至今，斯太尔GB手枪也因此落选。

奥地利

<table>
<tr><td colspan="2">主要参数</td></tr>
<tr><td>■枪口口径：9毫米</td><td>■供弹方式：弹匣</td></tr>
<tr><td>■初速：360米/秒</td><td>■弹匣容量：14发</td></tr>
<tr><td>■全枪长度：176毫米</td><td>■射击模式：半自动</td></tr>
<tr><td>■空枪质量：0.85千克</td><td></td></tr>
</table>

斯太尔
M系列手枪

斯太尔M系列手枪由斯太尔公司于1999年推出，主要对警用和民用市场进行销售。最先推出的基础型斯太尔M系列手枪为斯太尔M9手枪，发射9毫米×19毫米帕拉贝鲁姆手枪弹。

斯太尔公司在推出9毫米口径的M系列手枪后，又陆续推出两种口径手枪，分别发射.40史密斯-韦森手枪弹和.357西格手枪弹，命名为"斯太尔M40手枪"和"斯太尔M357手枪"。

整个斯太尔M系列枪族一共有M、M-A1、S、S-A1四种型号，其中，S和S-A1为这一系列手枪的紧凑型，紧凑型手枪只有发射9毫米和.40史密斯-韦森手枪弹两种口径，其命名方式为首字母后加弹种名称，如发射.40史密斯-韦森手枪弹的M-A1手枪被命名为"斯太尔M40-A1手枪"，而发射9毫米×19毫米帕拉贝鲁姆手枪弹的S-A1手枪则被命名为"S9-A1手枪"，可从套筒上的铭文分辨该枪的具体型号。

分解状态的斯太尔M9手枪

斯太尔M9-A1手枪

斯太尔M系列手枪采用枪管偏移式闭锁机构，该枪的保险机构由扳机保险、自动击针保险、手动保险，以及内置手枪锁组成。

斯太尔S系列紧凑型手枪

斯太尔M系列手枪的扳机保险与格洛克手枪相似，即在扳机前安装一个小杠杆，就像主扳机前装备一个小扳机，当射手扣动扳机时，必然会先压下前面的小扳机，才能扣动主扳机并击发。此外，该枪的扳机与自动击针保险联动，扳机未被扣动时，自动击针保险锁定击针，即使手枪掉落造成撞击也不会造成意外走火。扣动扳机时，击针保险解除，释放击针，击针击打枪弹底火，枪弹被击发。由于斯太尔M系列手枪的扳机力只有22牛顿，扳机行程也较短，因此一些美国警局的负责人对该枪的安全性抱有疑

虑。为进一步扩大警用市场，2000年，斯太尔公司专门为美国警用市场提供了扳机力为31牛顿的扳机设计，只需更换阻铁即可，并可以通过更换扳机拉杆来延长扳机行程。

斯太尔M9手枪弹匣特写

斯太尔M系列手枪的手动保险也是为了美国警用市场而设计。按下枪身右侧扳机护圈上方的小按钮可开启保险，此时扳机被锁定。将枪身两侧扳机前方的保险块上推即可解除保险，使枪支进入待击状态。由于这种使用食指操作的扳机保险并不符合大多数人的用枪习惯，因此斯太尔公司在后来推出的M-A1系列改进型手枪中推出了无手动保险和有手动保险两种型号，供买家自由选择。

斯太尔S9-A1手枪

斯太尔M系列手枪内置手枪锁的设计较为罕见，其实就是通过一把钥匙将手枪的所有功能都锁定，使手枪不能使用。该内置手枪锁的锁孔位于枪身右侧扳机护圈上方的手动保险按

钮后侧，并设有"S"和"F"两个字母标记。当锁孔对准"S"时，可使枪支锁定；锁孔对准"F"时，该枪则处于解锁状态。

斯太尔M系列手枪的内置枪锁

斯太尔M系列手枪的套筒采用钢材制成，并在金属表面镀有一层镍，用以提升套筒的表面硬度和抗腐蚀性。该枪的发射机构并非直接安装于聚合物套筒座上，而是由一个钢制的骨架的发射机座整合，再安装到套筒座上。由于该枪的套筒座完全通用，因此，假如射手想要改变一支斯太尔M系列手枪口径的话，只需要更换枪管、套筒、复进簧，以及弹匣即可。

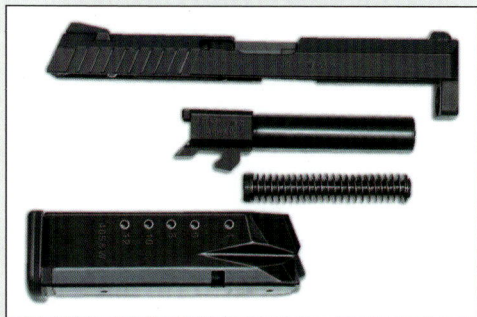
斯太尔M系列手枪的不同口径改装件，用于发射.40史密斯−韦森手枪弹和.357西格手枪弹

斯太尔M系列手枪的握把在虎口位置有一个明显的内凹形状，这样的

握把被称为"骆驼背"，如此设计再加上握把上部有挂靠中指用的凸起，使射手在握枪时使用拇指和中指就能握紧握把。握把整体呈卵型，后端圆润，前端有棱角，握持舒适，指向性好，再加上枪管轴线更接近握把，因此在射击时，该枪的枪口上跳非常容易控制，从而有效提高了射击精度，以及击发后再次瞄准目标的速度。

符合人体工程学设计的握把，使射手可以舒适握持

为了增强斯太尔M系列手枪的拓展性，该枪的套筒座前部下方设有一条战术导轨，可供射手安装战术灯或激光指示器等战术挂件。

斯太尔M系列手枪的机械瞄具由三角形准星和梯形缺口式照门组成，准星背面涂有三角形氚光标记，梯形照门后端涂有平行四边形的氚光长条，用于在光线不足的情况下瞄准。

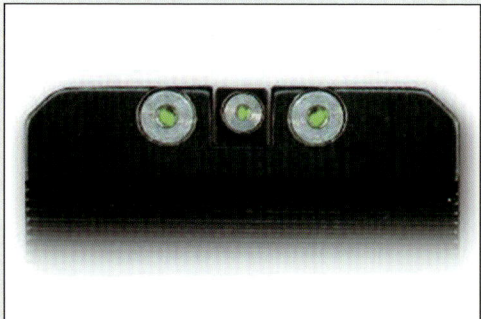
多数手枪都使用常规的三点式机械瞄具

三角形准星和梯形照门

尽管斯太尔公司认为斯太尔M系列手枪这种不同寻常的机械瞄具有助于提升瞄准速度和射击精度，但在实际使用时，射手很难看到狭窄的准星顶端，从而难以保证准星顶端和照门顶端能保持水平位置，因此，许多人都难以适应这种造型新颖的反传统瞄具。

斯太尔M手枪的机械瞄具

奥地利

自动手枪

格洛克17手枪

主要参数

- 枪口口径：9毫米
- 初速：357米/秒
- 全枪长度：186毫米
- 空枪质量：0.62千克
- 供弹方式：弹匣
- 弹匣容量：17发
- 射击模式：半自动

1983年，奥地利格洛克有限公司应奥地利陆军的要求，研制出格洛克17型9毫米手枪，该枪为格洛克公司独立设计的第一款手枪。如今已发展为拥有多种口径和几十种型号的格洛克手枪家族。

格洛克17手枪采用枪管短后坐式自动工作原理以及枪管偏移式闭锁机构，并大量采用工程塑料零部件，如扳机、套筒座、弹匣体、托弹板、发射机座、瞄准器、复进簧导杆、前后瞄准器和抛壳挺顶杆，以及发射机座销等，这些塑料零部件基本都是由聚甲醛制成，使整枪质量减少至0.62千克，以便于射手携带。

格洛克17手枪并未设置外部保险，因此枪身表面光滑，非常适合特战队员或警察在紧急状态下拔枪速

射，不易造成钩挂。该枪的内部保险由三个保险机构组成，分别为：扳机保险、击针保险和防跌落保险。

扳机保险可以说是格洛克手枪的一大特色，其位于扳机中间，呈片状结构，与扳机连杆形成一个整体部件，是三种保险机构的核心部件，所以，只有在扣压扳机时才能解脱保险机构。因此使用非常方便，扣压扳机就能击发，而手指一旦离开扳机，

手枪随即处于保险状态。而该枪的扳机力也可根据个人需要在19.6牛顿至39.2牛顿之间进行调整，以应对不同射手的需求。

此外，格洛克17手枪的结构十分简单，包括弹匣在内，全枪只有32个零部件，用一把销子即可在1分钟内将全枪分解完毕。

空仓挂机状态的第4代格洛克17手枪，套筒上刻有铭文"Gen4"

法国军队采购的第五代格洛克17手枪

格洛克17手枪几种不同尺寸的握把背板

击针保险采用常规保险设计，在预扣扳机5毫米行程后会解除击针保险，此时该枪处于待击状态，再扣2.5毫米扳机行程即可释放击针打击枪弹底火，使子弹被击发。如松开扳机，击针将重新被击针保险机构锁死，无法打击底火。

防跌落保险功能通过扳机连杆后端的"十字"形结构实现，可防止手枪在跌落时由于猛烈撞击所造成的扳机和扳机连杆在惯性作用下后移而形成击发，引发走火事故。

使用格洛克17手枪的士兵

格洛克"家族"

格洛克19型9毫米手枪

格洛克19手枪为格洛克17手枪的紧凑型，相较之下具有体积更小、质量更轻，以及结构更为紧凑等特点，便于

格洛克19手枪，相比格洛克17手枪结构更为紧凑

隐蔽携带。该枪整体长度为177毫米，空枪质量0.59千克。射击模式为半自动，标准弹匣可容纳15发9毫米×19毫米帕拉贝鲁姆手枪弹，亦可使用格洛克17手枪的17发弹匣进行供弹。

格洛克20型10毫米手枪

格洛克20手枪由格洛克公司于1991年推出，该枪与格洛克17手枪结构基本相同，专门针对美国警用和民用市场设计，发射原本为美国联邦调查局（FBI）设计的10毫米AUTO手枪弹。

与发射9毫米手枪弹的格洛克17手枪相比，格洛克20手枪的尺寸要比格洛克17手枪的尺寸略大百分之十，除一些主要部件以外，多数小部件两枪可通用。该枪标准弹匣可容纳15

发10毫米手枪弹，枪口初速达到每秒375米，射击模式为半自动。

格洛克20手枪

格洛克21手枪

格洛克21手枪是格洛克20手枪的.45口径版手枪，装有改良过的套筒及套筒导轨，以及对应发射.45柯尔特自动手枪弹的枪管，其外形与格洛克20手枪非常相似。由于美国民间对于.45柯尔特自动手枪弹的情有独钟，推出后便受到美国民用枪械市场欢迎以及被多个执法部门采购。

格洛克21手枪

格洛克21手枪的外形尺寸较大，携带不便，此外，由于.45柯尔特自动手枪弹体积较大，而该枪弹匣又是采用双排设计，虽然可容纳13发子弹，但也直接导致握把较为宽厚，所以，手形较小的射手无法舒适握持该枪。

格洛克18手枪

主要参数

- 枪口口径：9毫米
- 初速：360秒/米
- 全枪长度：223毫米
- 空枪质量：0.64千克
- 供弹方式：弹匣
- 弹匣容量：10发、17发、19发、33发
- 射击模式：半自动、全自动

1988年，格洛克公司在格洛克17手枪的基础上设计出格洛克18手枪，主要用于装备特种部队以及部分军警人员。

作为格洛克17手枪的改进版，格洛克18手枪同样具备设计轻便、机构简单等优点，而两种型号最大的不同之处在于格洛克18手枪的套筒后部左侧设有一个快慢机，用于切换射击模式。当快慢机上旋时，射击模式为半自动，只能进行单发射击，而当快慢机下旋时则进入全自动发射模式，可进行连发射击。

格洛克18手枪套筒后侧的快慢机

格洛克18手枪在全自动模式下理论射速极高，达到每分钟1300发，子弹消耗也很快。而该枪的标准型弹匣仅能容纳17发子弹，这意味着扣住扳机不放，两秒内就能将弹匣内的子弹全部射出。因此，为增强火力持续性，格洛克公司特别研制出了33发弹匣。

格洛克18手枪因有着火力强、外形小、质量轻等特点，因此不对民用

市场销售，只提供给特种部队、特警等快速反应单位。出于对治安方面的考虑，格洛克18手枪的零部件不能与其他格洛克系列手枪互换。

分解状态的格洛克18C手枪

格洛克18手枪共经历过三次改进，最新的改进型被称为"第三代格洛克18手枪"。产于1999年以后的格洛克18手枪都在套筒座前部下方设有导轨，用于安装战术灯、激光指示器

等战术挂件；此外，还在握把上增设手指凹槽，使握持更加舒适。

空仓挂机状态的格洛克18C手枪

全自动射击的格洛克18手枪

结者"人形机器人回到过去刺杀约翰·康纳的故事。

格洛克18C手枪为格洛克18手枪的枪口补偿改进型（Compensated model），在枪管前端安装了枪口补偿器，用于解决全自动射击时枪口上跳的问题。

在《终结者》中，由阿诺德·施瓦辛格饰演T850机器人，剧中就有其使用格洛克18手枪进行全自动射击的场景。

格洛克18C手枪与配套的弹匣

安装了加长弹匣的格洛克18手枪

硬汉与格洛克18手枪

《终结者3》是《终结者》系列电影的第三部，《终结者》系列影片主要讲述的是：21世纪人工智能（电脑）"天网"发展到拥有自主意识而引发世界末日，人类社会秩序崩溃，人类幸存者在领袖约翰·康纳的领导下，在与"天网"的战争中逐渐取得主动权，因此"天网"派出"终

格洛克18C手枪的加长弹匣

奥地利

格洛克43手枪

主要参数
- 枪口口径：9毫米
- 全枪长度：159毫米
- 空枪质量：0.51千克
- 供弹方式：弹匣
- 弹匣容量：6发
- 射击模式：半自动

格洛克43手枪是奥地利格洛克公司于近年间设计并推出的袖珍型半自动手枪，其做工精致，外形小巧，是一款不可多得的备用手枪。

与其他型号的格洛克手枪相同，格洛克43手枪也采用枪管短后坐式自动工作原理，枪管偏移式闭锁机构，并且通过平移式击针击发弹膛内的子弹，是一支击针击发式手枪。此外，该枪还采用了双复进簧设计，在降低了后坐力的同时，还提高了枪支的可靠性与使用寿命。

针，击针击打膛内子弹底火，使子弹击发。格洛克43手枪的扳机力为24.5牛顿，扳机行程约12.5毫米。

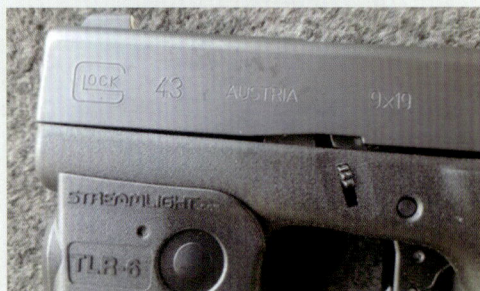

空仓挂机状态的格洛克43手枪与该枪的几种备用弹匣

格洛克43手枪的保险机构由扳机保险、自动击针保险组成。扳机保险与副扳机联动，射手在扣压扳机时，先压下副扳机才能解除扳机保险，使主扳机能向后扣压。而该枪的自动击针保险则在主扳机被扣压一段行程后解除，如继续扣压扳机即可释放击

格洛克43手枪套筒铭文特写

格洛克43手枪的套筒座与握把为一体式设计，采用聚合物材料制成。该枪的握把防滑纹采用了与第四代格洛克17手枪握把相同的纹理设计，握把表面的凹痕可加装中型或大型的握把护片，使握把尺寸可调，方便不同手形的射手使用。

格洛克43手枪发射9毫米×19毫米帕拉贝鲁姆手枪弹，使用单排弹匣

进行供弹，弹匣容量6发。该枪配有两种弹匣，其中一种弹匣的底板为水平式设计，而另外一种弹匣的底板有延长托，使手形较大的射手也能够舒适握持。不过，无论哪种弹匣，其容量都是6发。当然，格洛克公司也表示会推出格洛克43手枪的7发或8发弹匣。

格洛克43手枪的机械瞄具由片状准星和缺口式照门组成，为了方便射手在光照条件不良的环境中瞄准，该枪的准星和照门后端设有氚光源，照门后端的氚光源并未使用常见的两点式设计，而是采用"U"形结构氚光源，以使射手在瞄准时可以快速地将准星置于照门中间。

格洛克43手枪的研发目的

格洛克系列手枪一直是美国警务部门最爱的手枪之一，因为该枪使用方便，无手动保险，在膛内有弹的情况下携行也有良好的安全性，如遇突发状况，拔枪即可直接扣动扳机击发，使用方便，操作可靠，适合快速反应。

但格洛克系列手枪有一个较大的

缺陷：因为该系列手枪所使用的双排弹匣较为宽大，因此其宽厚的握把尺寸对于女性用户或手形较小的男性用户而言并非那么"友好"，他们在使用格洛克全尺寸手枪时通常难以舒适握持，从而难以控制因枪弹被击发而产生的枪口上跳，这直接影响到射速和射击精度。

握把宽度只有26毫米的格洛克43手枪

枪套中的格洛克43手枪

格洛克43手枪就是为手形较小以及需要隐蔽携带备用手枪的群体而设计，该枪的握把宽度只有26毫米，使女性用户也可以舒适握持，因此，格洛克43手枪也成了女性群体最爱的手枪之一。

自动手枪

沙漠之鹰手枪

WORLD SMALL ARMS ARCHIVES

世界轻武器档案

手枪篇

主要参数

- ■枪口口径：9.07 毫米
- ■初速：378 米 / 秒
- ■全枪长度：269 毫米
- ■空枪质量：1.77 千克
- ■供弹方式：弹匣
- ■弹匣容量：9 发
- ■射击模式：半自动

沙漠之鹰手枪是由美国马格南公司1980年研制，以色列军事工业公司1983年生产并销售的一款大威力半自动手枪。以色列军事工业公司英文全称"Israel Military Industries"，简称"IMI"，后来IMI公司私有化并进行业务拆分，在此之后的沙漠之鹰手枪即由以色列军事工业公司轻武器分部（IWI）生产。

沙漠之鹰手枪发射.357马格南手枪弹，该枪以大尺寸、大口径、大威力、高精度著称。沙漠之鹰最初作为狩猎用枪而研制，首支原型枪于1981年研制完成，并在次年公布，一经公布便吸引了许多民间射击爱好者的眼球。

由于沙漠之鹰手枪发射的弹药威力较大，传统手枪的自动原理和闭锁机构都无法适用，所以马格南公司将本应

用在突击步枪上的导气式自动原理与枪机回转式闭锁机构移植并运用到了该枪上，这也成为该系列手枪的特点之一。

空仓挂机状态的沙漠之鹰手枪

沙漠之鹰手枪的导气孔位于距离枪口约10毫米处，子弹被击发时，从导气孔流出的火药燃气推动活塞向后运动。同时，活塞驱动套筒后坐，当套筒向后行进8毫米自由行程后，枪机在套筒的作用下旋转开锁并与枪管后端分离，在后坐过程中完成抽壳、抛壳动作。套筒向后行程75毫米左右后坐到位，在复进簧的推动下复进，枪机下部从弹匣顶部推出一发子弹并将其送入弹膛，同时套筒带动枪机旋转实现闭锁，从而进入下一轮发射循环。

.357马格南口径沙漠之鹰的改装配件

复杂的自动系统确保该枪在使用时安全可靠，但是导气式自动原理的弊端也逐一体现在沙漠之鹰手枪上，比如射击时污垢容易进入机件内部，再加上该枪较为精密，重要部件抗污能力差，所以需要经常维护。

不同于多数手枪采用圆柱形枪管的设计，沙漠之鹰手枪的枪管为多边形，并且枪管与套筒分离，枪管固定在套筒座上，拆卸枪管时无须取下套筒，而套筒和扳机则位于枪身后半部分。这样的设计除了配合该枪独特的自动原理，主要还是为了保证射击精度。多边形枪管经精锻而成，前端两侧被铣成平面，截面呈倒V状。

加装瞄具的沙漠之鹰手枪

沙漠之鹰手枪的套筒两侧都设有手动保险钮，尺寸较大，在保险状态时可将击针锁住，并解脱扳机和击锤的联动。另外，该枪的阻铁组件可整体取下，采用类似于"竞赛式扳机"的可调节扳机系统，扳机力为29.4牛顿，并且是"中心压力"式扳机,用指尖扣压也没问题。由于子弹尺寸较大,该枪的弹匣都采用单排式设计,即便如此,该枪的握把还是较为厚重。握把护板由硬橡胶制成,虎口距扳机70毫米,这个尺寸对于健壮男性来说也比较大,且握把护板在拆装时需要一定技巧,否则很容易伤到手指。

发射.50AE弹的沙漠之鹰手枪

沙漠之鹰手枪的机械瞄具由片状准星和缺口照门构成,准星安装在燕尾槽中,高3.3毫米,照门可侧向移动。由于枪管固定,且枪管顶部增设有韦弗式导轨,因此可加装各类瞄具。不过因瞄具位置过于靠前也会造成枪支重心处于前部,使得无依托瞄准变得非常困难,射击操作也更加困难。

马格南公司并不满足于此,在1987至1998年这11年间先后推出了发射.41马格南弹、.44马格南弹和.50AE弹三种口径手枪弹的沙漠之鹰系列手枪,这几种型号的沙漠之鹰手枪结构基本一致,并可以通过更换不同口径的枪管、弹匣,以及闭锁套件来进行改装。

发射.44马格南弹的沙漠之鹰手枪

从外观来看,沙漠之鹰手枪作为一种民用手枪,加工质量和表面处理都是一流的,甚至在内部零件的表面也看不出明显的加工痕迹。现产12.7毫米口径的沙漠之鹰手枪多半采用更加坚固和美观的不锈钢框架,至于那些表面镀有黄金或其他名贵金属的限量收藏版沙漠之鹰手枪,更是精工细作,始终是收藏家和枪械爱好者争相购买的对象。

工艺型镀金沙漠之鹰手枪

"影视明星"
——沙漠之鹰手枪

沙漠之鹰手枪发射的大口径枪弹精度高，停止作用强，射程在100米以上，在国外甚至有使用加长枪管击中了200米外麋鹿的案例，足以证明该枪威力和精度的优秀。

沙漠之鹰手枪在射击.50AE弹时的枪口焰，在战场上毫无隐蔽性可言，士兵在使用这把枪射击后很容易被敌军误认为是大口径支援武器而采取火力压制，这让使用该枪的士兵遭遇危险的概率很大，生存下来的可能性几乎接近于零

但无一例外的是，任何国家的军方、警方以及相关执法机构对该枪都兴味索然，原因无非以下三点：

首先，一支沙漠之鹰手枪空枪质量就达到2千克左右，再加上备用弹匣及弹药就更加沉重，在战场一个士兵要背负极重的装备，比如备用弹药、生活物资等，携带一支沙漠之鹰手枪远不如多携带两个步枪弹匣适合作战；其次，沙漠之鹰手枪强大的后坐力使射手并不容易操控，曾有试枪员戏称只有体重达到80千克的射手才可以正常使用它，该枪的后坐力之大可想而知；最后，沙漠之鹰手枪结构过于复杂，在恶劣环境中可靠性较低，并不适合作战。

综上所述，假如使用沙漠之鹰手枪打猎，那绝对是一支绝佳的猎枪；但若用于战场或执法状况的话，就显得过于勉强了。

当然，虽然这种酷炫的手枪对使用者不太"友好"，但该枪还是凭借着彪悍的外观受到好莱坞的青睐。据好莱坞统计，沙漠之鹰手枪在几百部电影、电视剧中亮相，而这还不包括美国以外的影视作品，只要在影视剧本中提到"强大威慑力的手枪"，几乎都选用沙漠之鹰手枪作为道具使用，所以，该枪可以说是好莱坞当之无愧的宠儿。在影片《最后的动作英雄》中，阿诺德·施瓦辛格饰演的角色一边驾驶敞篷车一边单手使用沙漠之鹰手枪将反派打得落花流水，极具画面感，让人可获得充分的审美满足。

影片《最后的动作英雄》中的施瓦辛格

自动手枪

世界轻武器档案
手枪篇

杰里科941手枪

　　杰里科941手枪是以色列军事工业公司于1990年推出的一款全尺寸半自动手枪，主要供安全部队使用，以色列军事工业公司英文全称"Israel Military Industries"，简称"IMI"，后来IMI公司私有化并进行业务拆分，在此之后的杰里科941手枪同沙漠之鹰手枪一样由以色列军事工业公司轻武器分部（IWI）生产。

　　杰里科941手枪采用枪管短后坐式自动工作原理，枪管偏移式闭锁机构。内部结构原理与CZ-75手枪类似，套筒内嵌于套筒座内壁，这种反常规的套筒在运行时非常稳定。该枪的扳机为双动结构，依靠回转式击锤击发，是一支击锤击发式手枪。

　　杰里科941手枪的手动保险杆位于套筒后端左右两侧，使习惯左手持枪的射手也能快速适应。上推手动保险杆可以使枪支进入保险状态，下压手动保险杆则可以解除保险，在膛内有弹的情况下可直接扣压扳机以双动状态击发。

　　最初，杰里科941手枪的枪管采

杰里科941手枪与弹匣

用多边形膛线，有效提升了枪口初速。2005年，以色列军事工业公司又将该枪的枪管膛线改回传统的凹膛线，并推出使用聚合物套筒座代替钢制套筒座的型号，有效减轻了枪支质量，非常适合携带。

采用聚合物套筒座的杰里科941手枪

杰里科941手枪的机械瞄具由片状准星和缺口式照门组成，其中照门可调整风偏，并且准星和照门后端都设有荧光点，以方便射手在光线较暗的环境中进行瞄准。

杰里科941手枪发射9毫米×19毫米帕拉贝鲁姆手枪弹，使用双排弹匣进行供弹，弹匣容量15发。该枪名称中的"941"其实是指最初的杰里科941手枪有两种口径，除了9毫米口径，还有一种.41马格南口径，发射较为罕见的.41AE弹。为此，早期推出的杰里科941手枪通常配有两套复进簧和枪管，一组供9毫米口径使用，一组供.41马格南口径使用。后来，由于.41马格南口径不是很受欢迎，以色列军事工业公司不得不将其改为.40史密斯-韦森口径，该口径弹匣容量为12发。

杰里科941手枪照门特写

装备杰里科941手枪的特警

杰里科941手枪的衍生型号

半紧凑型（Semi-compact）

杰里科941半紧凑型手枪使用全尺寸型握把及套筒座，缩短型套筒与枪管，除了拥有与标准型相同的9毫米与.40史密斯-韦森口径，又增加了一种.45柯尔特口径的枪管，该口径弹匣容量为10发。

杰里科941半紧凑型手枪

杰里科941半紧凑型手枪全枪长184毫米，使用金属套筒座的版本空枪质量0.9千克，使用聚合物套筒座的版本空枪质量0.72千克。由于.45柯尔特口径的手枪弹击发时产生的动能较大，为了使套筒座的强度足以承受撞击，该口径未使用聚合物套筒座，空枪质量1.03千克。

紧凑型（Compact）

杰里科941紧凑型手枪使用缩短型握把、套筒，以及枪管，其有9毫米和.40史密斯-韦森两种口径。9毫米口径弹匣容量13发，.40史密斯-韦森口径弹匣容量10发。

杰里科941紧凑型手枪全枪长184毫米，使用金属套筒座的版本空枪质量0.86千克，而使用聚合物套筒座的版本空枪质量0.68千克。

杰里科941紧凑型手枪

"沙漠之鹰"的误会

杰里科941手枪主要供以色列治安部队使用，与被定位为狩猎手枪的"沙漠之鹰"不同，杰里科941手枪是一支真正的战斗手枪，携带方便，操作可靠。一些网友认为以色列军警装备有沙漠之鹰手枪，这应该是将照片资料中的杰里科941手枪误认为是"沙漠之鹰"，因为以色列军警从未装备过沙漠之鹰手枪。

使用杰里科941手枪的士兵

除此之外，杰里科941手枪还被出口至美国，该枪在美国则根据代理商的不同而被命名为"Uzi Eagle"，即"乌兹鹰"，以及"Baby Eagle"或"Baby Desert Eagle"，即"雏鹰"或"沙漠雏鹰"。

主要参数

- 枪口口径: 7.62 毫米
- 供弹方式: 弹匣
- 全枪长度: 209 毫米
- 弹匣容量: 8 发
- 空枪质量: 0.95 千克
- 射击模式: 半自动

CZ-52手枪

自动手枪

CZ-52手枪是捷克斯洛伐克的塞斯卡-直波尔约夫卡兵工厂在1952年设计生产，同年被捷克斯洛伐克军队采用作为军用制式手枪。

CZ-52手枪采用枪管短后坐式工作原理，滚柱式刚性闭锁机构，发射机构由单动式扳机和回转式击锤组成，是世界上第一支采用滚柱式闭锁机构的手枪。该枪的枪管为圆柱形，枪管后部弹膛部分略粗，枪管内有6条导程240毫米的膛线。在枪管组件中，左右闭锁滚柱是整支枪最重要的一对小零件，它们对称安装在枪管座下部两侧的闭锁槽内，而滚柱为中间带环槽的圆柱形，制作精度、光洁度，以及用料要求都比较高，上下的圆柱面都经过磨削加工。这种滚柱式刚性闭锁机构借鉴自德国MG42通用机枪，但这种闭锁结构很少被运用到手枪上。

CZ-52手枪共设置两种保险机构，一种为击针保险，另一种则为枪身左侧握把后上方的保险钮，该保险钮三个挡位中，除最下方是解除保险的段位外，其他两个都是保险挡位。中间段位为常用保险，有作为识别标记的红点，当保险柄转到中间位置时，该红点就被遮挡，此时保险轴头部的突起进入扳机连杆的保险槽内，同时保险轴也锁住击锤，扳机无法扣动，击锤也不能被解脱。不过此时保险轴并未锁定套筒，套筒依旧可以被拉动，这一设计使CZ-52手枪可以安全迅速地将膛内枪弹退出。

第三个保险挡位位于保险柄最上方的位置，仅适用膛内有弹并且击锤处于待击位置的情况。此时尽管击锤可能被释放，但由于保险轴已卡入击锤上的反跳缺口内，击锤不能直接击打击针，同时保险轴头部的凸起将扳机连杆压下，解脱扳机连杆与阻铁的扣合，因此扳机不能带动阻铁旋转而释放击针保险，击针被牢牢锁住，排除了发生意外走火的可能性。

该枪的套筒由一整块优质钢材铣削而成，结构较为简单，很像放大之后的瓦尔特PPK手枪套筒。从外观上看，整个套筒前细后粗，这是由于该枪的复进簧并没有像多数自动手枪那样设置在枪管下方，而是直接套在枪管外侧。

CZ-52手枪的套筒座由钢块铣削而成，坚固耐用，与其他自动手枪有所区别的是，该枪的套筒座握把部分右侧设计为全开放式结构，简化了握把内仓的加工。为了方便安装销轴，该枪特别设计有套筒座侧盖板，盖在套筒座右侧，使套筒座形成一个完整的闭合体。套筒座侧盖板前部设有一个凸起，深入套筒座右侧的竖直槽内，后部被击锤轴螺母和击锤轴头部压住，同时盖板后部设有套筒导轨，装上套筒后后者也起到了一定限位作用，可有效防止盖板松动，确保与套筒座形成一个坚固的整体。

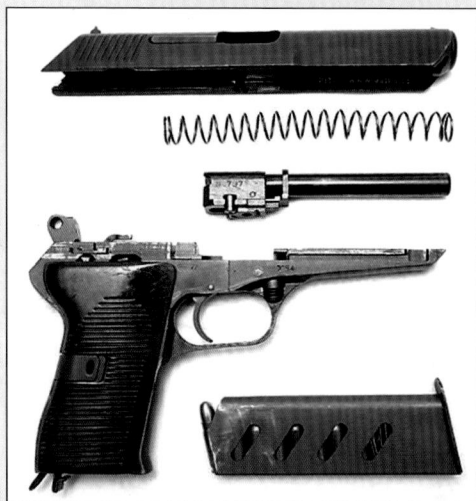

分解状态的CZ-52手枪

CZ-52手枪的握把护板多数为褐色木质护板，表面刻有简单的水平防滑纹，由于握把中心部分镂空，所以不能像多数自动手枪一样用螺丝固定握把护板，因此该枪的握把护板由一个"U"形卡簧从握把背部将两片护板"夹"在握把上。这种固定方式有利有弊，优点在于方便快捷，零件数量少，缺点在于拆卸时需要一定的技巧，否则不但卡簧不易被拆掉，还会损坏握把护板和枪体表面。

CZ-52手枪发射7.62毫米×25毫米手枪弹，使用8发单排弹匣进行供弹，弹匣体由钢板冲压折弯焊接而成，两侧各有4个倾斜的条状观察窗，这除了便于观察余弹数量外，也可以方便射手排出弹匣内积水，托弹板与弹匣底板皆采用钢板冲压而成，形状简单。综上所述，CZ-52手枪可以说是一支坚固耐用，性能可靠，火力强大的军用战斗手枪。

CZ-52手枪的装备情况

CZ-52手枪在1952年成为捷克斯洛伐克军队的制式战斗手枪，于1982年被CZ-82手枪取代，期间共生产20万支。1987年后，大部分退役的CZ-52手枪被作为剩余物资出售，因此现今有一部分CZ-52手枪流落至民间枪械爱好者手中。拥有捷克军工的精湛工艺同时又具备当时华约7.62毫米口径的军用手枪寥寥无几，因此，如今品相较好CZ-52手枪几乎是可遇不可求的。

主要参数

- ■枪口口径：9毫米
- ■初速：390米/秒
- ■全枪长度：205毫米
- ■空枪质量：1千克
- ■供弹方式：弹匣
- ■弹匣容量：16发
- ■射击模式：半自动

CZ-75手枪

自动手枪

CZ-75手枪是捷克斯洛伐克枪械设计师约瑟夫·库斯基与弗兰提塞克·库斯基两兄弟在1976年设计的一款自动装填手枪，该枪由塞斯卡-直波尔约夫卡兵工厂进行生产，该枪命名中"CZ-75"的"CZ"即来自兵工厂名称"Ceska Zbrojovka"的简写。

CZ-75手枪的内部结构设计博采众长，枪身整体以勃朗宁9毫米大威力手枪为基础，采用枪管短后坐自动方式，勃朗宁闭锁系统，外露式击锤，包括套筒前端的外形，都与大威力手枪相似。此外，该枪还借鉴了西格P210、史密斯-韦森M39以及瓦尔特

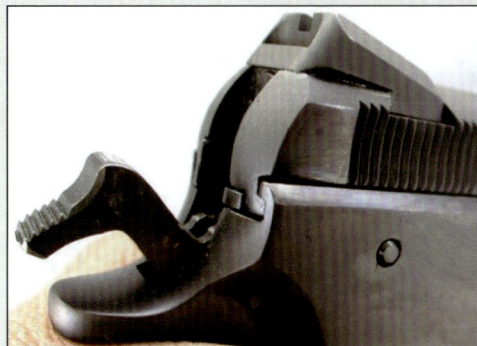

CZ-75手枪击锤特写

P38等多种手枪的优点。

CZ-75手枪套筒与套筒座的结合方式与大多数自动手枪不同，它并非采用套筒包裹套筒座的传统设计，而是反其道而行，使用套筒座包裹住大部分套筒，套筒和套筒座结合的滑轨也较长，这使该枪在后坐时套筒运动更加平稳。

空仓挂机状态的CZ-75手枪

CZ-75手枪发射9毫米×19毫米帕拉贝鲁姆手枪弹，采用双排弹匣进行供弹。该枪的早期型号弹匣容量为15发，后期型号弹匣容量为16发。

捷克斯洛伐克加入华约后，其设计的手枪一直使用俄式枪弹口径，从来没有使用过北约制式的9毫米×19毫米帕拉贝鲁姆手枪弹。而CZ-75的设计目的就是为了打入西方市场，而不是以捷克斯洛伐克或其他华约成员国的军队为潜在客户，再加上该枪有着不俗的性能，又是当时世界上少有的几种弹匣容量超过13发的手枪之一，因此在西方国家很受欢迎。

CZ-75手枪的手动保险位于套筒座后端、握把护片上方，当射手需要上膛携行时，可开启手动保险，此时被压下处于待击状态的击锤并不会自动恢复到原位；当遭遇突发状况时，解除手动保险即可使用单动模式击发，而且之后发射的每一发子弹都处于单动模式。对于射手来说，单动击发时的扳机力较小，有助于提高射击精度，此外，该枪的手动保险钮距离握把较近，这使射手可以很轻易地进行单手操作。

CZ-75手枪采用工程塑料材质的握把护板，护板两侧有防滑纹，相比其他手枪，该枪握把虎口位置的弧线内凹得更深，握把后侧拱起部分较大，更加符合人体工程学，让手形较小的射手也可以在使用时舒适握持并进行双动击发。该枪握把与枪管轴线的夹角为120°，与柯尔特M1911手枪和勃朗宁大威力手枪相比角度更大，握持时倾斜感明显，当人在放松手腕且食指自然指向目标时，食指与其余三指握成拳形之间的轴线角度完全吻合。因此该枪指向性优秀，当射手快速出枪并指向目标时，枪口便自然对准目标，对于距离较近的目标无须瞄准，直接击发也能保证命中率。

因不俗的性能与优秀的人机工效，CZ-75手枪非常受欢迎，所以该枪的衍生型号多达15种，其中有7款全尺寸标准型、5款紧凑型以及3款特种型号。

1975年至1980年生产的CZ-75手枪的枪身两侧向内缩进，套筒与套筒座结合的滑轨长度较短；而1980年至1990年制造的CZ-75手枪将套筒和套筒座的结合滑轨延长约25.4毫米。

分解状态的CZ-75B手枪

CZ-75手枪的衍生型号

CZ-75B手枪

CZ-75B手枪

CZ-75B手枪是第二代CZ-75手枪，该枪在原型枪的基础上做出这些改动：首先，增设了自动击针保险机构，使安全性进一步提升。其次，是对于外观的改动，采用带防滑纹的方形扳机护圈和环形击锤，并更改手动保险、空仓挂机解脱钮的造型风格。最后，将发射9毫米×19毫米帕拉贝鲁姆手枪弹的弹匣扩充至16发，并增加.40史密斯－韦森口径，弹匣容量为12发。两种口径的CZ-75B手枪的外观与质量全部相同，不取出弹匣的情况下，只能靠套筒上的口径标识来区分。

CZ-75B SA手枪

CZ-75B SA手枪

CZ-75B SA手枪是以CZ-75B为基础研发的比赛型手枪，只能单动击发，"SA"即"单动"的意思。该枪增加了弹匣配重，使其在按压弹匣解脱钮后更容易自动下落，该型号有.40史密斯－韦森和9毫米两种口径。

CZ-75B SA手枪

CZ-75BD手枪

CZ-75BD手枪使用待击解脱杆代替手动保险，其他方面未做改动。

CZ-75BD手枪

CZ-85手枪

CZ-85手枪是CZ-75的双手操作型，发射9毫米×19毫米帕拉贝鲁姆手枪弹，弹匣容量16发，枪身两侧均设有手动保险柄和空仓挂机解脱杆，并在套筒顶部设有一道凸起的长棱，用于增强套筒强度。

CZ-85手枪与该枪的备用弹匣

CZ-85B手枪

CZ-85B手枪与CZ-75B一样，增设自动击针保险机构，并采用环形击锤和带有防滑纹的方形扳机护圈。

CZ-85B手枪

CZ-75 DAO手枪

CZ-75 DAO手枪是纯双动型的CZ-75手枪，"DAO"意为"纯双动"，取消了击锤尾顶和手动保险。

CZ-75 DAO手枪，取消了击锤尾顶

CZ-75 SP-01手枪

CZ-75 SP-01手枪采用全钢结构并有标注尺寸的底把和套筒，发射9毫米×19毫米帕拉贝鲁姆手枪弹，弹匣容量18发。枪身两侧均设有手动

CZ-75 SP-01手枪

保险，套筒座前段还有一条皮卡汀尼导轨，可安装战术灯、激光指示器等战术附件，此外，该枪还配有一把刺刀。

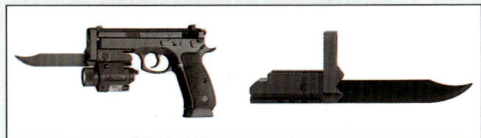

CZ-75 SP-01手枪所配备的刺刀

CZ-75紧凑型手枪

CZ-75紧凑型手枪在CZ-75B手枪的基础上将套筒和枪管缩短了20毫米，握把缩短10毫米，有.40史密斯-韦森和9毫米两种口径。

CZ-75 P-01手枪

CZ-75 P-01手枪

CZ-75 P-01手枪是专为执法机构设计的紧凑型CZ-75手枪，为减轻整枪质量而使用了铝合金底把，并设有战术导轨。"P-01"即表示2001年的警用型，该型号也是少数未经过改进就直接获得北约认证的手枪之一。该枪在民用市场被称为"CZ-75D紧凑型手枪"，此外该枪还有一款发射.40史密斯-韦森手枪弹的型号，被称为"CZ-75 P-06手枪"。

CZ-75 P-01手枪

CZ-75D PCR紧凑型手枪

CZ-75D PCR紧凑型手枪是CZ-75D紧凑型的改进型号，该型号减轻了扳机力，适合竞技使用。该枪配有14发短弹匣，也能使用16发标准弹匣。

CZ-75D PCR紧凑型手枪

CZ-75系列手枪的使用情况

目前，CZ-75系列手枪广泛装备多国执法机关和安全机构，并在70多个国家和地区进行销售，还授权给一些国家生产或仿制以供出口或本土使用，其中包括美国春田P9和以色列杰里科941等仿制型号的手枪。

CZ-82手枪

主要参数

■枪口口径：9毫米		■供弹方式：弹匣	
■初速：302米/秒		■弹匣容量：12发	
■全枪长度：173毫米		■射击模式：半自动	
■空枪质量：0.79千克			

1982年，捷克斯洛伐克的塞斯卡-直波尔约夫卡兵工厂推出一款紧凑型半自动手枪，被命名为"CZ-82手枪"。

作为一款紧凑型手枪，CZ-82采用较为传统的自由枪机式工作原理，固定式枪管设计，复进簧直接套在枪管上，无复进簧导杆，这种设计极大地节省了套筒和套筒座的内部空间，使枪支整体外形更为紧凑。

CZ-82手枪共设有三种保险机构，除手动保险外，扳机联动机构中设有自动保险机构，在扳机未扣到底之前，枪机会阻止击锤运动。该枪的特别之处是设有分解保险，当弹匣未取下时，无法分解手枪。

CZ-82手枪发射9毫米×17毫米手枪弹，采用双排弹匣进行供弹，弹匣容量12发，弹匣解脱钮左右手均可操作，同时该枪也可以发射9毫米×18毫米马卡洛夫手枪弹，提高了枪弹的后勤保障能力。

CZ-82手枪的机械瞄具由矩形缺口式照门和片状准星组成，准星和照门背部涂有荧光点，以方便射手于夜间使用。套筒两侧经过抛光处理，但为了防止瞄准时反光的情况发生，套筒顶部未抛光。除此之外，该枪的扳机护圈较大，即使戴着手套使用也较为方便。

1983年，捷克斯洛伐克军队采用CZ-82手枪作为军用制式手枪，用来替换在军中服役30年的CZ-52手枪。

CZ-82手枪的外贸型号
——CZ-83手枪

CZ-83手枪

CZ-83手枪是CZ-82手枪的外贸型号，其内部结构与外形基本相同，主要被捷克斯洛伐克用于民用出口贸易。

不完全分解状态的CZ-83手枪

CZ-83手枪可以发射9毫米×17毫米手枪弹与9毫米×18毫米马卡洛夫手枪弹，也可以通过更换枪管发射7.65毫米×17毫米手枪弹，以降低武器对枪弹口径的依赖性。

CZ-83手枪握把设计符合人体工程学，人机工效良好，采用双动击发机构，操作简便，再加上弹药通用性好，因此在民间市场广受欢迎。

捷克

主要参数

- ■枪口口径：9毫米
- ■全枪长度：185毫米
- ■空枪质量：0.77千克
- ■供弹方式：弹匣
- ■弹匣容量：16发
- ■射击模式：半自动

CZ-75 P-07手枪

CZ-75 P-07手枪是捷克塞斯卡-直波尔约夫卡兵工厂于2007年推出的CZ-75紧凑型自动装填手枪，该枪英文全称"CZ-75 P-07 Duty"，译为"CZ-75 P-07职责"，也可以简称为"CZ P-07"。

CZ-75 P-07手枪采用枪管短后坐式自动工作原理，勃朗宁闭锁机构，击锤外露式设计。该枪的扳机为双动结构，与之前的CZ-75系列手枪相比，CZ-75 P-07手枪采用全新的"Omega扳机系统"，这种系统最大的优点在于简化了内部结构，缩短了扳机行程，使扳机操作性能更加流畅。

不完全分解状态的CZ-75 P-07手枪

CZ-75 P-07手枪设有击锤待击解脱杆，当射手在枪支处于待击状态时拨动待击解脱杆后，击锤会解除待击状态并复位，处于半待击状态。此时射手扣压扳机，击锤将由半待机状态向后回转至待击状态。继续扣压扳机，击锤才会被阻铁释放，向前回转并击打击针尾部，击针前冲击打子弹底火，从而使子弹被击发。这种"半待击"设计使得CZ-75 P-07手枪的扳机力仅有36牛顿，而后续的单动状态下扳机力为18牛顿，非常适合射手据枪速射。

此外，CZ-75 P-07手枪还为客户提供了个性化选择方案，可将"半待机"击发更换为单动击发，更换方式非常简单，只要将待击解脱杆更换为手动保险杆即可。因为手动保险杆无击锤待击解脱功能，因此无论是第一发还是后续击发的子弹均为单动状态。该枪说明书由CZ公司随枪提供，使用者可根据说明书对手枪进行不完全分解后进行更换，整个过程不会超过两分钟。

从外观上观察，CZ-75 P-07手枪与其他CZ-75系列手枪最大的不同即套筒座采用聚合物材料制成，而非铝合金或钢制材料，再加上缩短了套筒和枪管的长度，因此CZ-75 P-07手

采用沙色套筒座的CZ-75 P-07手枪

枪可以看作CZ-75手枪采用聚合物套筒座的紧凑型号。除此之外，CZ-75 P-07手枪的套筒表面做的亚光处理也并未采用CZ-75系列手枪上常见的塑胶涂层，而是直接使用表面硬化处理技术，有效提高了套筒表面的耐磨性和耐腐蚀性。

CZ-75 P-07战术型手枪

CZ-75 P-07手枪继承了CZ-75系列手枪优秀的人机工效，符合人体工程学设计的握把前后两面以及左右两侧都设有由塑压成型的防滑颗粒所组成的块状或条状的防滑带，这在让人耳目一新的同时，也不影响握持的舒适性。该枪的握把夹角合理，后端略微上翘，这种设计使握把能够与射手虎口紧密贴合，再加上该枪有着较低的枪管轴线，因此非常容易控制枪弹击发而产生的枪口上跳。

CZ-75 P-07手枪发射9毫米×19毫米帕拉贝鲁姆手枪弹，使用双排弹匣进行供弹，弹匣容量16发。此外，该枪还有另外一种口径，发射.40史密斯-韦森手枪弹，弹匣容量12发。

CZ-75 P-07手枪的弹匣解脱钮左右可换，与紧凑的外形相比，扳机护圈尺寸较大，使戴手套的射手也能

方便操作。此外，该枪的套筒座前端底部整合有一条皮卡汀尼导轨，可安装战术灯或激光指示器等战术挂件，因此CZ-75 P-07手枪有着较强的扩展性。

CZ-75 P-07手枪的机械瞄具由片状准星和缺口式照门组成，其照门可调风偏，进行高低调整时则可以更换不同高度的准星。此外，该枪的夜间瞄准装置一改CZ-75系列手枪的三点式氚光管系统，将缺口式照门后端的氚光源改为"U"形，而准星后端的氚光源仍为点状，使射手可以更快速地将准星置于照门的中间位置，同时在光照不良的环境中使用也更加方便。

CZ-75 P-07手枪的使用

由于制造商将CZ-75 P-07手枪定位为执法勤务用手枪，因此该枪主要面向北美执法机构和民用市场销售。在使用CZ-75 P-07手枪进行精准射击时，在23米处射击时最小弹着点散布直径约为51毫米，并且在射击过程中未出现如抛壳或供弹相关的任何故障，表现几近完美。

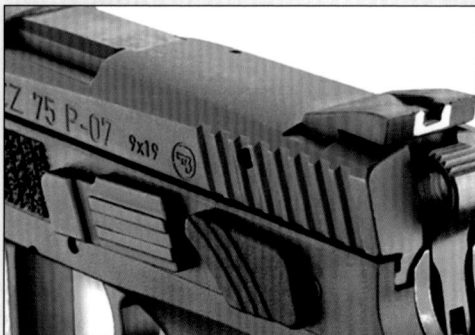

CZ-75 P-07手枪细节特写

GP K100手枪

主要参数

- 枪口口径：9毫米
- 全枪长度：203毫米
- 空枪质量：0.74千克
- 供弹方式：弹匣
- 弹匣容量：10发、15发
- 射击模式：半自动

GP K100手枪是斯洛伐克的巨大威力公司于1994年所设计生产的一款采用聚合物套筒座的半自动手枪。

GP K100手枪采用枪管短后坐式工作原理，枪管回转式闭锁机构。在枪机开锁时，枪管进行小角度回转，因此枪管后端有一个引导回转的弯曲斜面，配合枪管回转用的弯曲引导杆用固定销固定在套筒座上，该项设计已获得国际专利。枪管长度为108毫米，与其他金属部位一样，表面均采用"太尼费尔"工艺（Tenifer，一种坚硬防锈蚀涂层技术），使用更加可靠。

GP K100手枪采用传统的单/双动扳机机构，手动保险杆左右两手均可操作，方便有不同使用习惯的射手使用。

GP K100手枪发射9毫米×19毫米帕拉贝鲁姆手枪弹，采用双排弹匣

进行供弹，在一些规定手枪弹匣容量不得超过10发子弹的国家和地区，GP K100手枪装配10发弹匣进行销售。

GP K100手枪的套筒座采用聚合物材料制成，握把形状设计符合人体工程学，握持舒适。整体式附件导轨位于套筒座前端下侧，可安装战术灯或激光指示器等战术挂件，以便射手在不同环境中使用。

GP K100"耳语"型手枪，配有螺纹枪管与消音器

GP K100手枪的衍生型号与使用情况

目前，GP K100手枪在欧美市场较受欢迎，因此，巨大威力公司也推出了该枪一系列的衍生型号，比如战术型、纯双动型，以及价格较为便宜的经济型等。还有一些较为特殊的衍生型号，比

如GP K102R警用型手枪，增加了两发点射模式，以此提高杀伤效果和命中率。该型号的手动保险钮增加了单发与点射模式的切换功能。除此之外，还有可全自动射击的GP K105R型手枪，被一些国家的军队所采购。

总体而言，GP K100手枪使用起来相当舒适，指向性好，性能可靠。据说用户对该枪的唯一投诉原因是空仓挂机解脱杆使用起来不舒服，因此该公司也研制出一种新型空仓挂机解脱杆，改善了这一问题。

芬兰

主要参数

- ■枪口口径：9毫米
- ■初速：335米/秒
- ■全枪长度：245毫米
- ■空枪质量：1.2千克
- ■供弹方式：弹匣
- ■弹匣容量：8发
- ■射击模式：半自动

拉蒂L35手枪

拉蒂L35手枪是芬兰著名枪械设计师艾莫·约翰尼斯·拉蒂于1935年设计的一款自动装填手枪，因其有能适应芬兰的高寒环境这一优点，同年被芬兰军队采用。

拉蒂L35手枪采用枪管短后坐式自动原理，立楔式卡铁闭锁机构，回转式击锤配合倾斜的平移击针的击发机构。该枪的机匣可分为上机匣和下机匣两个部分，其中，上机匣由上机匣组件、枪机组件和闭锁块组成，下机匣由下机匣组件和弹匣组件两部分组成。同时，该枪的下机匣也是该枪最为复杂的部分，需要安装的小零件非常多，因此该枪非常注重枪体的密封性能，分解和清洁步骤较为烦琐——但良好的密封程度也使灰尘、雨雪难以进入枪机内部，从而保证了该枪在恶劣环境中的可靠性。

拉蒂L35手枪的闭锁块是一个重要的独立零件，位于上机匣后部一个尺寸较大的垂直竖槽内。从枪口方向观察，闭锁块截面为一个"II"字形，由整块优质钢材铣削加工而成，两边较薄，顶部为闭锁受力部位，因此相对较厚。闭锁块两侧下方设有对称加工的菱形凸榫，上方的开闭锁斜面与下机匣内的开闭锁斜面相互作用，使闭锁块能在上机匣的垂直槽内上下运动，进而完成开闭锁动作。

为了进一步提升拉蒂L35手枪在恶劣环境中的可靠性，该枪设有一个独特的零部件——枪机加速器。枪机加速器的形状为半月形，主要作用是枪弹被击发后，在枪管后坐的瞬间将枪管和机匣的剩余能量传递给枪机，以增强枪机的后坐能力，进而增强枪械的可靠性。此外，枪机加速器装置多数用于枪管短后坐式自动原理的机枪，使用在手枪上还是较为少见的。

分解状态的拉蒂L35手枪

拉蒂L35手枪的手动保险杆位于枪身左侧握把的右上方，可通过轴上的凸起限位直接锁住阻铁，使枪支进入保险状态。但由于该枪的手动保险杆整体形状较小，所以操作性并不是很好。

拉蒂L35手枪发射9毫米×19毫米帕拉贝鲁姆手枪弹，单动式扳机，使用可更换式弹匣进行供弹，弹匣容量8发，由于整体结构的原因，弹匣倾角较大。此外，为保证可靠性，该枪的弹匣托板簧被设计得较硬，徒手压弹是一件苦差事，因此，随枪附件中包括一个不起眼的简易辅助装弹器。

拉蒂L35手枪右视图

拉蒂L35手枪的弹匣解脱装置位于握把底部后方，可卡住弹匣后端，这样的设计非常不利于射手进行快速换弹，但可使弹匣固定得相当牢靠。此外，该枪设有实用的空仓挂机功能，空仓挂机解脱杆位于扳机护圈上方，空仓挂机阻铁位于机匣内部左侧下方，并被"L"形空仓阻铁簧压住。当弹匣打空时，空仓阻铁簧才会挡住枪机，形成空仓挂机状态，此时插入新弹匣后拨动空仓挂机解脱杆，或直接后拉枪机并放开，即可使枪机复进，推弹入膛，完成闭锁。

整体而言，拉蒂L35手枪握持舒适，后坐力较小，精度高，但也有着零部件数量过多、结构复杂、质量大，以及生产成本较高的缺点。

拉蒂L35手枪细节特写

拉蒂L35手枪的
改进型号

拉蒂L35-1手枪

拉蒂L35-1手枪的上机匣后方留有一个空间，用于收纳枪机闭锁块簧，此外增设膛内有弹指示器，位于上机匣弹膛正上方的位置。

拉蒂L35-2手枪

拉蒂L35-2手枪延长了上机匣后方有闭锁块的区域，同时取消闭锁块

簧的收纳空间，使上机匣看起来更加平整。

拉蒂L35-3手枪

拉蒂L35-3手枪将膛内有弹指示器改为更容易加工的矩形结构，并加厚了抛壳挺两侧的上机匣，提高了枪支整体强度。

拉蒂L35-4手枪

拉蒂L35-4手枪是芬兰瓦尔梅特公司在第二次世界大战期间，利用战前的部分剩余零件组装生产而成，主要改动在于取消了膛内的有弹指示器。

芬兰枪械设计师
艾莫·约翰尼斯·拉蒂

艾莫·约翰尼斯·拉蒂（1896~1970）是世界上最出色、设计产品最全面的枪械设计师之一。

1933年，身着芬兰陆军制服的艾莫·约翰尼斯·拉蒂

除了L35手枪之外，拉蒂的杰作还包括7.62毫米M26轻机枪、9毫米M31冲锋枪，以及20毫米L39反坦克步枪等，这些出色的轻武器都曾为芬兰在20世纪上半叶的战争中取得不俗的战绩，也使拉蒂本人成为现代枪械发展史中的重要人物。

1944年9月，芬兰同苏联停战，根据协定，芬兰中止了包括枪械在内的武器设计生产工作，拉蒂也随即退休，转而投身民用机械制造业。

阿斯特拉 M400手枪

世界轻武器档案

手枪篇

主要参数

- ■ 枪口口径：9毫米
- ■ 全枪长度：205毫米
- ■ 空枪质量：1.08千克
- ■ 供弹方式：弹匣
- ■ 弹匣容量：8发
- ■ 射击模式：半自动

阿斯特拉M400手枪由西班牙阿斯特拉·安塞塔公司于20世纪20年代初研制成功，并于1921年正式被西班牙军队采用作为制式手枪。

阿斯特拉M400手枪的内部结构借鉴了比利时FN M1903和M1910手枪的多项设计，是一款采用自由枪机式自动工作原理和击锤击发模式的自动装填手枪。该枪无专用闭锁机构，发射时只靠枪机的惯性与复进簧的弹簧力完成闭锁。这种结构简单可靠，但仍须较大的复进簧弹簧力和较重的枪机来完成开闭锁动作，通常不适合发射较大威力的手枪弹。

阿斯特拉M400手枪发射9毫米×23毫米伯格曼–贝亚德手枪弹，该弹种又被称为"9毫米Largo弹"，采用弹匣进行供弹。

由于阿斯特拉M400手枪没有强

与阿斯特拉M400手枪相同，M600手枪采用自由枪机式自动原理，无专用闭锁机构，这在发射9毫米×19毫米帕拉贝鲁姆手枪弹的诸多自动手枪中可谓独树一帜。

阿斯特拉M600手枪设有握把保险，无手动保险机构。在射击时，只有射手正确握持握把才能解脱阻铁，击发枪弹。此外，该枪还设有一个相当于自动保险的机构，当套筒没有完全闭锁时，扳机连杆被阻铁隔断，可保证射手在排除套筒复进不到位的故障时不会出现意外走火事故。

除了使用的弹种不同以外，阿斯特拉M600手枪与M400手枪的弹匣解脱机构也不同，M400手枪使用握把底部的抓钩释放弹匣，M600手枪则使用握把侧面的弹匣解脱钮退出弹匣，增强了人机工效。此外，M600手枪的枪管较之M400手枪也稍有缩短，枪支整体更加紧凑。

制性的闭锁机构，所以该枪最大的特点为枪膛能够兼容几乎所有的9毫米手枪弹，如西班牙9毫米×23毫米伯格曼-贝亚德手枪弹、奥地利的9毫米×23毫米斯太尔手枪弹、比利时9毫米×20毫米勃朗宁长弹，以及德国9毫米×19毫米帕拉贝鲁姆手枪弹，只要枪弹上膛，就能顺利完成击发动作，通用性非常强。当然，在使用弹壳较短的非原装弹药时，如9毫米×19毫米帕拉贝鲁姆手枪弹，击发动作并不可靠，第二发装填非常容易出现故障，无法正常上膛或击发。

用于收藏的工艺型阿斯特拉M400手枪

阿斯特拉M600手枪

阿斯特拉M600手枪是M400手枪的改进型，该型号手枪于1943年推出，发射9毫米×19毫米帕拉贝鲁姆手枪弹，曾在二战期间装备德国军队。

西班牙

星式PD手枪

主要参数

- 枪口口径：11.43毫米
- 供弹方式：弹匣
- 初速：220米/秒
- 弹匣容量：6发
- 全枪长度：180毫米
- 射击模式：半自动
- 空枪质量：0.71千克

星式PD手枪由西班牙斯塔·博尼法乔厄谢弗里亚公司于1975年研发生产，该枪枪弹威力大，整体尺寸小巧，便于隐蔽携行，通常用来作为警察的辅助武器使用。

从外形上看，星式PD手枪就像是柯尔特M1911系列手枪的缩小版，实际上两者的内部结构有一些相似之处。星式PD手枪采用枪管短后坐式自动工作原理和枪管偏移式闭锁机构，而为了缩小手枪的整体尺寸，该枪又在M1911手枪的基础上做了一些改进：首先，将手枪的复进簧导杆改为可拆卸的组合件；其次，将套筒与枪管的闭锁方式改为只利用凸榫和凹槽；最后，取消了握把保险。

星式PD手枪与该枪配用的弹匣

星式PD手枪发射.45柯尔特自动手枪弹，使用可拆卸式单排弹匣进行供弹，弹容量6发。由于缩短了枪管，该枪的初速和动能要比柯尔特M1911系列手枪更低一些，但鉴于.45柯尔特

自动手枪弹能够对无护甲目标造成严重杀伤，因此星式PD手枪用于近身防卫作战也算得上是恰到好处。

为了使手枪质量更加轻便，星式PD手枪的套筒采用轻型铝合金制成，但质量过小也为该枪带来了一些缺陷。该枪所发射的.45柯尔特自动手枪弹威力较大，因此产生的后坐力也比较大，由于质量太轻，肌肉力量不足的射手在射击时通常难以控制枪口上跳，从而直接影响到射击精度。

星式PD手枪的机械瞄具由片状准星和可调缺口式照门组成，照门设有表尺，供射手射击远距离目标时使用。

主要参数

- 枪口口径：11.43 毫米
- 供弹方式：弹匣
- 全枪长度：216 毫米
- 弹匣容量：14 发
- 空枪质量：1.1 千克
- 射击模式：半自动

帕拉军工 P14-45手枪

自动手枪

　　帕拉军工P14-45手枪是加拿大帕拉军械公司以柯尔特M1911A1手枪为基础推出的一款全尺寸战斗手枪，目前装备加拿大特战单位。

　　帕拉军工P14-45手枪采用枪管短后坐式自动工作原理，枪管偏移式闭锁机构，发身机构采用单动扳机，以及回转式击锤。该枪依靠击锤击打击针尾端，让击针前冲撞击子弹底火，从而使子弹被击发，因此，P14-45手枪是一款典型的击锤击发式手枪。

　　帕拉军工P14-45手枪沿用柯尔特M1911A1手枪的手动保险和握把保险，手动保险杆位于枪身左侧握把右上方，向上转动手动保险杆可以开启保险，锁定套筒和处于待击状态的击锤，以此降低出现意外走火的可能性——这样便可在膛内有弹的情况下安全携行。如遇突发状况，拔枪并解除手动保险，扣压扳机，即可以单动模式击发。

帕拉军工P14-45手枪的握把保险位于枪支握把后端，握把保险在弹簧的作用下锁定枪支。在射手进行握持时，握把保险被压入握把内部，握把保险解除，扳机此时才可被扣压至击发位。

帕拉军工P14-45手枪发射.45柯尔特自动手枪弹，使用双排单进式弹匣进行供弹，弹匣容量14发。由于使用双排弹匣，再加上.45柯尔特自动手枪弹体积较大，因此P14-45手枪的握把非常粗壮，使手形较小的射手难以舒适握持。

帕拉军工P14-45手枪的机械瞄具由片状准星和缺口式照门组成，照门可调风偏，准星和照门后端都设有荧

光点，以便射手在夜晚或光照条件不良的情况下瞄准。

帕拉军工P14-45手枪的型号演变

P14-LDA手枪

P14-LDA手枪是P14-45手枪的改进型，采用双动扳机，可在单/双动状态下射击。

P10-45手枪

P10-45手枪是标准型P14-45手枪的紧凑型。该型号手枪整体尺寸较小，发射.45柯尔特自动手枪弹，弹匣容量10发。

P16-40手枪

P16-40手枪是P14-45手枪的.40史密斯-韦森口径版本，也是一支全尺寸战斗手枪，该型号发射.40史密斯-韦森手枪弹，使用双排弹匣进行供弹，弹匣容量16发。

P10-40手枪

P10-40手枪是P16-40手枪的紧凑型，该型号发射.40史密斯-韦森手枪弹，弹匣容量10发。

主要参数

■枪口口径：11.43 毫米 ■供弹方式：弹匣
■全枪长度：216 毫米 ■弹匣容量：7 发
■空枪质量：1.1 千克 ■射击模式：半自动

西斯提马
M1927手枪

D.G.F.M.-(F.M.A.P.)

自动手枪

　　西斯提马M1927手枪是阿根廷在20世纪40年代生产的自动装填手枪，其原型枪为柯尔特M1911A1手枪。

　　西斯提马M1927手枪的内部结构与柯尔特M1911A1手枪相同，也采用枪管短后坐式自动工作原理，枪管偏移式闭锁机构，枪管通过铰链固定。该枪通过击锤击打击针尾部，然后击针击打枪弹底火进行击发，而单动扳机使西斯提马M1927手枪只能单动击发，也就是说，在膛内有弹的情况下，击锤必须处于待击状态，扣动扳机才能击发。

　　西斯提马M1927手枪的保险机构由手动保险、握把保险，以及半待机保险组成。其中，手动保险杆位于该枪的枪身左侧、握把后上方。向上拨动手动保险杆可锁定套筒和处于待击状态的击锤，这能有效降低射手在膛内有弹的情况下携行时发生意外走火的概率。西斯提马M1927手枪的手动保险杆外形流畅并贴近握把，射手可使用持枪手轻松操作手动保险杆。

　　西斯提马M1927手枪的握把保险则位于握把后端虎口位置，在弹簧力的作用下，握把保险自动处于保险状态，并锁定扳机使其不能被扣压至击发位。当射手据枪时，虎口会将握把保险压入握把中，使握把保险解除，此时才能将扳机扣压至击发位并击发。

西斯提马M1927手枪发射.45柯尔特自动手枪弹，使用单排弹匣进行供弹，弹匣容量7发，弹匣两侧开有圆形观测孔，以便射手随时观察余弹数量。

西斯提马M1927手枪做工精良，其外形与柯尔特M1911A1手枪基本相同，不过两者也有一些细节上的差异。除了套筒上铭刻的铭文不同之外，西斯提马M1927手枪的弹匣底板保留了柯尔特M1911手枪上设计的保险带环。

阿根廷版M1911手枪

柯尔特M1911手枪可谓出自约翰·摩西·勃朗宁之手的一代经典之作，但在问世之初，除了被美军作为制式手枪使用之外，世界各国军方对于该枪的反应并不热烈。在当时，只

有挪威在1914年进口过一些柯尔特M1911手枪，而后英国也进口了少量柯尔特M1911手枪用于补充战争消耗，苏联也曾在第二次世界大战期间与柯尔特公司签订过5.1万支柯尔特M1911手枪的订单。这主要原因在于第一次世界大战中多数参战国由于战争的持续时间长而面临经济衰退、资源枯竭，因此在一战前后，柯尔特M1911手枪并未受到过多关注。

不过，阿根廷虽地处战争频发的南美洲，经济却十分繁荣，军方武器采购人员一直致力于为阿根廷军队寻找并装备最新式的武器。无论是20世纪早期配发的史密斯-韦森No.3转轮手枪，还是1905年配发的7.65毫米斯太尔-曼立夏手枪，都足以体现阿根廷军方对于及时更换武器的热情。

1914年，阿根廷军方为海军购买321支柯尔特M1911手枪，两年后，柯尔特M1911手枪装备了阿根廷所有军种，并被重新命名为"柯尔特M1916手枪"。

1927年，阿根廷军方向柯尔特公司购买1万支柯尔特M1911手枪，并要求该手枪具备美国军队于1926年装备的柯尔特M1911A1手枪的多数改进之处，很快，这批手枪便交付阿根廷军队。不过由于阿根廷考虑到生产速度以及运输成本等问题，遂与柯尔特公司谈判，想要自主生产柯尔特M1911A1手枪。最后协议达成，柯尔特公司允许阿根廷进行自主生产。

经过长时间的准备后，柯尔特M1911A1手枪在阿根廷开始生产，并重新命名为"西斯提马M1927手枪"。

陶鲁斯 PT92手枪

主要参数

- ■枪口口径：9毫米
- ■全枪长度：217毫米
- ■空枪质量：0.95千克
- ■供弹方式：弹匣
- ■弹匣容量：15发
- ■射击模式：半自动

TAURUS ® TAURUS INT.MFG.
MIAMI,FL-USA

TJT13000

陶鲁斯公司的标志

陶鲁斯PT92手枪由巴西陶鲁斯国际枪械公司生产，该公司英文名称中的"Taurus"，可音译为"陶鲁斯"，可意译为"金牛座"。

陶鲁斯PT92手枪即意大利伯莱塔公司授权巴西生产的伯莱塔92手枪。伯莱塔公司在完成巴西政府的军事采购合同后，伯莱塔公司将伯莱塔92手枪的生产设备卖给陶鲁斯公司，陶鲁斯公司得到伯莱塔92手枪的生产权后将其重新命名为"PT92手枪"。直至今天，陶鲁斯公司仍在改进和生产"自己"的伯莱塔92手枪。

陶鲁斯PT92手枪与伯莱塔92手枪的内部结构基本相同，也采用枪管短后坐式自动工作原理，通过上下偏移的闭锁卡铁完成开闭锁动作。该枪配

有回转式击锤，扳机为双动机构，在膛内有弹并解除手动保险且击锤未处待机状态时，可直接扣动扳机在双动状态击发膛内枪弹，当然双动状态击发需要较大的扳机力和较长的扳机行程，这多少会影响射击精度。在第一发枪弹被击发后，枪管与套筒共同后坐一段行程后枪管停止后坐，而套筒继续后坐并完成开锁、抽壳、抛壳等动作。套筒在压倒击锤后停止后坐并在复进簧的作用下复进，推弹入膛，完成闭锁，此时击发为单动状态，只需要较小的扳机力和较短的扳机行程即可击发。

从外形上看，陶鲁斯PT92手枪与伯莱塔92手枪的手动保险杆位置不同，陶鲁斯PT92手枪的手动保险杆位于套筒座后侧，而伯莱塔92手枪的手动保险杆则位于套筒后侧。因此，射手可以通过观察手动保险杆位置来分辨陶鲁斯PT92手枪与伯莱塔92手枪。

陶鲁斯PT92手枪的套筒座采用较轻的铝合金材料制成，套筒则由优质钢材制成，这种设计在保证枪支整体强度的同时，又最大限度减轻了该枪质量。

陶鲁斯PT92手枪发射9毫米×19毫米帕拉贝鲁姆手枪弹，使用双排单进式弹匣进行供弹，弹匣容量15发。

陶鲁斯PT92手枪的机械瞄具由片状准星和缺口式照门组成，准星和照门后端设有荧光点，以便射手在光线较暗的环境中瞄准。

陶鲁斯PT92手枪的衍生型号

在推出陶鲁斯PT92手枪后，陶鲁斯公司还推出了弹匣容量为17发的PT99手枪。该枪性价比高，使用方便，操作可靠。

现实与虚拟

陶鲁斯PT92手枪在推出后备受好评，被广泛装备巴西军队和执法机构，并被出口至北美等地区。此外，在游戏作品《侠盗猎车手5》的线上模式中，初始手枪就是该游戏的制作发行厂商"Rockstar Games"以陶鲁斯PT92手枪为原型进行设计的，在游戏这个虚拟世界中，它也同样备受欢迎。

主要参数

■枪口口径：9毫米　　■供弹方式：弹匣
■全枪长度：181毫米　　■射击模式：半自动
■空枪质量：0.77千克

陶鲁斯
PT24-7手枪

陶鲁斯PT24-7手枪的抽壳钩还可兼作膛内有弹指示器使用。在膛内有弹的情况下，抽壳钩会轻微凸出于套筒表面，以此提醒射手弹膛内有弹，此时扣压扳机即可击发，无须再次拉动套筒推子弹上膛。此外，抽壳钩后方的装置即陶鲁斯PT24-7手枪的防盗锁，使用钥匙上锁后，可锁定该枪，无法进行使用。

陶鲁斯PT24-7手枪是巴西陶鲁斯公司于2008年推出的一款自动装填手枪。该枪被定位为战斗手枪，结构紧凑，外形小巧。

陶鲁斯PT24-7手枪采用枪管短后坐式自动工作原理，枪管偏移式闭锁机构。该枪扳机为纯双动结构，无外露击锤，使用平移式击针击发，是一支击针击发式手枪。通常，相比于击锤击发式手枪，击针击发式手枪结构更加简单，零部件数量也更少，而无外露击锤的设计也大大降低了射手在快速出枪时造成钩挂的可能性。

陶鲁斯PT24-7手枪的套筒座采用聚合物材料制成，其握把与套筒座为一体式设计，且形状符合人体工程学。该枪的握把前端和两侧都设有防滑纹，握把后端形状可完美贴合大多数人的手掌与虎口，握把前端还有放置手指的凹槽，与弹匣底部略向前延伸的聚合物底板相结合，这使射手能够舒适握持。

为进一步提升陶鲁斯PT24-7手枪的扩展性，该枪的套筒座前端底部

符合人体工程学的握把

有一条战术导轨，用于安装战术灯或激光指示器等战术挂件。

　　陶鲁斯PT24-7手枪共三种口径，分别发射9毫米×19毫米帕拉贝鲁姆手枪弹、威力较大的.40史密斯-韦森手枪弹，以及.45柯尔特自动手枪弹。后两种手枪弹在发射时会产生较大的动能，强大的后坐力增加了射手控枪的难度，而该枪的枪管轴线较低，握把握持也非常舒适，因此陶鲁斯PT24-7手枪的枪口上跳也非常容易控制。

　　陶鲁斯PT24-7手枪的机械瞄具由片状准星和缺口式照门组成，照门通过螺钉固定于套筒后方顶部。为了方便射手在光照条件不良的环境中瞄准，该枪的准星和照门后端都设有氚光管，可在昏暗环境中发光。

陶鲁斯公司的
自动装填手枪

　　巴西陶鲁斯公司成立于1939年，以生产转轮手枪而闻名，在生产了40多年转轮手枪后，于20世纪80年代开始生产自动装填手枪。

　　陶鲁斯公司的第一代自动装填手枪是PT92手枪，正是由伯莱塔公司授权巴西生产的伯莱塔92手枪。

　　陶鲁斯公司的第二代自动装填手枪即从1993年起推出的PT908系列手枪，该系列手枪为纯双动手枪，套筒座为伯莱塔风格，枪管和套筒则类似于瑞士西格-绍尔手枪，型号包括9毫米口径的PT911手枪、.40史密斯-韦森口径的PT940手枪，以及.45柯尔特口径的PT945手枪等。

　　陶鲁斯公司的第一款采用聚合物套筒座材料的陶鲁斯PT111手枪于1998年推出，即该公司的第三代自动装填手枪。该枪采用纯双动结构扳机以及平移式击针击发机构。本文所介绍的陶鲁斯PT24-7手枪与其同属于陶鲁斯第三代自动装填手枪。

主要参数

- ■枪口口径：9毫米
- ■全枪长度：132毫米
- ■空枪质量：0.29千克
- ■供弹方式：弹匣
- ■弹匣容量：6发
- ■射击模式：半自动

陶鲁斯 PT738 手枪

自动手枪

陶鲁斯PT738手枪是巴西陶鲁斯公司于2010年推出的一款袖珍型自动装填手枪，主要用于个人防卫。

陶鲁斯PT738手枪采用枪管短后坐式自动工作原理，枪管偏移式闭锁机构，纯双动结构扳机，内置式击锤设计。虽然从外形上观察，看不到外露的击锤，但该枪依旧是一支击锤击发式手枪，击锤位于套筒内部后方的位置。扳机与击锤联动，在膛内有弹的情况下，向后扣压一段扳机行程，这样会使击锤处于待击状态，继续扣压扳机则会使击锤回转。打击击针尾端，击针受力后前冲打击子弹底火，使子弹被击发。

陶鲁斯PT738手枪的枪管长约72毫米，枪管外形设计罕见，枪管前部具有一个陀螺形状的凸起，可有效配合套筒进行后坐。该枪弹膛后侧供弹坡面较长，角度平缓，从而保证了子弹从弹匣顺利进入弹膛，能有效降低供弹不畅

的概率。此外，为了有效降低枪支后坐力，并提升套筒复进时的可靠性，该枪采用双复进簧设计。

陶鲁斯PT738手枪的双复进簧

作为一款纯双动击发结构的手枪，陶鲁斯PT738手枪无手动保险机构，也未使用扳机保险、自动击针保险等自动保险机构。考虑到安全使用问题，该枪的扳机行程被设计得较长，长扳机行程也确实能够降低枪支出现意外走火的概率。当然，较长的扳机行程和较大的扳机力也会让射手在速射时比较吃力，但对于一款袖珍手枪而言，需要拔枪速射的情形并非像战斗手枪遇到得那么频繁，再加上陶鲁斯PT738手枪无常规保险，因而，为了安全性考虑，只好做出一些"牺牲"。

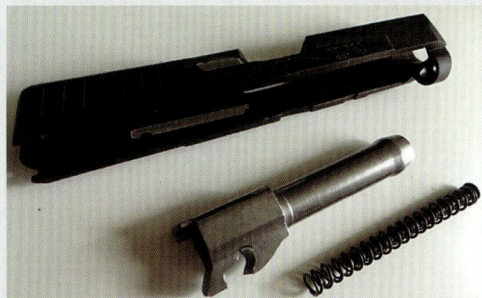

陶鲁斯PT738手枪的套筒、枪管、复进簧导杆、复进簧

空仓挂机状态的陶鲁斯PT738手枪

为了使枪支不至于因为掉落或撞击而引发意外走火，陶鲁斯PT738手枪使用弹力很强的击针簧，降低了因枪支掉落或撞击而引起击针在惯性作用下击打到枪弹底火造成枪弹被击发的可能性。

陶鲁斯PT738手枪设有膛内有弹指示器，在弹膛有弹时，抽壳钩上方的红色标记点会突出于套筒侧面，射手可以通过观察或触摸来确认弹膛内是否有弹。

陶鲁斯PT738手枪的弹匣

陶鲁斯PT738手枪的套筒座设计符合人体工程学：首先，该枪的握把底端与弹匣底板的凸出部分相结合，使多数手形较大的射手在持枪时也能将小拇指放在握把上；其次，陶鲁斯PT738手枪的握把两例设有供拇指和食指握持的凹槽，使射手可以舒适握持；最后，该枪套筒座尾端有一个较大的平面，套筒位置较高，这使射手在射击时避免被运动的套筒"打手"。

陶鲁斯PT738手枪的另外一个优点是：该枪虽然是一支袖珍手枪，但扳机护圈的尺寸却很大，以使射手戴着手套也能正常操作。

陶鲁斯PT738手枪发射9毫米×17毫米手枪弹，采用单排弹匣进行供弹，弹匣容量6发，弹匣侧面设有标有数字编号的圆形观测孔，以便射手观察余弹数量。

陶鲁斯PT738手枪的三点式瞄具由长方形准星和"U"形照门组成，该枪照门凹槽较长，以便射手在近距离射击时快速瞄准。

陶鲁斯PT738手枪的衍生型号

陶鲁斯PT738手枪标准型套筒由钢材制成，该型号又被称为"陶鲁斯PT738B"，枪支整体呈黑色，售价相对便宜，此后陶鲁斯公司又推出过几款衍生型手枪。

陶鲁斯PT738 BSS手枪的套筒由不锈钢制成，枪支整体为黑色；而陶鲁斯PT738 SS手枪采用银色不锈钢套筒，套筒座为黑色。

陶鲁斯PT738 Ti手枪的套筒采用近年来较为流行的高级钛金属材质，该型号套筒强度大、硬度高，并有着很强的耐腐蚀性。

为了进一步扩大市场，陶鲁斯公司也为女性用户推出了配色较为女性化的型号。PT738 BSSP手枪的套筒座为粉色，套筒为黑色，由不锈钢制成；而PT738 SSP手枪的套筒座为粉色，不锈钢套筒也是粉色。这两款手枪都深受女性用户喜爱。

土耳其

主要参数

- ■枪口口径：9 毫米
- ■全枪长度：210 毫米
- ■空枪质量：1.19 千克
- ■供弹方式：弹匣
- ■弹匣容量：15 发
- ■射击模式：半自动

克伦奇2000手枪

克伦奇2000手枪是土耳其萨尔瑟尔马兹公司于2007年推出的一系列半自动手枪，该系列手枪被广泛装备于土耳其军队和执法部门。

克伦奇2000手枪是以CZ-75手枪为原型并加以改进的，因此该枪的内部结构与CZ-75手枪非常相似。克伦奇2000手枪采用枪管短后坐式自动工作原理，勃朗宁闭锁机构，单/双动扳机，依靠回转式外露击锤击发，是一款击锤击发式手枪。

克伦奇2000手枪的手动保险杆位于握把护片上方。手动保险杆在使枪支进入保险状态的同时，还可以解除处于待击状态的击锤，使该枪在膛内有弹的情况下也可以被安全携行。当射手遇到突发状况时，解除手动保险便可直接扣压扳机以双动模式击发，只不过双动击发需要较长的扳机行程与较大的扳机力，这在一定程度上会影响射击精度。子弹被击发后，枪管与套筒共同后坐一段距离后停止后坐，套筒继续后坐完成开锁、抽壳、抛壳等动作，套筒在压倒击锤后后坐到位，在复进簧的作用下复进，推弹入膛，完成闭锁，复进到位，枪支再次进入待击状态。由于此时击锤已被压倒处于待击状态，所以从第二发子弹开始都是单动击发，扣压扳机后，只需要较短的扳机行程和较小的扳机力，即可击发膛内子弹。

克伦奇2000手枪的衍生型号

K10C手枪

紧凑型K10C手枪

K10C手枪是K10的紧凑型手枪，该型号手枪全枪长190毫米，空枪质量0.95千克，同样发射9毫米×19毫米帕拉贝鲁姆手枪弹，弹匣容量13发。

克伦奇2000轻型手枪

土耳其军队制式克伦奇2000轻型手枪

克伦奇2000轻型手枪是一款全尺寸型战斗手枪，英文全称"Kilinc 2000 Light"，主要装备于土耳其军队。该型号手枪全枪长210毫米，空枪质量0.99千克，发射9毫米×19毫米帕拉贝鲁姆手枪弹，弹匣容量15发。

克伦奇2000 Mega手枪

克伦奇2000 Mega手枪

克伦奇2000 Mega手枪为土耳其警用型手枪，该型号采用大型扳机护圈，全枪长205毫米，空枪质量0.99千克，发射9毫米×19毫米帕拉贝鲁姆手枪弹，弹匣容量15发。

K2-45手枪

K2-45手枪

K2-45手枪是该系列手枪的.45柯尔特口径版本，弹匣容量14发，全枪长210毫米，空枪质量1.14千克。该枪的套筒座前端底部设有一条皮卡汀尼导轨，以便射手安装战术灯或激光指示器等战术挂件。

CM9手枪

采用聚合物套筒座的CM9手枪

CM9手枪采用聚合物套筒座，外形紧凑，全枪长187.5毫米，空枪质量0.8千克，发射9毫米×19毫米帕拉贝鲁姆手枪弹，弹匣容量15发。此外，

该型号手枪的套筒座前端底部也设有皮卡汀尼导轨。

克伦奇2000手枪的使用

克伦奇2000手枪除了被广泛装备于土耳其军警机构，还被出口至美国，但由于美国贸易保护主义盛行的原因，在美国销售的克伦奇2000手枪都要以其他的商标和名称出现，阿玛莱特AR-24手枪实际上就是土耳其的克伦奇2000手枪。

在美国销售的AR-24手枪可根据弹匣容量的不同分为三种型号，分别为：AR-24/15标准型，弹匣容量15发；AR-24/13紧凑型，弹匣容量13发；以及为了符合某些地区的民用枪械弹匣容量不得超过10发的法规而推出的AR-24/10民用型，弹匣容量10发。

大宇DP51手枪

主要参数

- 枪口口径：9毫米
- 初速：340米/秒
- 全枪长度：190.5毫米
- 空枪质量：0.81千克
- 供弹方式：弹匣
- 弹匣容量：13发
- 射击模式：半自动

大宇DP51手枪是韩国大宇精密工业公司于1984年推出的自动装填手枪。该枪被韩国军队作为制式手枪使用，同时也用于出口。

大宇DP51手枪采用半自由枪机式自动工作原理，枪机延迟后坐闭锁机构，以及回转式击锤设计。该枪最大的特点是被称为"三动扳机"的机构设置。如果射手正处于膛内有弹、保险开启，以及击锤并未处于待击状态的情况下携行时，遇突发状况，快速出枪并解除保险，此时击锤便处于半待机状态，扣压扳机向后行程很小一段距离就可让击锤进入待击状态。继续扣压扳机即可使击锤回转打击击针尾部，击针受力后前冲撞击子弹底火，使子弹被击发。

大宇DP51手枪的手动保险杆位于套筒座后端左右两侧，使习惯左手持枪的射手也能快速适应。此外，该枪的尺寸较小，这非常适合手形较小的射手握持。

大宇DP51手枪发射9毫米×19毫米帕拉贝鲁姆手枪弹，使用双排弹匣进行供弹，弹匣容量13发。当然，也可以一次性让该枪以半自动模式发射14发子弹，做法是：插入一个满弹弹匣后上膛，并开启手动保险，退出弹匣再往弹匣中压入一发子弹，然后将弹匣插入握把弹匣井中，此时枪支内部便安装了14发枪弹。

大宇DP51手枪的机械瞄具由片状准星和缺口式照门组成，准星和照门后端都设有荧光点，以便射手在光线不足的环境中瞄准。

主要参数

- ■枪口口径：8毫米
- ■初速：325米/秒
- ■全枪长度：230毫米
- ■空枪质量：0.91千克
- ■供弹方式：弹匣
- ■弹匣容量：8发
- ■射击模式：半自动

南部十四式手枪

　　南部十四式手枪是由南部麟次郎于1925年设计的，并于1926年由名古屋兵工厂生产的一款半自动手枪。因1925年是日本大正十四年，故称其为"南部十四式手枪"。

　　南部十四式手枪是为解决当时日本军队没有统一制式自动装填手枪的问题而设计的。在整体结构上比以前的日式手枪简化了很多，究其目的，一是为了简化加工工艺，以便于大量生产的需要，二是为了在战斗中减少因结构复杂而造成的故障和给军械技术保障人员带来不必要的麻烦。

　　南部十四式手枪发射8毫米×22毫米南部手枪弹，采用枪管短后坐式自动工作原理，闭锁卡铁后端下落开锁，其闭锁结构与瓦尔特P38手枪和毛瑟C96手枪类似。

　　此外，南部十四式手枪还采用了类似勃朗宁手枪的空仓保险机构，当卸下弹匣后，即使在枪膛内仍然留有一发子弹，并且没有开启手动保险的情况下，也不会发生走火事故。该保险机构是为了消除当时日军普遍认为的取下弹匣枪即"安全"的误解而设计的，当弹匣被向外抽出3毫米至4毫米时，扣压扳机便无法击发。

南部十四式手枪的造型布局充分考虑了手枪射击指向性这一人机工效问题。枪管轴线与握把夹角大小为120°，使射手可在紧迫局面快速出枪，并以握枪手食指指向物体的习惯开枪，有效提高了手枪的战斗反应时间和射击精度。这种布局与德国卢格P08手枪类似，使射手在握枪时重心基本处于掌心位置，再加上该枪瞄准基线长达200毫米，细长的枪管对瞄准的目标起到了良好的导向作用——这些设计使得南部十四式手枪的射击精度比较准确。

故障繁多的"王八盒子"

早期生产的南部十四式手枪弊端很多，其中最突出的问题是击针的设计存在着重大缺陷，日常使用中经常发生击发无力和击针折断的故障。特别是在高寒气候中，因击针上涂抹的润滑油脂黏稠度增加，问题颇为严重。所以，当时每支南部十四式手枪都多配一根击针，装在枪套下面的备份弹盒中，以备随时更换，直到1932

年，南部武器公司重新改进设计的击针才全部取代了早期的击针。

加大了扳机护圈的南部十四式手枪

当击针的问题被解决，其他的毛病又出现了，而其问题还是由于高寒气候所导致。在高寒地区，射手常常佩戴大而厚的防寒手套来操作手枪，为此，早期的南部十四式手枪除了采用便于带手套操纵的手动保险杆外，为了戴手套拉枪机时不至于打滑，还在枪机尾部加了三层滚花圆轴。而扳机护圈的尺寸只考虑到射手不戴手套时的使用要求，而射手一旦戴手套操作就很容易触动扳机造成意外走火。于是，1935年，南部武器公司又特别加大了扳机护圈。

不仅如此，南部十四式手枪还经常发生因误压弹匣解脱钮而掉弹匣的毛病，为了获得如西方手枪一样可单手退弹匣的优点，南部十四式手枪弹匣和弹匣解脱钮结构采用的是卢格P08手枪的成熟设计。然而，经仔细比较后就会发现，南部十四式手枪的弹匣解脱钮和握把护板处于一个平面，而卢格P08手枪的弹匣解脱钮却

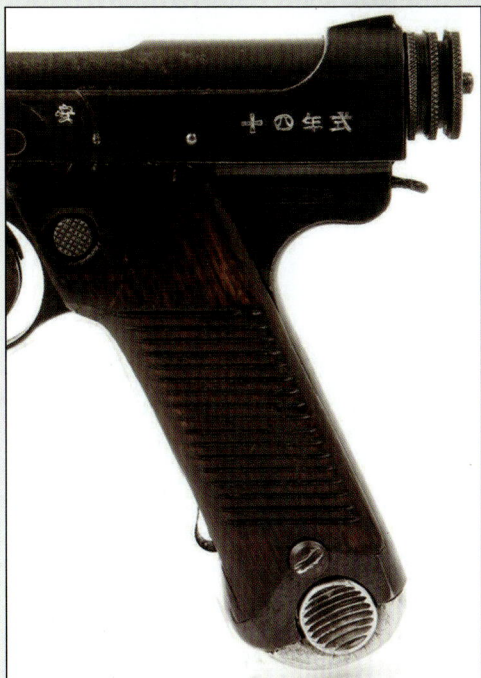

南部十四式手枪弹匣解脱钮的位置使该枪非常容易因误操作而掉弹匣

略向扳机护圈前倾并低于握把护板平面，所以后者并不常发生弹匣意外掉落的状况。

针对掉弹匣的问题，南部武器公司又为该枪增设了一个弹匣防落簧，当弹匣解脱钮被按压下时，弹匣会向外脱出3毫米至4毫米，随即被弹匣防落簧阻止，不再继续脱落。但假如需要换弹匣，就必须在按压弹匣解脱钮的同时用另外一只手将弹匣拔出，而这样一来，该枪最初单手退弹匣的设计目的又变得毫无意义。

此外，南部十四式手枪还有一处不明所以的地方，那就是该枪的空仓挂机机构。当弹匣中的子弹被发射完毕，枪机会后退并停留在后方位置，多数人都会认为这是该枪的空仓挂机状态，实际上这是一个假的空仓

挂机，因为此时枪机只是被弹匣托弹板后部的突起挡在了后方的位置，充其量只起到了一个"温馨"的提示作用，提示射手弹匣内子弹已全部发射完毕。然而，换弹匣并不轻松简单，由于枪机紧紧地抵住了弹匣托弹板，所以在按压弹匣解脱钮时，弹匣并不会像其他自动手枪那样自动掉出，而必须用另一只手用力向外拔出弹匣。枪机仅仅是被弹匣托弹板挡住，当弹匣被拔出后，枪机在复进簧的作用下复进还原，换上新弹匣后，仍须再次拉动枪机推弹上膛，才能正常击发。

在设计时，为了能够携带更多备份弹药，就将南部十四式手枪的枪套盖设计成凸鼓面的造型，再利用皮质硬化技术，使之整体看起来圆鼓鼓的。该枪因枪套形状像乌龟盖，而被中国军民戏称为"王八盒子"。

自动手枪

301

名 词 注 释

转管手枪：通过转动枪管来达到连续发射的手枪（每扣动一次扳机，击发一次），其特征为拥有多个枪管。

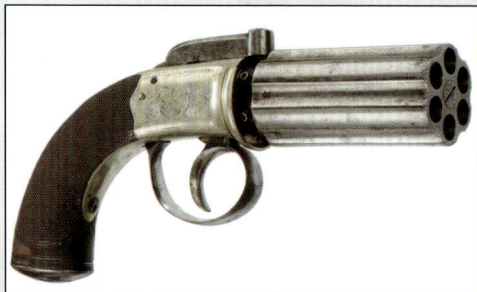

转管手枪

转轮手枪：通过转轮弹巢供弹的手枪，也被称为"左轮手枪"。

膛线：膛线又称为"来复线"，位于枪管或炮管内部。枪管中下凹部分为阴线，凸起部分为阳线。子弹被击发后，膛线使弹头旋转，以提高弹头飞行时的稳定性。

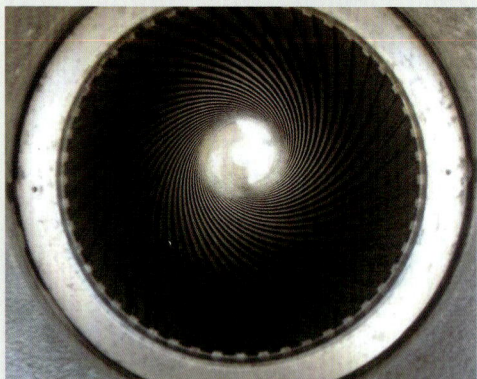

膛线

转轮弹膛：转轮手枪的供弹具，又称为"转轮弹巢"。

准星：轻武器机械瞄具的组成部分，通常位于其顶端前侧。

照门：轻武器机械瞄具的组成部分，通常

由于弹头直径通常略大于枪管阳线直径，因此击发后的弹头会有膛线划痕

位于其顶端后侧。瞄准时，射手视线从照门后侧观瞄，通过照门、准星、目标形成"三点一线"。在地心引力的作用下，子弹的飞行轨迹呈抛物线状，如果目标距离较远，射手则需调整枪械表尺射程，以提高射击该距离目标的命中率。

缺口式照门与准星

转轮座：转轮手枪的重要零部件，容纳并固定转轮弹巢。

击锤扳手：外露击锤后端扳手，是一个小型杠杆，便于射手扳动击锤。

单动转轮手枪：扳机无法与击锤联动的转轮手枪，击发后需要向下扳动击锤，使转轮弹巢旋转，才能继续射击。

双动转轮手枪：扳机能够与击锤联动的转轮手枪，可直接扣压扳机击发。但由于扳机击发前需要使击锤处于待击状态，因此需要的扳机力较大，扳机行程

也较长。

扳机力：扣压扳机所需要的力量，通常以牛顿为单位。

扳机行程：扳机静止状态扣压至击发位的距离，通常以毫米为单位。

凸缘弹：弹壳底部有凸出于弹壳圆柱面的一圈凸缘。

半凸缘弹：弹壳底部凸出于弹壳圆柱面的凸缘较短，并有呈凹槽状的抽壳沟。

无缘弹：弹壳底部不凸出于弹壳圆柱面，有呈凹槽状的抽壳沟。

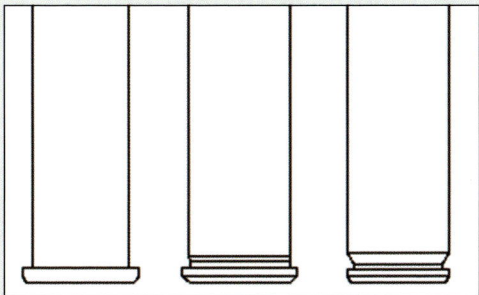

从左至右，分别为凸缘弹、半凸缘弹和无缘弹的弹壳示意图

弹种命名：本书中的弹种采用两种命名方式。一种是国际常见的公制单位命名：AA毫米×BB毫米，如9毫米×19毫米帕拉贝鲁姆手枪弹、7.62毫米×39毫米M43步枪弹等，AA通常代表口径，BB代表弹壳长度。一种是部分欧美国家习惯使用的英制单位命名：.AAA，如.45柯尔特自动手枪弹（.45ACP）、.40史密斯-韦森手枪弹（.40S&W）等，其中.45即0.45英寸，.40即0.40英寸，这种以英制为单位命名的方式也是部分枪械口径的表述方式。同时，这些欧美国家的枪械制造公司通常也有使用弹种名称来给枪械命名的习惯，比如USP45手枪、FNX-40手枪等。

枪口制退装置：又称"枪口制退器"，通过改变火药燃气喷发的方向，来达到降低后坐力与枪口上跳的目的。

燧发枪：通过燧石引燃火药以击发子弹的枪械。

燧发枪

自动装填手枪：自动装填手枪也被称为"自动手枪"，此名词中的"自动"并非指该类型手枪可进行全自动发射，而是对比转轮手枪及早期手枪（燧发枪、转管手枪等）的供弹方式的差异，由手动转变为自动。转轮手枪在射击后，若想再次射击，需要扣压扳机（双动）或手动压倒击锤（单动）使转轮弹巢的膛室对准击锤，因此转轮手枪的供弹过程需要依靠人力手动完成。而自动装填手枪通常依靠子弹被击发所产生的火药燃气使枪机后坐开锁并完成抽壳、抛壳，以及压倒击锤等一系列动作，之后，枪机复进，将弹匣中的子弹推入弹膛并完成闭锁，进入待击状态。其供弹过程在手枪击发后自动完成，因此被称为"自动装填手枪"。

子弹底火：装在子弹或炮弹弹壳底部，是一种依靠击针撞击或电击发火，从而输出火焰引燃弹壳内的发射药的火工品。

击针：枪械击发机构的重要部分，通过击打子弹底火而完成击发动作。

弹壳底部的中间位置即底火

复进簧：使套筒、枪机组件在后坐到位后完成复进行程的零部件。

西格-绍尔P226手枪的麻花状复进簧

复进簧导杆：固定复进簧的零部件，一些手枪的复进簧导杆由枪管兼作，复进簧直接套在枪管上。

抽壳钩：枪机组件中的一个钩状物，子弹被击发后将弹壳从弹膛中抽出。

抛壳挺：又称"抛壳杆"（取决于具体形状），在抽壳钩将弹壳从弹膛中抽出

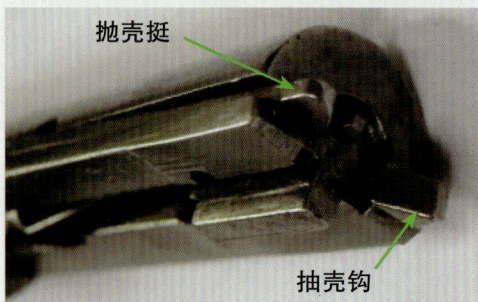

抛壳挺

抽壳钩

后，弹壳底撞击抛壳挺，形成一个反冲击力，使弹壳从抛壳口抛出。

套筒：套筒是大部分自动装填手枪的主要零部件之一，设有抛壳口。

套筒座：用来安装套筒、发射机构、击发机构等组件的底座，通常与握把为一体。

由上至下，分别为西格-绍尔P220手枪的套筒、枪管、复进簧与复进簧导杆、套筒座

单动扳机：扳机不与击锤联动，在保险解除、膛内有弹的情况下，发射第一发子弹时击锤必须处于待击状态才可正常击发。

双动扳机：扳机与击锤联动，在保险解除、膛内有弹的情况下，即使击锤未处于待击状态也能够直接扣压扳机，使击

锤待击并击打击针。双动状态下击发需要较大的扳机力和较长的扳机行程，第一发子弹被击发后，由于击锤在手枪的自动循环中被压倒，所以从第二发开始为单动状态，只需较小的扳机力和较短的扳机行程即可击发。

击锤待击解脱杆：击锤待击解脱杆可简称为"待击解脱杆"，可解脱处于待击状态的击锤。

西格-绍尔P226手枪的套筒座，从左往右依次为分解杆、击锤待击解脱杆和空仓挂机解脱杆

空仓挂机：弹匣打空后，套筒与枪机后坐到位后停留在后方不复进，以提醒射手弹匣打空需要装填，并可省略装填后拉动套筒上膛的步骤。

空仓挂机状态的西格-绍尔P226手枪

空仓挂机解脱装置：解脱手枪空仓挂机状态的装置。弹匣打空后，有空仓挂机功能的手枪套筒会停留在后方，套筒外侧边缘被空仓挂机解脱装置卡住。射手装填新弹匣后，向下拨动空仓挂机解脱装置，便可使套筒复进，枪机推弹入膛并完成闭锁，使手枪进入待击状态。此外，向后拉动套筒并使其复进，可替代向下拨动空仓挂机解脱装置的动作，多用于装置较紧的枪械，如格洛克17手枪。

套筒座后部有防滑纹的装置即空仓挂机解脱装置

弹匣解脱钮：用于解脱弹匣的按钮。

扳机护圈后方表面有防滑纹的椭圆形按钮，就是西格-绍尔P226手枪的弹匣解脱钮

快慢机：更换枪械射击模式的主要机构，多用于冲锋手枪、冲锋枪、自动步枪，以及部分机枪。

斯捷奇金冲锋手枪的快慢机与外露击锤特写

弹夹：又称"桥夹"，一种装弹的辅助工具，由条状金属片制成，将子弹成排夹住，以便于将子弹压入弹仓或弹匣。

毛瑟C96手枪与该枪配备的弹夹

305

GSh-18手枪的双排双进弹匣

弹匣：一种供弹装置，外观呈盒状，多为可拆卸式，使用时由内部托弹簧和托弹板将子弹逐发推至弹匣顶端。弹匣通常分为单排弹匣、双排双进弹匣，以及双排单进弹匣等。自动手枪多数使用单排弹匣和双排单进弹匣供弹，不过也有少量手枪使用双排双进弹匣供弹，例如：比利时的FN 57手枪，俄罗斯的斯捷奇金冲锋手枪、GSh-18手枪等。

弹鼓：一种大容量供弹装置，其内部结构比弹匣复杂，主要作为轻机枪及冲锋枪的供弹装置使用，如PPSh-41冲锋枪。此外，在一些枪族中机枪配备的弹鼓也能在紧急情况下通用。

侵彻力：侵彻力即"贯穿力"，泛指弹头穿透物体的能力。侵彻力的大小主要由侵彻体（弹头）质量、体积与飞行速度，以及侵彻物的材质与角度等因素决定。

停止作用：通俗来讲，停止作用即弹头对有生目标产生丧失反抗能力的作用。当弹头进入人体后，会形成一个伤口通道，并牵扯到附近的肌肉组织，由此形成"瞬时空腔"和

HK USP手枪的半透明弹匣

"永久空腔"，轻则造成神经切断、肉体组织撕裂，使目标丧失行动能力；重则造成残疾、动脉或人体器官大出血，甚至死亡。

配用弹鼓的炮兵型卢格P08手枪